"十四五"职业教育国家规划教材

互联网+珠宝系列教材

饰用贵金属材料

SHIYONG GUIJINSHU CAILIAO

袁军平　王　昶　编著

中国地质大学出版社
ZHONGGUO DIZHI DAXUE CHUBANSHE

内 容 简 介

金、银、铂和钯是常用的饰用贵金属材料。本书介绍了中国古代对黄金、白银的认识和利用，贵金属首饰的发展状况，饰用贵金属材料的基本性质，饰用足金材料及其改性，金的合金化和K黄金、K白金及K红金，斯特林银及其改性，银的变色与防护，抗变色银的性能评价，饰用铂及其合金材料，饰用钯及其合金材料，贵金属首饰成色常用简便检测方法（密度法、X射线荧光光谱分析法、火试金法和电感耦合等离子发射光谱法），贵金属首饰的变形与断裂，贵金属首饰的磨损与疲劳，贵金属首饰的变色与保养等。本书紧密结合贵金属首饰生产实践，通过典型案例论述了饰用贵金属材料开发、首饰生产中的要求和注意事项，内容较为丰富，实用性较强。

本书可用作大专院校珠宝首饰类专业的教材或参考书，也可作为珠宝首饰从业人员、珠宝首饰消费者等的参考读本。

图书在版编目(CIP)数据

饰用贵金属材料/袁军平，王昶编著．—武汉：中国地质大学出版社，2020.9(2023.8重印)
ISBN 978-7-5625-4839-3

Ⅰ.①饰…
Ⅱ.①袁…②王…
Ⅲ.①首饰-贵金属-金属材料-教材
Ⅳ.①TG146.3②TS934.3

中国版本图书馆CIP数据核字(2020)第147964号

饰用贵金属材料		袁军平 王昶 编著
责任编辑：龙昭月	策划编辑：阎娟 张琰	责任校对：周旭

出版发行：中国地质大学出版社(武汉市洪山区鲁磨路388号)	邮政编码：430074
电　　话：(027)67883511　　传真：(027)67883580	E-mail:cbb@cug.edu.cn
经　　销：全国新华书店	http://cugp.cug.edu.cn
开本：787毫米×1092毫米 1/16	字数：301千字　印张：13.75
版次：2020年9月第1版	印次：2023年8月第2次印刷
印刷：武汉精一佳印刷有限公司	
ISBN 978-7-5625-4839-3	定价：68.00元

如有印装质量问题请与印刷厂联系调换

前　言

中国贵金属首饰的产生和发展，经历了漫长的历史阶段，古代劳动人民以其长期的经验积累和聪明才智，历代金银工匠以其勤劳智慧和高超技艺，创作了大量精美的金银首饰和金银器皿等，成为全人类的宝贵遗产。

改革开放以来，中国贵金属首饰产业得到了快速发展，中国成为全球著名的贵金属首饰加工基地。随着我国经济持续快速增长和人均收入水平不断提高，人们在满足基本生活需要的基础上，逐渐增加了对高档消费品的消费。兼具保值属性和彰显个性的金银首饰，成为中国居民的消费热点。庞大的消费需求使中国已连续多年成为全球最大的黄金、白银和铂金首饰的制造国和消费国。

随着年轻消费者和新兴中产阶级的崛起，个人消费提质的需求逐步升级，年轻一代的珠宝消费习惯更趋于日常化和个性化，对贵金属首饰的材料、工艺、设计等都提出了新的要求，其中材料和工艺是突破首饰创新设计的关键因素。例如，传统黄金首饰在经过早年的快速发展后，产品因材料的力学性能差，存在容易变形磨损、款式单调、工艺粗放、同质化严重等问题，难以吸引新兴消费群体的购买欲望，许多传统黄金首饰企业在激烈的市场竞争中步履维艰。

近些年，微合金化高强度处理对黄金进行改性或者利用电化学沉积方式改进黄金的内在结构可以达到高成色、高硬度、轻质化、时尚化的效果。此举得到了市场的积极响应，其成品赢得了许多年轻消费者的喜爱。

珠宝首饰市场的繁荣和发展，使得社会对珠宝首饰专业人才的需求激增。全国目前有数十所大专院校开设了珠宝首饰专业或相关的专业方向，饰用贵金属材料是必修的专业基础课程。但是，国内有关饰用贵金属材料的著作相对较少，而适合作为大专院校珠宝首饰专业的教材就更少。因此，我们在参阅国内外文献资料的基础上，结合贵金属首饰生产实践撰写了此书。全书共7章，第一章概述了中国古代对金、银矿物的认识和对黄金、白银的利用，以及贵金属首饰在不同历史时期的发展状况；第二章简述了饰用贵金属材料在晶体学性质、物理性质、化学性质、力学性能和工艺性能等方面的基本内容及评价方法；第三章围绕饰用黄金及其合金材料，介绍了黄金的基本性质及黄金首饰成色，足金材料的强化，K黄金、K白金、K红金等常用颜色K金材料，常用的K金焊接材料；第四章介绍了银的基本性质和银首饰成色，斯特林银及其改性，银的变色与防护，抗变色银合金的性能评价与常见问题；第五章介绍了铂族金属的基本性质，饰用铂及其合金材料，饰用钯及其合金材料；第六章介绍了贵金属首饰成色的常用简便检测方法，以及密度法、X射线荧光光谱分析法、火试金法、电感耦合等离子发射光谱法等专业检测方法；第七章围绕贵金属首饰的维护保养，分别从贵金属首饰的变形与断裂、磨损与疲劳、变色与保养等方面进行了介绍。本书配有PPT二维码资源，勒口扫码可见。PPT由马春宇副教授、陈德东讲师和薄海瑞讲师完成。

本书以大专院校珠宝首饰专业学生及金银首饰爱好者为对象，在内容的取舍和编排上，除了使学生掌握必要的基础理论和基础知识外，重点突出实践应用性，紧密围绕贵金属首饰在生产和使用过程中容易出现的问题，从材料的角度提出选材用材的要求，帮助读者认识和掌握各类饰用贵金属材料的性能特点和使用场合，以及在生产过程中的要求和注意事项。全书图文并茂，力求通俗易懂。

由于时间仓促、作者水平有限，书中难免存在错漏和欠妥之处，敬请读者批评指正。

编著者
2020年5月20日
于广州番禺青山湖畔

目 录

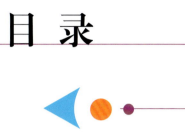

第一章　饰用贵金属材料概述	(1)
第一节　中国古代对金、银矿物的认识	(1)
第二节　中国古代对黄金、白银的利用	(4)
第三节　贵金属首饰的发展	(19)
第四节　贵金属材料在现代工业中的应用	(24)
第二章　饰用贵金属材料的基本性质	(26)
第一节　饰用贵金属材料的晶体学性质	(26)
第二节　饰用贵金属材料的物理性质	(31)
第三节　饰用贵金属材料的化学性质	(36)
第四节　饰用贵金属材料的力学性能	(37)
第五节　饰用贵金属材料的工艺性能	(41)
第三章　饰用金及其合金材料	(49)
第一节　黄金的基本性质	(49)
第二节　黄金的成色与计量单位	(53)
第三节　饰用足金材料及其改性	(56)
第四节　金的合金化和 K 金补口材料	(63)
第五节　K 黄金	(71)
第六节　K 白金	(79)
第七节　K 红金	(91)
第八节　饰用金焊料	(96)

第四章　饰用银及其合金材料 ……………………………………………………(102)

第一节　银的基本性质 …………………………………………………………(102)

第二节　白银首饰的成色与分类 ………………………………………………(108)

第三节　纯银与银的合金化 ……………………………………………………(109)

第四节　斯特林银及其改性 ……………………………………………………(115)

第五节　银的变色与防护 ………………………………………………………(120)

第六节　抗变色银的性能评价与常见问题 ……………………………………(124)

第五章　饰用铂族金属及其合金材料 …………………………………………(133)

第一节　铂族金属的物理化学性质 ……………………………………………(133)

第二节　饰用铂及其合金材料 …………………………………………………(136)

第三节　饰用钯及其合金材料 …………………………………………………(152)

第六章　贵金属首饰成色的检测方法 …………………………………………(160)

第一节　贵金属首饰成色检测的原则 …………………………………………(160)

第二节　贵金属首饰成色常用简便检测方法 …………………………………(160)

第三节　静水力学法（密度法） …………………………………………………(164)

第四节　X射线荧光光谱分析法（XRF法） ……………………………………(168)

第五节　火试金法（灰吹法） ……………………………………………………(174)

第六节　电感耦合等离子发射光谱法（ICP法） ………………………………(181)

第七章　贵金属首饰的维护保养 …………………………………………………(189)

第一节　贵金属首饰的变形与断裂 ……………………………………………(189)

第二节　贵金属首饰的磨损与疲劳 ……………………………………………(197)

第三节　贵金属首饰的变色与保养 ……………………………………………(205)

第四节　贵金属首饰的清洗与翻新 ……………………………………………(211)

第一章 饰用贵金属材料概述

贵金属是指有色金属中密度大、产量低、价格昂贵的贵重金属,是金(Au)、银(Ag)、钌(Ru)、铑(Rh)、钯(Pd)、锇(Os)、铱(Ir)、铂(Pt)8 种金属的统称。除金、银外,其余 6 种统称为铂族金属,其中,钌、铑、钯称为轻铂族金属,锇、铱、铂称为重铂族金属。

贵金属在自然界中含量甚微,地壳中的平均含量很低,即使某些富矿,其实际含量也不高,除银可达 1000×10^{-6} 外,一般多为 $(0.1\sim10)\times10^{-6}$ 或更低。

贵金属中的金、银早就被人类发现,被称为古代金属;铂族金属则从 18 世纪开始才陆续被发现,故被称为近代金属。

第一节 中国古代对金、银矿物的认识

一、对金矿物的认识

黄金是人类认识最早的金属。在中国,相传三皇五帝也曾以黄金为原料,炼制丹药,以求长生不老。此说虽流传甚广,但目前尚无实证。而出土文物显示,我国黄金的开采和使用至少有 4000 年的历史,大约在新石器时代我们的祖先就已经认识了金矿物。

古代人认识的金矿物,主要指的就是自然金。纯净的自然金极少,或多或少都含有一些 Ag、Cu 等其他元素,常呈不规则粒状或树枝状集合体。古代人民在许多古籍、典籍中分别对自然金的颜色、硬度、形状、相对密度和产状进行了描述和记载。

1. 自然金的颜色

宋代《本草衍义·卷五》记载:"麸金即在江沙水中,淘汰而得,其色浅黄。"明代曹昭在《新增格古要论·卷六》中指出,金"其色七青、八黄、九紫、十赤。以赤为足色金也。足色者面有椒花、凤尾及紫霞色"。明代李时珍在《本草纲目》记载有:"金有山金、沙金二种,其色七青、八黄、九紫、十赤,以赤为足色。"又说,"和银者性柔,试石则色青。和铜者性硬,试石则有声。"明代宋应星在《天工开物·五金》中指出:"其高下色,分七青、八黄、九紫、十赤。登试金石上,立见分明。"清代谷应泰在《博物要览·卷八》中记载:"橄榄金形大如橄榄,两头皆尖,红紫色。"

根据这些史料的记载可见,依据黄金的颜色来判断自然金含金量的这种鉴别方法,在明代已广为流传。以矿物粉末(条痕)的颜色来鉴定矿物,是现代矿物学中常用的方法,这在《本草纲目》中也有提及,而且还考虑其声音,更属独创。

2. 自然金的硬度

《本草纲目》记载:"咬时极软,即是真金。"《天工开物》中有"咬之柔软"的记载。根据现代矿物学研究,自然金的摩氏硬度为 2.5～3,因此上述史料记载是与之相吻合的。同时硬度也是区分与自然金颜色极为相似的矿物[黄铜矿(摩氏硬度 3.5～4)和黄铁矿(摩氏硬度 6～6.5)]最简易的方法。

3. 自然金的形状

《本草纲目》记载:"独孤滔云:'天生牙谓之黄牙。'"黄牙即指树枝状的自然金。"麸金出五溪、汉江,大者如瓜子,小者如麦。""马蹄金乃金最精者,二蹄一斤。"《天工开物·五金》记载:"山石中所出,大者名马蹄金,中者名橄榄金,小者名瓜子金。水沙中所出,大者名狗头金,小者名麸麦金、糠金。平地掘井得者,名面沙金,大者名豆粒金。"

根据上述史料记载可以看出,我国古代人民对自然金形态的形象描述非常贴切,与现代矿物学中所用描述术语极为相似。

4. 自然金的相对密度

《天工开物·五金》记载:"凡金质至重,每铜方寸重一两者,银照依其(方)寸增重三钱;银方寸重一两者,金照依其(方)寸重二钱。"这里需要特别指出的是,宋应星以单位体积"方寸"来计重的这种测试方法,以及运用比例来说明各种金属相对密度的差别,是十分具有开创性的。

5. 自然金的产状

关于自然金的产状,自古以来就有沙里淘金的说法。唐代著名诗人刘禹锡曾写下一首描绘妇女们在江边艰辛淘金的生动诗篇《浪淘沙》:"日照澄洲江雾开,淘金女伴满江隈。美人手饰侯王印,尽是沙中浪底来。"诗中的"澄洲"是今广西南宁地区上林县、武鸣县一带,"江"系指右江(广西境内主要河流之一)。这一带古时即著名的沙金产地。

二、对银矿物的认识

根据现代矿物学研究,自然界用于冶炼金属银的矿物非常稀少。由于金和银原子半径和晶体结构类型相同,可呈完全类质同象系列,如含银自然金(含银量 5%～15%)、银金矿(含银量 15%～50%)、金银矿(含银量 50%～85%)和自然银(含银量 85%～95%)。此外还有辉银矿、含银方铅矿、深红银矿和淡红银矿等。而我国古代人民认识的银矿物和含银矿物,主要指的是自然银、银金矿、辉银矿和含银方铅矿。

1. 自然银

自然银的集合体形态常呈树枝状、发丝状、薄片状或不规则粒状。自然银在古代又称生银。唐代乾元元年至宝应年间（公元 758—763 年）成书的《丹房镜源》中有这样的记载："银生洛平卢氏县。褐色石，打破内即白。生于铅坑中，形如笋子。……亦曰自然牙。"宋代寇宗奭在《本草衍义·卷五》中记载："生银，即是不自矿中出，而特然自生者，又谓之老翁须，亦取像而言之耳。"宋代苏颂在《本草图经》中记载："其银在矿中，则与铜相杂，土人采得之，必以铅再三煎炼方成，故不得为生银也。故下别有生银条云：出饶州、乐平诸坑生银矿中，状如硬锡，文理粗错，自然者真。今坑中所得，乃在土石中，渗溜成条，若丝发状，土人谓之老翁须，似此者极难得。"明代李时珍在《本草纲目》中则记载有："天生牙，生银坑中石缝中，状如乱丝。生乐平鄱阳产铅之山，一名龙芽，一名龙须。生银生石矿中，成片块，大小不定，状如硬锡。"

根据上述史料的记载，我国古代人民对自然银形态的描述是非常贴切而又全面细致的：①"自然牙""天生牙""龙牙"等即现代矿物学中常称的树枝状；②"丝发状""老翁须""龙须"在现代矿物学中则称为丝状；③"片状""状如硬锡"在现代矿物学中则称之为鳞片状或块状；④"形如笋子"的自然银，则可能是由平等排列的自然银单晶体（立方体或八面体）组成的笋状晶簇的形态。

2. 辉银矿

辉银矿在古代又称为礁。明代宋应星在《天工开物·五金》中记载："凡土内银苗，或有黄色碎石，或土隙石缝有乱丝形状，此即去矿不远矣。凡成银者曰礁，至碎者曰砂，其面分丫若枝形者曰铆，其外包环石块曰矿。矿石大者如斗，小者如拳，为弃置无用物。其礁砂形如煤炭，底衬石而不甚黑，其高下有数等。出土以斗量，付与冶工，高者六七两一斗，中者三四两，最下者一二两（其礁砂放光甚者，精华泄漏，得银偏少）。凡礁砂入炉，先行拣净淘洗。"

根据上述史料的记载，可知礁砂是一种黑色的矿石，经考证即是以辉银矿为主要矿物成分的银矿石。辉银矿的形态常为树枝状、丝状，呈黑铅灰色，特别是块状和皮壳状的辉银矿，其表面常蚀变为黑色土状的硫化物，所以"形如煤炭"的描述是非常准确的。至于"其高下有数等……最下一二两"，按每斗重 12 斤来推算，矿石的含银品位最高约为 4‰弱，最低约为 5‰强。"其礁砂放光甚者……得银偏少"是指以暗黑色辉银矿为主的"礁砂"中，所含放光发亮的方铅矿偏多，所以得银偏少，这种观察是非常细致和敏锐的。

3. 含银方铅矿

含银方铅矿在古代又称为银母。根据现代矿物学研究，方铅矿的化学成分为 PbS，在其成分中经常混杂有 Ag，含银量十万分之几到百分之一。据《清通典·食货八》记载："康熙五十二年（公元 1713 年）定湖南郴州黑铅矿所出银母，官收半税例。"又云南《楚雄县志》记载："铅出永盛厂，取矿砂煎成。铅多银少，铅乃银之母，银乃铅之精也。"

上述史料中的"银母",就是含银的方铅矿。方铅矿和银经常共生在一起,我国古代人民早就认识到了这一点。《管子·地数》中就曾有这样的记载:"上有铅者,其下有银。"

4. 银金矿

银金矿在古代又称为黄银、淡金。宋代程大昌在《演繁露·卷七》中记载:"隋高祖时辛公义守并州(今太原市),尝大水流出黄银。"明代方以智《通雅》和陈元龙《格致镜源》引《山海经》:"臬涂之山,多黄银。"清代张澍《蜀典》引《山海经》:"黄银出蜀中,与金无异,但上石则色白。"宋代方勺《泊宅编》:"黄银出蜀中,南人罕识。朝散郎颜经监在京抵当库,有以十钗质钱者。其色重与上金无异,上石则正白,此色尤分明。"又《浙江通志》引《龙泉县志》:"黄银即淡金。""原淡金一两,得黄金七钱,必得白银三钱。"上述史料充分说明我国古代人民对银金矿这种含银矿物已经有了很清楚的认识,并且已能根据黄银与自然金条痕颜色的不同来区分它们,即银金矿的条痕颜色比自然金的要浅,为黄白色。

第二节 中国古代对黄金、白银的利用

自古以来,黄金、白银在中国就是富贵的象征,白银更有辟邪化毒的功效,黄金、白银在古时不但作为货币流通,而且将黄金、白银应用于日常生活的诸多领域,如制作首饰、用作货币、制造工艺品、日用器皿、宗教法器等。这一方面说明黄金、白银贵重,另一方面也说明黄金、白银被发现得很早。

一、对黄金的利用

黄金列于五金(金、银、铜、铁、锡)之首,素有"百金之王""五金之长"之称。中国古代人民对黄金的利用历史悠久,在河北藁城县商代中期宫殿遗址十四号墓中出土的金箔,在河南辉县琉璃阁殷代墓葬中出土的金叶,在安阳殷墟出土的金器,可以充分说明那时的人们不仅已经认识了黄金,而且已经掌握了一定的陶冶加工技术。

1. 首饰用黄金

黄金是我国古代制作首饰的主要材料,它不仅可以单独用于制作首饰,如金戒指、金镯子、金耳环、金带钩、金冠、金项链等,而且还可以用作镶嵌有宝石首饰的底座。在漫长的历史长河中,古代人民利用黄金创造了大量经典传世的不朽之作。

据考古发现,我国古代人民在商代就已开始用黄金制作简单的首饰了。如在北京平谷县刘家河商代中期墓葬中,曾出土金臂钏两件(图1-1)、金耳环一件;在山西石楼商代遗址中也出土过金耳环。

图1-1 金臂钏
(商代,现藏于首都博物馆)

春秋战国时期，黄金制作工艺得到了极大的发展，即使是北方的少数民族亦能用黄金制作非常复杂的金冠饰，如1972年冬在内蒙古自治区杭锦旗阿鲁柴登匈奴墓中出土的鹰顶金冠饰（图1-2），其工艺制作精良，立体构图、圆雕、浮雕技术并用，从黄金制作工艺上看，有范铸、錾镂、抽丝、编垒、镶嵌等，反映出匈奴民族巧妙的艺术构思和先进的黄金制作工艺。

图1-2 鹰顶金冠饰
（战国时期，现藏于内蒙古博物院）

长沙五里牌汉墓出土的东汉镂空花金球（图1-3），金球分扁圆、六方、圆形3种，用薄金片制成球形，周围用细金丝捻成边饰，空当处堆焊小如芝麻的金珠，粒粒可数，组织巧妙，造型别致精巧，堪称金饰中的精品。

图1-3 镂空花金球
（东汉，现藏于湖南省博物馆）

湖南安乡刘弘墓出土的嵌绿松石龙纹金带扣精彩地展现了我国西晋时高超的掐丝、金珠、焊接、镶嵌工艺（图1-4）。最值得称道的是龙体上如鱼子般的细小金珠，排列得均匀整齐、清晰光亮，颗颗能辨，肉眼几乎观察不到焊痕，工艺之精湛令人咋舌，代表了那个时代的金珠加工及焊接水平。

在陕西西安东郊的唐代李倕公主墓中出土了集多种材质、多种工艺于一体的冠饰（图1-5），用到的材料包括金、银等10多种贵金属，采用了锤揲、鎏金、贴金、掐丝、镶嵌、金珠及彩绘等多种工

图1-4 嵌绿松石龙纹金带扣
（西晋，现藏于湖南省博物馆）

艺,充分展示了唐代高超的工艺水平。

凤簪是女子发髻上的主要装饰,江苏涟水妙通塔宋代地宫出土的元代金摩羯托凤簪是此类型中的精品,凤鸟曲颈昂首,用两枚金片分别锤揲后扣合而成。凤的脑后和颈部装饰羽翎,两翼平张。簪身呈管状,饰有细密的羽毛纹(图1-6)。

1972年江西南城朱佑槟夫妇墓出土的几件明代金簪(图1-7),簪首装饰的阁楼以花丝工艺制成,楼阁外绕树木,内设神殿,神殿内还有仙鹿白鹤,中间竟还有些不及米粒大的男女人物,姿态却依然生动,工艺之精,令人叹为观止。

图1-6 金摩羯托凤簪

(元代,现藏于江苏淮安博物馆)

图1-5 复原的李倕冠饰

(唐代)

图1-7 累丝阁楼人物纯金发簪

(明代,现藏于中国国家博物馆)

1958年7月,北京十三陵出土的明代万历皇帝的金丝翼善冠(图1-8),其结构巧妙,制作精细,金丝纤细如发,编织匀称紧密,工艺精湛。

故宫博物院收藏的清代金累丝龙戏珠纹手镯(图1-9),主要采用錾金、累丝、点翠等工艺加工而成。每环外錾龙双双缠绕,龙首相对,张口衔珍珠一颗,边沿錾联珠纹作装饰,寓意"双龙戏珠"。局部纹饰用蓝色点翠,内环满錾灵芝纹,是手镯中的精品。

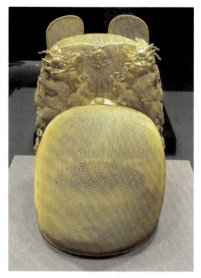

图1-8 金丝翼善冠
（明代，现藏于北京定陵博物馆）

图1-9 金累丝龙戏珠纹手镯
（清代，现藏于北京故宫博物院）

2. 货币用黄金

我国古代所使用的流通货币有许多种材质，但主要是金属材质，其中铜币和银币较常见，而金币则较少见。中国最早出现的金币，是战国时期的楚国制成的。楚金的形状主要为版形和饼形。这种金币是在一大块金饼上加盖十几个小方形钤记而成。钤记的文字主要有郢爰，郢即楚国的都城（现湖北荆州西北纪南城）；后为陈爰，因楚顷襄王二十一年（公元前278年）郢失陷后迁都于陈（现河南淮阳）。

郢爰，是楚国通行的金币，有出土实物为证。整版郢爰于1969年春首先发现于安徽六安陈小庄一处楚金窖藏，出土郢爰大小共7块，其中有两块是完整的，分别重268.3g和269.8g，每块面上打有"郢爰"二字印记16个。1970年，在安徽临泉艾亭集西南出土了被切割的陈爰。1972年，又在陕西省咸阳市窖店公社西毛大队路永坡村发现了8块完整的陈爰。1982年，在江苏省盱眙县穆店公社南窑庄出土的楚汉金币窖藏中，有2块是至今发现最大的、印记最多的郢爰，一块面钤印郢爰阴文印记，纵6行，横9行，共54个印记，另有半印6个；另一块面钤印郢爰阴文印记，纵5行，横7行，共35个印记，另有半印11个（图1-10）。

图1-10 郢爰
（战国时期，现藏于南京博物院）

此外，1984年河北省灵寿县北30km岔头村战国早期的一座中山国墓，出土金贝

4枚,金贝无文字,仿海贝形状铸造,也有唇纹、齿纹形状。这是战国中早期的金贝币。

1929年,陕西兴平县念流寨出土秦代金饼7枚,是战国晚期至秦代的遗物。1963年,在临潼县武家屯发现金饼8枚,是战国晚期的秦国器物。以上两地出土的金饼形制,基本相同。临潼武家屯出土的8枚金饼,其形制为直径6cm,圆形薄身,通体光素,含金量达99%,可见当时先民们已掌握了相当高的黄金提纯技术,色泽金黄,净重为250g(即五市两)。其中5个,正面阴刻篆书"四两半"。

金饼是汉代的重型金币。汉武帝太始二年(公元前95年),诏令将金饼铸成马蹄形、麟趾形,名为马蹄金和麟趾金。2011年,位于江西南昌的西汉海昏侯墓,开始考古挖掘,出土金饼400多枚,马蹄金、麟趾金、金板若干(图1-11),总重达120kg。这是迄今为止发现的汉代墓葬中黄金最多的。所有黄金制品的纯度,最低为98%,多数为99%以上。

图1-11　马蹄金、麟趾金
(汉代,现藏于江西省博物馆)

上述出土的金饼(包括马蹄金和麟趾金),个体质量虽然不同,但绝大多数接近一个固定数值,即西汉的1斤(相当于现在的256g)。使用的方法可能和"郢爰"一样,主要是称量使用,也可以剪切通行。

东汉很少用黄金,主要与王莽的黄金国有政策有关。王莽在居摄二年(公元7年)发行错刀契刀,目的是收买黄金,同时禁止到侯以下不得挟黄金,王莽死时,"省中黄金万斤者为一匮,尚不60匮,黄门、钩盾、藏府、中尚方处各有数匮"。据彭信威《中国货币史》以黄金70匮计算,计70万斤(王莽时的"斤",仍使用西汉斤),约合179 200kg,与罗马帝国的黄金储量179 100kg基本相同。

金币到北朝时趋于减少,其原因或许是黄金更多地用于器物和装饰,或许是黄金的产量没有增加,或许是有许多黄金长久埋在地下,因而导致在货币流通中黄金大大地减少,使得价格腾贵,其结果是黄金不再以斤作为计重单位,而代之以两计。后魏时,金币除饼形之外,还出现铤(锭)的形式。

唐代以铜钱作为主要货币,黄金偶尔也作为支付手段,文献中记载黄金用作支付时,首先需将黄金变卖成铜钱,然后才能用作支付。唐代币用黄金铸成的形状主要为铤状,《唐大诏令集·卷百八》,开元二年(公元714年)唐玄宗下《禁金玉锦绣敕》:"所有服饰金银器物,令付有司,令铸为铤,仍别贮掌,以供军国。"1979年4月,山西平鲁屯军沟出土唐金铤82件。1977年4月唐长安城东郭遗址出土的也是2件金铤,都是模内浇铸的,呈扁平的长方体,一件重1 215.98g,另一件重1 191.44g。

唐以后各朝代,出土实物中金币渐少,但仍有少量出土。1956年,杭州火车站附近出土的6件1两金铤,成色在95%～99.9%之间,是中华人民共和国成立后首次发现的南宋黄金货币。南宋货币中有大型金铤、1两金铤等。大型金铤的形制有束腰型和直型两种,包括50两、25两(图1-12)、12.5两、1两等几种。金属货币除铜币外,银币的用量逐渐增多。

图1-12 相五郎十分金重25两金铤(南宋)

3. 工艺品及饮食器皿用黄金

我国古代工艺品以青铜器、玉器、木器、银器最多,但也创造了大量优质的金器。这些金器按其用途可分为礼器、饮食器、乐器、法器等。

1986年,四川广汉三星堆祭祀坑报道重大考古发现,在二号祭祀坑出土了1件金面青铜人头像(图1-13)。铜头像为平顶,通宽19.6cm,通高42.5cm,头发向后梳理,发辫垂于脑后,发辫上端用宽带套束,具有浓郁的地方民族发式风格。金面罩用金皮捶拓而成,大小、造型和铜头像面部特征相同,眼眉部镂空,制作颇为精致,给人以权威与神圣之感。

1978年,在湖北省随县擂鼓墩发掘的战国早期曾侯乙墓葬中,出土有金盏和金匕各1件。盏似碗形,有耳、有足、带盖,盏高10.7cm,口径15.1cm,足高0.7cm,重2150g。金匕出土时置于盏内,长13cm,重50g,匕端略呈椭圆凹弧形,内镂空云纹。

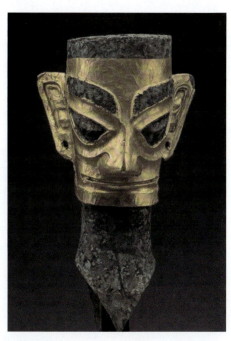

图1-13 金面青铜人头像
(商代,现藏于四川广汉三星堆博物馆)

此盏、匕为饮食器无疑(图1-14)。

1970年,西安南郊何家村出土了一批唐代窖藏金银器,其中有2件鸳鸯莲瓣纹金碗(图1-15),高5.5cm,口径13.7cm,足径6.7cm。据有关资料记载,金碗乃皇家所用的酒器,容1斤许。

图1-14 金盏和金匕

(战国时期,现藏于湖北省博物馆)

图1-15 鸳鸯莲瓣纹金碗

(唐代,现藏于陕西省历史博物馆)

元代闻宣制作的如意纹金盘(图1-16)采用锤揲、模压工艺使4个如意云头相叠而成,造型层次明显,富有立体感和曲线韵律美感。錾刻工艺十分精细,金盘表面做过"套色"处理,金器光彩夺目,是件精美异常的艺术珍品。

我国古代乐器按制作材料,可以分为金、石、丝、竹、匏、土、草、木8种,即所谓的"八音",金有青铜质、铜质,而黄金质的乐器极少见。故宫博物院收藏了清代康熙五十四年(公元1715年)制纯金编钟1套,共16枚。编钟大小基本相同,中空,以壁的厚薄调节音高,钟高21.2cm,钮高6cm,厚1.2～2.1cm,外形略呈椭圆形,腰径外鼓。上径13.6cm,中径20.6cm,下径16.2cm,全套金钟共重460 818g(图1-17)。

图1-16 如意纹金盘

(元代,现藏于南京博物院)

图1-17 纯金编钟

(清代,现藏于北京故宫博物院)

佛教在中国古代生活中占有十分重要的地位,唐朝和清朝两个朝代崇佛最盛,唐朝诸皇帝都曾将佛指舍利迎入内宫以殊礼供奉。当然倡佛的表现形式,一方面是寺庙林立,僧众增多;另一方面是以至贵之物为佛、菩萨造像和打造各种法器,以示敬重、虔诚,祈求赐福,其级别最高的便是皇家以纯金所造者。1983年,陕西扶风法门寺地宫中出土唐代金银器121件,其中与佛教有关的造像和法器有香案、舍利棺椁、宝函、锡杖(图1-18)、如意、钵盂等。

故宫博物院藏有清乾隆年间所造金累丝嵌松石坛城(图1-19),梵文音译"曼荼罗"或"曼陀罗",即用立体或平面的方圆几何图形绘塑神像、法器,表现诸神的坛场和宫殿,是密教修习和供奉的重要法物。该件坛城以金累丝工艺将外围的火焰墙、金刚墙到中心的经阁、本尊均严格地依照藏传佛教仪轨中的规定一一表现出来,繁而不乱。此坛以累丝、錾花、镶嵌等工艺制成,做工精美,殊为罕见,反映出宫廷工匠高超的工艺水平。

图1-18 单轮十环纯金锡杖
(唐代,现藏于陕西省扶风法门寺博物馆)

图1-19 金累丝嵌松石坛城
(清代,现藏于北京故宫博物院)

二、对白银的利用

自从我国古代人民认识了银矿物,并掌握了冶炼银矿石的技术后,白银这种贵金属材料就被广泛地用于日常生活的诸多领域,如制造首饰、铸造货币、制作工艺品及器皿等。

1. 首饰用白银

由于白银柔软坚韧,具有较好的延展性,易于加工成形,因此在首饰制作方面与黄金一样具有悠久的历史。如1951年11月在河南辉县固围村5号战国墓出土的包金镶玉嵌琉璃银带钩,用白银铸造,整体长18.4cm,宽4.9cm,造型优美,整体铸成浮雕式的兽首和长尾鸟形象,采用鎏金、镶嵌、錾刻等多种方法,将不同质地、不同色泽的材料巧妙地配合使用,使不同色彩的对比非常和谐,产生绚丽多彩的装饰效果,反映了当时的金银工艺水平(图1-20)。

在法门寺塔基地宫中出土的金银器中,发现了"文思院造"的铭文款识,证明在唐代已建立了掌管宫廷金银等珍贵器物制作的专门机构。其中,鎏金双蜂团花纹银香囊(图1-21)是迄今发现的唐代香囊存世品中最大的一枚,被锤揲成球体,通体镂空,部分纹饰鎏金。上下半球体以合页铰链相连,钩状司前控制香囊之开合,香囊内之香盂铆接于双层持平环上,环又与下半球体铆接,无论球体如何滚动,香盂面始终保持平衡,说明近代用于航海、航空的陀螺仪原理早在唐代已被我国工匠掌握。

图1-20 包金镶玉嵌琉璃银带钩
(战国时期,现藏于中国国家博物馆)

图1-21 鎏金双蜂团花纹银香囊
(唐代,现藏于陕西省扶风法门寺博物馆)

1986年,在内蒙古自治区哲里木盟奈曼旗青龙山陈国公主驸马合葬墓出土了银冠饰。其中,公主的鎏金高翅银冠(图1-22)用鎏金薄银片分片锤击成各部位的形状,并用细银丝缝缀加固而成。冠顶圆形,两侧立翅高耸,看起来很像鸟飞翔时展开的双翅,冠正面和两侧立翅镂空并錾刻火焰宝珠、凤鸟和云纹等花纹,冠顶缀饰道教像。

浙江浦江县白马镇高爿窖藏出土的南宋银鎏金凤凰纹花头簪(图1-23),簪首分别为飞舞的雌雄双凤,造型生动,技艺精湛,甚是精美。宋代银首饰虽不及唐代的富丽,但镂空、锤揲等技法运用娴

图1-22 鎏金高翅银冠
(辽代,现藏于内蒙古自治区文物考古研究所)

图 1-23 银鎏金凤凰纹花头簪
(南宋,现藏于浙江省浦江博物馆)

熟,形成了独特且精致秀丽的崭新面貌。

北京故宫博物院收藏的清代银镀金嵌珠宝龙戏珠簪(图 1-24),采用累丝工艺制作,制作过程严谨讲究,龙纹造型与瓷器等器物上的纹饰几近相同,堪称清代盛期皇家金银细工工艺的代表作之一。

2. 货币用白银

我国古代使用的流通货币有许多种,但主要是铜币、银币和金币,其中铜币最为常见,银币次之,金币最少。

根据现代考古资料证实,白银用作货币最早出现于战国时期。1974 年 8 月,河南省扶沟县古城村出土有白银制作的货币——银布(图 1-25),共计 18 枚,总重 3 072.9g。1974 年,河北省

图 1-24 银镀金嵌珠宝龙戏珠簪
(清代,现藏于北京故宫博物院)

平山县中山国王墓出土银贝 4 枚,无文字,是仿海贝形状铸造的。正面 1 道贝唇,俯视有若干条贝齿。

在中国古代,把白银当作货币大量使用出现在唐宋以后。1956 年 12 月,西安市北郊唐大明宫遗址范围内出土的 4 块唐银铤,呈笏板状,记重均为"五拾两"。1970 年,西安何家村唐代窖藏出土了银饼和银铤,这些银饼系浇铸而成,为不规则圆

形,中间略厚于周边。其中1件錾刻铭文"怀集县开十庸调银拾两专当官令王文乐典陈友匠高童",此刻字面有1处圆形补疤,应是为达到10两的质量而补加的(图1-26)。1982年,江苏扬州出土的唐银为束腰船形复置似案的银铤。铤或银一笏,皆指当时50两,"铤"是正式规定的白银的计算单位名称。

宋代的银币形制是束腰状的银铤。宋代的大银铤重50两,小铤25两、12两许、7两许、3两许等。大银铤两端多呈弧形、束腰形,多有记地、记用、记重、官吏、匠人名称等(图1-27)。

元代进一步建立了银本位制,把白银作为一种主要货币,把以银为"钞母"的"交钞"称为"银钞",各种"岁课"多用"银钞",已很少征收实物。《新元史·食货志·钞法》记载:"至元三十年(公元1293年)八月诏:诸路交钞库所贮银九十三万六千九百五十两,除存留十九万二千四百五十两为钞母,余悉数运于京师。"按元以前锭作铤,此后又名银铤为"元宝"。1956年江苏句容赤山湖边出土元银两锭,银锭正面刻有阴文三行,背铸"元宝"二字,长14.5cm,厚3cm,分别重1 895.94g、1 897.19g。1966年,河北怀来县小南门姑子坟出土1枚元代银锭,正面铭文:"肆拾玖两玖分又壹分""行人郭义",有"金银梁铺"戳记,右上有元代押一方,右下有元代押二方,下有"使司"戳记各一方,中左有不明长方戳记等。元银常有"行人"名字,为专司检验银锭成分的人,这锭白银正说明白银在元代仍在民间流通。

图1-25 银布
(战国时期,现藏于河南省博物院)

图1-26 银饼
(唐代,现藏于陕西省历史博物馆)

图1-27　50两银铤
（北宋）

明代，银币成为正式货币。世宗嘉靖年间，规定各种铜钱对白银的比价，当时嘉靖钱每700文合银1两，洪武等钱1000文合银1两，前代钱3000文合银1两。这种银钱比价，变换了几次，但维持不住。这种银钱的比价，接近银钱两本位制。但白银仍没有成为铸币，仍是以各种形式和大小的银锭元宝来流通。

清代的白银名称和形式、种类繁多。大体可分为4种：①元宝，一般称为马蹄银，又叫宝银。形制高其两端，重50两为标准。间亦有方形者，称为方宝或槽宝。②中锭，重约10两，也有各种形式，多为锤形，也有非马蹄形的，叫作小元宝。③小锭，又称锞子，其形状有多种，以呈馒头形者为最多，质量1～5两。④凡质量在一两以下者，叫作散碎银子，如滴珠、福珠、板银等。清政府规定以纹银为标准，成色为935.347‰，这不过是全国性的假想标准银，实际上并不存在。银色十分纷繁，流通时是很不方便的，外国银圆流入内地不久，便大受欢迎。

银圆这种大型的银币，于15世纪末始铸于欧洲，于明万历年间（1573—1620年）开始流入中国。清康熙年间（1662—1722年），流入中国的外国银币有西班牙双柱（pillar dollar）、法国埃居（écu）、荷兰银币（rixdollar）等。乾隆初年，国内最通行银币有3种：马钱（荷兰银币）、花边钱（西班牙双柱）、十字钱（crusado，葡萄牙银币）。中国正式开始铸造圆形银币是乾隆五十八年（公元1793年），银币名为"乾隆宝藏"，又称"章卡"，分重1钱5分、重1钱、重5分3等，只通行于西藏。嘉庆、道光年间，改铸嘉庆宝藏、道光宝藏，这种"宝藏"与当时国内流行的银圆不同，是仿西藏原来的银币，形式薄小。嘉庆年间，银业方面曾仿造新式银圆，因贬值而被禁止。道光年间，为供助军饷，由福建省政府发行两种银币：一是道光十八年（公元1838年）在台湾铸造的，币面铸寿星像，像下铸有"库平柒贰"4个字，像左篆书"道光年铸"，背铸一鼎，上下左右各有一满字,初重 7 钱 2 分,以后减重;二是道光二十四年(1844 年)在漳州铸造没有图纹的"漳州军馈"银圆。道光年间各地都曾铸造银币。咸丰年间,上海有几家船商曾发行银饼。四川当局在光绪年间曾铸造一种卢比,俗称四川卢比,用光绪的半身像,这是中国最早的人像为币纹的银圆。

中国机器铸造银币始于吉林,但大规模机铸银圆自光绪十五年(1889 年)从广东造币厂开铸"龙洋"开始。"龙洋"面文"光绪元宝",背为蟠龙,其上为"广东省造",下为"库平七钱三分"[光绪十六年(1890 年)改为"七钱二分"]。宣统二年(1910 年)清政府颁布《币制则例》,规定银圆为主币,每枚重库平 7 钱 2 分,含纯银 9 成,合 6 钱 4 分 8 厘。银币在清朝广泛使用,就连清政府与列强签订的赔款条约,都是以白银计算的。

1914 年颁布《国币条例》,铸造袁世凯头像银圆,俗称"袁大头"。1933 年颁布的《银本位币铸造条例》,规定每枚银圆总重 26.697 1g,含纯银 23.493 4g,铸帆船图案的"船洋"直到 1935 年才禁止流通。

3. 工艺品及器皿用白银

我国古代的工艺品以青铜器、玉器、木器和金银器为主,其中又以银器为最。这些银器根据其用途又可分为饮食器、法器等,为皇亲贵戚、王公大臣、富商巨贾享用。

在安徽寿县出土的战国时期的"楚王银匜",高 4.9cm,口径 11.8~12.5cm,重 100g。匜流下面的腹部刻有"楚王室客为

图 1-28 楚王银匜
(战国时期,现藏于北京故宫博物院)

之"6 字,匜外的底部则刻有"室客十"3 个字,经考证此为楚王招待宾客宴饮的酒器,这也是我国目前发现最早的银质器皿之一(图 1-28)。1970 年,在西安何家村唐代窖藏金银器中,有 1 件舞马衔杯纹皮囊式银壶(图 1-29),高 18.5cm,口径 2.3cm,造型采用了我国北方游牧民族携带的皮囊和马镫的综合形状,扁圆形的壶身顶端一角,开有竖筒状的小壶口,上置覆莲瓣式的壶盖。盖顶和弓状的壶柄以麦穗银链相连,壶身下焊有椭圆形圈足。这种仿制皮囊壶的形式,既便于军旅外出时携带,又便于日常生活的使用,可见设计之巧妙,工艺之精湛。此外,1982 年,在江苏丹徒丁卯桥发现一大型唐代银器窖藏,出土银器 900 件,其中有鎏金龟负论语玉烛银酒筹器(图 1-30),高 34.2cm,筒深

图 1-29 舞马衔杯纹皮囊式银壶
(唐代,现藏于陕西省历史博物馆)

22cm,龟长 24.6cm,由龟座和圆筒组成。这件酒器造型奇妙,纹饰华丽,具有很高的工艺技术水平。除了上述银器皿外,出土的银器还有许多,除了酒器外,还有茶具和工艺装饰品等不胜枚举。

元代金银器制作中涌现出一些著名的匠人,如朱碧山、谢君羽、谢君和、闻宣等,他们的作品在社会上享有很高的知名度。朱碧山制作的银槎杯(图 1-31)以白银铸成独木舟状,中空可以贮酒,槎和人均为铸成后再加雕琢而成,具有传统绘画与雕塑的特点,作品将制作者的人品、境界与修养等诸多因素巧妙地融于一体,极富首饰匠人的个人色彩,堪称金银器物中罕见的精品。

图 1-30　银鎏金龟"论语玉烛"龟形器
(唐代,现藏于镇江博物馆)

清代的宫廷金银细工工艺分工很细,创作了许多精美的银工艺品,现藏于北京故宫博物院的银累丝花瓶(图 1-32)即为其中的代表作,它通体用 3 种粗细不等的银丝累成菊花形,以很粗的银方丝焊接为胎,用较粗的银圆丝累卷草图案,用细圆丝在轮廓外累卷须,每个菊瓣内有均匀细腻的凤状花叶纹,通身累丝灵透,饶有异趣。

图 1-31　银槎杯
(元代,现藏于北京故宫博物院)

图 1-32　银累丝花瓶
(清代,现藏于北京故宫博物院)

银在佛教、法器方面的应用很多,留下了一大批精品。1983年,陕西扶风法门寺地宫出土有唐代金银器121件,其中用白银制作的典型的法器有鎏金捧真身银菩萨、鎏金迎真身银金花双轮十二环锡杖和鎏金双鸳团花银盆等。鎏金捧真身银菩萨(图1-33)双手捧上置发愿文金匾的鎏金银荷形盘,匾上錾文11行65字"奉为睿文英武明德至仁大圣广孝皇帝,敬造捧真身菩萨,永为供养。伏愿圣寿万春,圣枝万叶,八荒来服,四海无波。咸通十二年辛卯岁十一月十四日皇帝延庆日记"。采用锤揲、浇铸成型,纹饰平錾,镂空,鎏金,涂彩,做工讲究,精致瑰丽。鎏金迎真身银金花双轮十二环锡杖(图1-34)由杖身、杖首、杖顶3部分组成。杖身中空,呈圆柱形,通体衬以缠枝蔓草,上面錾刻"圆觉十二僧",手持法铃立于莲花台之上,个个憨态可掬;下端缀饰蔓草、云气和团花。锡杖整体造型装饰雍容华贵,制作精绝,是国内仅见的等级最高的金银质锡杖。

图1-33 鎏金捧真身银菩萨
(唐代,现藏于陕西省扶风法门寺博物馆)

图1-34 鎏金迎真身银金花双轮十二环锡杖
(唐代,现藏于陕西省扶风法门寺博物馆)

第三节 贵金属首饰的发展

一、金银首饰的发展

金、银是人类认识很早的金属,也是现代首饰业应用的主要金属材料。中国金银首饰的产生和发展经历了漫长的历史阶段。每一时期的金银首饰都具有其特定的历史文化内涵。

1. 中国古代金银首饰的发展

中国目前最早的金银饰品发现于商代古墓,这些以商文化为中心的金银首饰距今已有 3000 多年的历史。商周金银首饰的制作工艺比较简单,金银饰品也以精巧简约风格为主,很少有刻有花纹的金银首饰,多是装饰品。后来,随着商朝青铜器工艺的发展和繁荣,金银首饰的制作工艺也开始改进,金银饰品更加美观,少数首饰品上面还有独特的纹路,具有明显的地域文化和少数民族特点。

春秋战国时期,社会变革带来了生产、生活领域中的重大变化,中国金银首饰有了新的进步,贵金属冶炼技术逐步提高,首饰制作工艺也得到较大提高,南北方的金银制作工艺和风格具有明显差异,风格也迥然不同。

到了汉代,金银首饰的发展空前繁荣。汉朝是一个国力强盛、充满朝气的王朝,汉代出土的金银首饰数量巨大、品种丰富,不管是制作工艺还是装饰水平都大大超过了以前的朝代。汉朝的金银首饰脱离了青铜工艺,走向了以掐丝、累丝、镶嵌等为代表的独立金银细工工艺道路,使金银器的形制、纹饰以及色彩更加精巧玲珑,为以后金银器的发展繁荣奠定了基础,也让汉朝的金银首饰艺术呈现多元发展的态势,出现了色彩丰富的纹饰,独具风采。

魏晋南北朝时期,各族文化交流密切,首饰工艺有了很大发展,金银器的社会功能进一步扩大,制作技术更加娴熟,器形、图案也不断创新。这个时期的金银器数量较多,较为常见的金银器仍为饰品,即镯、钗、簪、环、珠及各种雕镂、锤铸的饰件、饰片等。这个时期的戒指,錾刻花纹增多,戒面扩大,有的还雕镂图案或镶嵌宝石。在工艺上掐丝镶嵌、焊缀金珠等手法仍比较盛行。到了魏晋南北朝后期,我国金银首饰的发展就更加具有地域特征,这和当时动荡的社会背景有着必然的关联。各民族人民在不断的战乱和长期共同生活中,对外交流扩大,又受到了其他宗教和民族文化的影响,所以一些金银首饰的制作风格就在不断改变,金银首饰的加工工艺、纹路图样等,都在不断地变化,被打上了明显的时代印记。

到了唐代,我国金银首饰开始变得绚丽多彩。唐代的对外开放政策,极大地促进了中西文化的交流,大量涌入的外来文化和商品使金银器的制作进入高度兴盛发展阶段。唐代中期已形成了较完整的金银细工工艺,研究和总结了销金、拍金、镀金、织金、砑金、披金、泥金、镂金、捻金、戗金、圈金、贴金、嵌金、裹金等 14 种金银加工方法,并且饰物装饰部位的特点也逐渐显露出来,有了较丰富的面饰、发饰、步摇、项饰、手饰、带饰、冠饰等种类。唐朝熠熠生辉、绚烂多彩的金银首饰已经成为了唐朝独特的文化标志,造型丰富、色彩绚丽、工艺精湛、风格独特,让唐朝纹饰精美的金银首饰达到金属工艺的最高水平。

到宋代,随着商品经济的发展,宋代的民俗开放、经济繁荣,金银制作业在民间已经很发达。每当某户人家有首饰求购需求时,通常是聘请银匠到家里来专门打造。作为金银首饰,需求最多的便是娶嫁时节。受"程朱理学"的影响,宋代开创了具有自己时代特色、风格崭新的金银饰品,这些金银饰品没有唐代饰品那般华丽富贵、华美细腻,不过多了一份典雅秀丽、清净素雅,与宋代艺术风格一致,植物纹样饰品比较常见,尤以松、竹、梅等象征气节的植物为多。宋代金银饰品种类繁多,主要有发饰、耳饰、指饰、腕饰、带饰、帔坠、佩饰等,其中发饰占据着大宗,其次是腕饰与耳饰。宋代金银首饰的风格也从一定程度上影响了后来明清时期金银首饰的发展。

元代首饰制作沿袭了唐、宋以来的官府手工业体制,有官作和民作之分。最能体现元代金银器风格特色的是,元代金银器制作中涌现出一些著名的匠人,如朱碧山、谢君羽、谢君和、闻宣等,他们的作品在社会上享有很高的知名度。元代金银首饰在宋代金银首饰的基础上,不论是金银首饰的造型、品种、款式、风格都有了进一步的发展。元代的金银首饰种类丰富,作为人体佩戴的外部装饰品,几乎每个部位均有相对应的金银首饰。元代金银首饰造型多样,题材广泛,既有祥瑞题材即龙、凤、如意等常规意义上的吉祥图案造型,也有仿生日常生活中的动物、瓜果蔬菜等造型,还有迦陵频伽、飞天、宝相花、葫芦形等佛道宗教类题材的造型。元代的金银首饰工艺复杂,使用了锤揲、錾刻、打条、穿结、掐丝、镶嵌等制作工艺,嵌宝首饰流行。在元代之前,中国的金银首饰多以单纯的金银为主材料,这是因为当时镶嵌技术较低,无法保证珠宝镶嵌的稳定性。元代开始,嵌宝工艺又重新出现在了金银首饰制作上,说明当时的宝石镶嵌工艺已达到较高的水平。

相比宋代、元代,明代的文化发展就比较保守,尤其是皇室的金银饰品形成了更加完善的体系,所以制作金银首饰的时候越来越远离生机勃勃、清新典雅等风格,呈现华丽浓艳、华贵雍容、复杂繁琐的宫廷气息,金包玉、在金上镶嵌宝石等,集各种名贵材料于一体,精雕细刻,与以前朝代的金银首饰有一种截然不同的感觉。明代金银首饰,往往会刻上象征权力的龙凤图案,与宫廷装饰风格更加贴近。

清朝时期,尽管文化依然趋向保守,不过与明代相比多了一份生机和精美,尤其对龙凤纹饰的使用推崇到了极致。清朝金银首饰保存到现在的大多都是传世精品,继承了传统风格,同时也受到其他艺术、宗教和外来文化的影响,金银首饰的造型和纹路也发生了重大变化,大抵可以用精、细二字来形容。

2. 中国近现代金银首饰的发展

辛亥革命以后,清朝政府覆灭,宫廷艺术流向民间,金店、银楼、首饰楼等纷纷开张,并发展了金银器皿等摆件。但是由于时代巨变,战乱纷呈,清末民国时期一些首饰品种及其技艺逐渐衰落或消失。

中华人民共和国成立后,中央人民政府对贵金属买卖实施全面管制,同时着手恢复并挽救工艺美术和首饰制造业,在北京、上海、广州、天津、武汉等市和山东、四川等省相继成立了首饰厂、金银制品厂,出台了一系列政策措施鼓励首饰业的发展,许多老工艺匠人、技术工人又重新回到了首饰制造行业中来,开发了多种金银首饰新工艺,使古老的传统工艺重新焕发出光彩。

改革开放以来,中国金银首饰产业得到了快速发展。2002年上海黄金交易所的开业和2007年中国证券监督管理委员会批准上海期货交易所上市黄金期货等相关政策的实施,标志着中国黄金市场走向全面开放。在我国经济持续快速增长和人均收入水平不断提高的背景下,人们在满足基本生活需要的基础上,逐渐增加了对高档消费品的消费,兼具保值属性和彰显个性的金银首饰,成为中国居民的消费热点。伴随着年轻消费者和新兴中产阶级的崛起,个人消费提质的需求逐步升级,年轻一代的珠宝消费习惯更趋于日常化,能够在多种情景下提高珠宝产品的复购率,为金银珠宝行业的发展提供了更大的发展空间。特别是近几年,随着黄金首饰的设计和工艺不断推陈出新,黄金饰品的产品风格不再局限于传统的端庄大气,兼具古典与现代气质的黄金饰品如3D硬金、古法金、5G硬金等,得到了众多消费者的青睐。2019年,全国黄金实际消费量1 002.78t,其中黄金首饰676.23t,金条及金币225.80t,工业及其他100.75t。中国已连续多年成为全球最大的黄金、白银和铂金首饰制造国和消费国。从产品结构上看,黄金饰品是我国消费量最高的珠宝产品,占比接近60%。

随着银饰行业的发展,很多国外高端银饰品牌进入中国抢占国内市场,中国的银饰消费也从一开始的低端消费向中高端、高品位的银饰品过渡,消费者的眼光和品位更加时尚,中高收入的消费群体追求高品质生活的需求大大刺激了高端银饰品的发展,所消费的银饰也越来越贴近国际流行趋势。现代时尚银饰在原料方面有着相对较低的制作成本,在材料上拥有中性不俗的质感,在款式上更注重休闲个性,在设计上更加大胆夸张,更适合日常佩戴。大中城市的时尚达人一族每个季节都购买数套时尚银饰,用来搭配不同的服装和表达不同的心情。2016年,我国白银首饰及器皿用银4000t左右,销售量居世界首位。2018年,全球首饰制造用银增至20 290万盎司(6310t),创下10年来的新高。现代银饰不限于传统银饰的概念,银饰象征的富贵意义已不复存在,更多地成为彰显个性的装饰品,再加上银饰品是介于黄金、铂金和仿金饰品之间的终端首饰市场,既体现了高端铸造首饰高质量和保值性的特征,又融合了低端普通装饰品的低价格和装饰性特征,更能迎合消费者追求品位和时尚性的需求,具有广阔的市场前景。

二、铂族金属首饰的发展

1. 铂族金属的发现历史

人类很早就在砂金开采时接触过某些铂族金属矿物,南美洲的古代淘金者将金砂中混杂得很重的灰白色金属颗粒(实际上是铂铁合金或锇铱金属矿物)视为无用的"小银"而弃去;我国古代工匠在加工金银饰品时,则把混在金银中极硬且难熔的某种成分称为"金刺"或"毒银"弃去,但古代人民并不知道那些弃去的废物是另一类更贵重的金属;星占学家在埃及和南美发现了一些古代人民使用的金银饰物,分析发现它们含有铂族金属。

这种"小银"当时被称为"platina"。1741年,英国化学家伍德(Charles Wood)将这些颗粒样品从牙买加带回英国,引起了欧洲化学家的研究兴趣,并于1778年分离出一种新金属,它与当时仅知道的7种金属(金、银、汞、铜、铁、锡、铅)不同,化学家将这第8号金属命名为"铂"(platinum)。1802年,英国化学家沃拉斯顿(William Hyde Wollaston)确定了分离和提取铂的方法,并应用于生产,同时分离提取出另一种金属,因为它总是与铂共存,所以用希腊神话中的智慧女神及当年发现的小行星"Pallas"的名字命名为"钯"(palladium)。1803年,法国人柯莱德斯科提尔(H. V. Coilet Descotils)从王水溶铂后的残渣中分离出另一种与铂、钯不同的新金属,但未命名。一年后,英国人滕南特(Smithson Tennant)深入研究这种残渣,发现有两种金属:一种金属的化合物有多变的颜色,按拉丁文"彩虹"之意命名为"铱"(iridium);另一种,其化合物易挥发且有特殊的气味,用希腊文"气味"命名为"锇"(osmium)。1804年,沃拉斯顿宣布发现了另一种新金属,因其化合物的稀溶液显美丽的红色,用希腊文"玫瑰"命名为"铑"(rhodium)。1844年,俄国化学家克劳斯(Klaus)发现了铂族元素中的最后一种金属,并将它命名为"钌"(ruthenium)。从发现铂到发现钌,前后跨度约100年。

2. 铂金首饰的发展

从历史上看,贵金属的运用都是从工艺品、首饰、宗教饰物、器皿制作开始的。铂金以自然状态存在于自然界中并不多见,而且铂在地壳中分布也非常稀少,加上其难熔性和稳定性,给铂金的采矿、选矿、冶炼和提纯带来了很大困难。铂金的高熔点造成加工十分困难,尤其用原始方法制作加工则更加不易。由此可知,古代制作加工的铂金制品不是很多,留下来的则更少。

早在公元前700年,铂金就在人类文明史上闪出耀眼的光芒,当时古埃及人用铂金铸成华美的象形文字装饰其神匣,到公元前100年,南美印第安人成功地掌握了铂金的加工工艺,制成不同款式的铂金首饰。18世纪,法国国王路易十六特别偏爱铂金,称铂金为"唯一与国王称号相匹配的贵金属"。到了近代,世界著名珠宝品牌均利用铂金创造出不朽的杰作。举世闻名的霍普(Hope)钻石,也被永远地镶嵌在铂金链上。20世纪初,铂金已成为美国最受喜爱的首饰用贵金属,它天然的白色光泽征服了无数名门贵族的心。"二战"爆发后,由于铂金具有很重要的军事用途,美国政府曾一度禁止铂金的非军事用途,用白色K金(黄金与其他白色金属的合金)替代铂金。

据资料统计,1980年世界上制作铂金首饰耗费的铂金大约为15t,到1995年增加到了58t,其中日本是世界上最喜爱铂金首饰的国家,铂金消费量最大。中国于20世纪二三十年代有了铂工艺品的加工,但很少涉及铂首饰品的制造。中国人民历来钟爱黄金首饰品,20世纪90年代之前一般很少涉及铂首饰品。随着对外开放和经济发展及人民生活水平的提高,也由于时尚和铂首饰制造商的推动,中国铂金首饰得到快速发展。2000年,中国已经超越日本成为世界第一铂首饰消费国,并连续多年在全球铂金首饰生产和消费中占据支配地位,1998—2017年的中国铂金首饰生产量统计结果如图1-35所示。

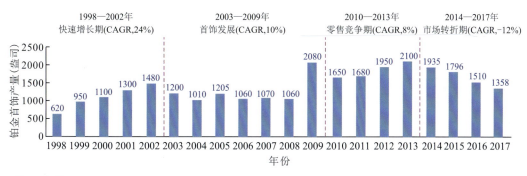

图1-35 中国铂金首饰生产量

(资料来源:庄信万丰)

铂金首饰又可分为不镶宝石的纯铂金首饰和镶宝石的铂金首饰两类。纯铂金质地柔软,在制作铂金首饰时,由于受到材料强度的限制,通常制作成不镶宝石的纯铂金首饰。铂金镶嵌首饰曾有过快速增长的时期,但是近些年来其部分市场份额正在被18K金镶嵌首饰所取代,面临较大挑战。

3. 钯金首饰的发展

钯金作为一种稀有的白色贵金属在首饰方面的运用,其实早于20世纪40年代就已经出现了。在"二战"期间,因为铂金被政府作为战略性储备而停止了民间的使用,知名珠宝品牌,例如美国的蒂梵尼就曾经选用钯金进行首饰制作。但是在战后,钯金并没有在首饰界中被广泛使用起来。究其原因,固然是因为当时铂金的价格还在相对能接受的范围之内,更主要的是,钯金的特殊物理性增加了其制作过程的难度。即便如此,钯金仍一直在首饰制作中扮演着绿叶的角色。在日本和早期中国的铂金首饰中,其中的配料或俗称补口,就是用钯金的,所以钯金在首饰界的应用是有的。钯金真正广泛应用在首饰上起源于中国。2003年末,在铂金价位持高的时候,我国就开始利用钯金来制作首饰,并在此后的数年大力推广,钯金首饰成为珠宝首饰市场的新宠,很多珠宝店都开设了钯金首饰专柜,钯金首饰市场迅速发展,中国成为全球最大的钯金首饰消费国。与此同时,美国、日本以及欧洲等地也分别发展了钯金首饰,众多国际著名珠宝商、时尚顶尖首饰设计师,普遍看好钯金首饰的广阔发展前景。国际知名品牌也开始聚焦钯金首饰,希望它能带来一份新鲜和与众不同,他们充分利用钯金特有的璀璨光泽以及可塑性强的特点,创造出一件又一件极富现代感和时尚特色的首饰。但是,与铂金首饰相比,钯金的化学性质稳定性相对较差,钯金首饰在佩戴一段时间后会变得晦暗,此外钯金首饰的密度小,会有轻飘飘的感觉,质感较差;而加工难度比铂金大,熔炼时容易飞溅,损耗量大,产品容易出现气孔、断裂、焊接变色等问题,各个环节都有很高的要求,普通金铺和首饰加工厂的技术水平难以加工钯金,因此大多数金铺都不愿回收钯金首饰。这使得国内的钯金首饰市场在经历了短暂的辉煌后遭遇了发展瓶颈,特别是近年来,钯金的价格因环保市场需求激增而一路暴涨,价格大幅超过铂金,更是阻碍了钯金首饰的发展。

第四节 贵金属材料在现代工业中的应用

除了用于制作首饰、铸造货币和制造工艺品外,贵金属材料在现代工业领域还有着很多其他的用途。贵金属因具有优良的物理化学性能(高温抗氧化性和抗腐蚀性)、稳定的电学性能、高催化活性等特点,成为高新技术产业中不可缺少的关键支撑材料。据统计,2005—2015年间,铂族金属以工业应用为主,需求量占比达80%;白银的工业应用需求量占比50%以上;黄金以饰品应用为主,需求量占比保持在60%以上。贵金属在汽车、节能环保、电子与电气、石油化工、精细化工及医药医疗等战略性新兴产业中均占有重要位置,需求也在逐年递增。

一、在汽车工业中的应用

汽车工业用到的贵金属多达十几种,按特性可分为贵金属催化材料、贵金属传感材料、贵金属电接触材料和贵金属浆料,主要用于尾气净化、传感器、发动机点火、制动、车窗除雾、空调等众多系统,尤其在尾气净化系统制造中,使用了大量的铂、钯和铑等贵金属。由于铂族金属对汽车尾气有独特的净化能力,每年超过60%的铂、钯、铑等铂族金属用于生产汽车尾气净化催化剂。

二、在电子信息产业中的应用

贵金属因具有良好的化学稳定性,高电导率、导热系数,以及特有的电学、磁学、光学等性能,被广泛应用于高性能薄膜材料的制备,各种高纯贵金属、新型合金和化合物功能薄膜不断得到开发。高纯贵金属在半导体制造中可用于集成电路封装、集成电路阻挡层,以及高品质贵金属靶材的制造等。

三、在石油化学工业中的应用

贵金属材料在石化工业中应用广泛,化工产品生产过程中,85%以上的反应是在催化剂作用下进行的。贵金属催化剂因具有无可替代的催化活性和选择性,在炼油、石油化工中占有极其重要的地位。例如,石油精炼中的催化重整,烷烃、芳烃的异构化反应和脱氢反应,烯烃生产中的选择性加氢反应,环氧乙烷、乙醛、醋酸乙烯等有机化工原料的生产均离不开贵金属催化剂。

四、航空航天工业中的应用

航空航天工业领域对材料耐高温、抗氧化等性能提出了更高的要求。贵金属材料尤其是铂族金属材料具有高熔点、高温抗氧化、热稳定性良好、高抗腐蚀性及高温强度等特性,被广泛用于航空航天领域,制作高温涂层材料、电触头材料高效燃料电池材料。

五、生物医药产业中的应用

贵金属材料具有独特的抗腐蚀性、生理上的无毒性、良好的延展性以及生物相容性,它在医学领域越来越受到重视,应用也越来越广泛。贵金属在生物医药产业的主要应用领域为牙科、针灸、体内植入及药用、生物传感器等。

六、国防及尖端工业中的应用

贵金属材料具有很多优异的性能,具有高温抗腐蚀性、高可靠性、高精度和长的使用寿命,常用于国防及尖端工业领域。铂族金属通常用作各种武器装备的高稳定、高精度和使用条件苛刻的关键部件。例如,航空航天、航海工业、军用卫星和军工用精密仪器中使用的弹簧片、膜盒、张丝、导电游丝、轴尖等元件,这些元件需要用贵金属弹性材料制作,使用的贵金属材料是铂基和钯基弹性合金。此外,如"两弹一星""探月工程"和大飞机项目等重要国防科技及民用工程,都需要使用贵金属材料。

参 考 文 献

高岩,王兴权,吕保国,等,2017.贵金属在中国高新技术产业中的应用[J].黄金,38(9):5-8.

劳动和社会保障部,中国就业培训技术指导中心,2003.国家职业资格培训教程:贵金属首饰手工制作工(基础知识)[M].北京:中国劳动社会保障出版社.

王昶,申柯娅,李国忠,1998.中国古代对黄金的认识和利用[J].中国宝玉石(3):48-50.

王昶,申柯娅,2000.中国古代的白银及银币[J].百科知识(4):61-62.

扬之水,2014.中国古代金银首饰[M].北京:故宫出版社.

杨军昌,安娜格雷特·格里克,侯改玲,2013.西安市唐代李倕墓冠饰的室内清理与复原[J].考古(8):36-45.

杨小林,2008.中国细金工艺与文物[M].北京:科学出版社.

张盛康,2012.老凤祥金银细工制作技艺[M].上海:上海文化出版社.

朱佳芳,2012.宋元时期首饰发展:以簪钗为例[J].群文天地(6):175-176.

第二章 饰用贵金属材料的基本性质

金属材料的基本性质决定着材料的适用范围及应用合理性，饰用贵金属材料作为装饰用稀贵金属材料，其性能既有与常规金属材料一致的共性要求，也有作为首饰材料的特殊要求，特别是作为镶嵌首饰用的金合金、银合金、铂合金等材料，生产中一般采用纯金属与中间合金（补口）按照成色要求来配制，补口材料的性能优劣直接关系到首饰产品的质量、安全性和生产成本。

饰用贵金属材料的基本性质，包括晶体学性质、物理性质、化学性质、力学性能、工艺性能等方面，这些性能大部分可以量化评价，方便企业根据自身生产需要作出适当的选择。

第一节 饰用贵金属材料的晶体学性质

一、原子与晶体学性质

在元素周期表中，银（Ag）和金（Au）属于典型金属元素，分别位于第 5 周期和第 6 周期的 I_B 族，而钌（Ru）、铑（Rh）、钯（Pd）和锇（Os）、铱（Ir）、铂（Pt）6 个铂族元素属于过渡族金属，分别处于第 5 周期和第 6 周期的 VIII_B 族（图 2-1）。

			III_B	IV_B	V_B	VI_B	VII_B		VIII_B		I_B	II_B							
3	11 Na 钠 22.99	12 Mg 镁 24.31											13 Al 铝 26.98	14 Si 硅 28.09	15 P 磷 30.97	16 S 硫 32.07	17 Cl 氯 35.45	18 Ar 氩 39.95	M 8 L 8 K 2
4	19 K 钾 39.10	20 Ca 钙 40.08	21 Sc 钪 44.96	22 Ti 钛 47.88	23 V 钒 50.94	24 Cr 铬 52.00	25 Mn 锰 54.94	26 Fe 铁 55.85	27 Co 钴 58.93	28 Ni 镍 58.69	29 Cu 铜 63.55	30 Zn 锌 65.39	31 Ga 镓 69.72	32 Ge 锗 72.59	33 As 砷 74.92	34 Se 硒 78.96	35 Br 溴 79.90	36 Kr 氪 83.80	N 8 M 18 L 8 K 2
5	37 Rb 铷 85.47	38 Sr 锶 87.62	39 Y 钇 88.91	40 Zr 锆 91.22	41 Nb 铌 92.91	42 Mo 钼 95.94	43 Tc 锝 (97.91)	44 Ru 钌 44.96	45 Rh 铑 102.9	46 Pd 钯 106.4	47 Ag 银 107.9	48 Cd 镉 112.4	49 In 铟 114.8	50 Sn 锡 118.7	51 Sb 锑 121.8	52 Te 碲 127.6	53 I 碘 126.9	54 Xe 氙 131.3	O 8 N 18 M 18 L 8 K 2
6	55 Cs 铯 132.9	56 Ba 钡 137.3	57-71 镧系元素	72 Hf 铪 178.5	73 Ta 钽 180.9	74 W 钨 183.9	75 Re 铼 186.2	76 Os 锇 190.2	77 Ir 铱 192.2	78 Pt 铂 195.1	79 Au 金 197.0	80 Hg 汞 200.6	81 Ti 铊 204.4	82 Pb 铅 207.2	83 Bi 铋 209.0	84 Po 钋 (209.0)	85 At 铅 (210.0)	86 Rn 氡 (222.0)	P 8 O 18 N 32 M 18 L 8 K 2

图 2-1 贵金属元素在元素周期表（局部）中的位置

贵金属材料属于晶体材料,其原子呈周期性有规则的排列。如果将晶体中的原子抽象成不动的原子,就会得到一个在三维空间中的规则排列,称为晶体点阵。贵金属的晶体结构类型有面心立方结构和密排六方结构两种,除 Ru 和 Os 两个元素外,其余均为面心立方结构(图 2-2)。贵金属元素的原子与晶体学性质如表 2-1 所示,随着贵金属元素在元素周期表中的原子序数增大,它们的相对原子质量增大,在同一周期的原子半径和摩尔体积也随之增大。相对于铂族元素,Ag 和 Au 有更大的原子半径和摩尔体积。

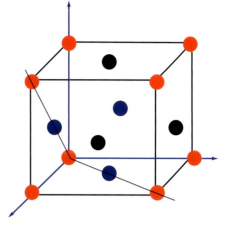

图 2-2 面心立方结构示意图

表 2-1 贵金属元素的原子与晶体学性质(摘自宁远涛等,2013)

元素符号	Ru	Rh	Pd	Ag	Os	Ir	Pt	Au
原子序数	44	45	46	47	76	77	78	79
相对原子质量	101.07	102.905	106.4	107.868 2	190.2	192.22	195.078	196.966 5
原子半径/nm	0.133 5	0.134 2	0.137 26	0.144 2	0.135 0	0.135 45	0.138 7	0.144 2
摩尔体积/(cm³/mol)	8.18	8.29	8.37	10.27	8.38	8.53	9.094	10.23
晶体结构	密排六方	面心立方	面心立方	面心立方	密排六方	面心立方	面心立方	面心立方
晶格常数(室温)/nm	$a=0.270\ 54$; $c=0.428\ 16$; $c/a=0.158\ 26$	0.380 31	0.388 98	0.408 60	$a=0.273\ 41$; $c=0.432\ 00$; $c/a=0.158\ 20$	0.383 94	0.392 36	0.407 86
原子间距/nm	$d_1=0.264\ 49$; $d_2=0.270\ 03$	0.268 9	0.275 1	0.288 9	$d_1=0.267\ 00$; $d_2=0.272\ 98$	0.271 5	0.277 44	0.288 4

二、晶体缺陷

在实际晶体中,原子排列不可能那样规则和完整,往往存在着偏离理想结构的区域。通常把晶体中原子偏离其平衡位置而出现不完整性的区域称为晶体缺陷。晶体缺陷不但对贵金属材料的性能产生重大的影响,而且还在扩散、相变、塑性变形和再结晶等过程中起重要作用。因此,研究晶体缺陷具有重要的实际意义。按晶体缺陷的几何特征可将它们分为四大类。

1. 点缺陷

这是在晶体晶格结点上或邻近区域偏离其正常结构的一种缺陷,是最简单的晶体缺陷,其特点是在空间三维方向的尺寸很小,相当于原子数量级,又称零维缺陷,如晶格空位、间隙原子、溶质原子等(图2-3)。

2. 线缺陷

线缺陷的特点是在两个方向上尺寸很小,而一个方向上尺寸很大,又称一维缺陷,如各种类型的位错。常见的位错缺陷有刃型位错和螺型位错两类(图2-4)。

3. 面缺陷

面缺陷的特点是一个方向上的尺寸很小,另外两个方向上的尺寸很大,又称二维缺陷,如晶界、相界、堆垛层错等(图2-5)。

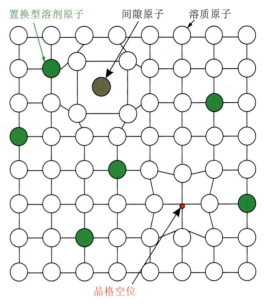

图2-3 间隙原子与晶格空位示意图

4. 体缺陷

体缺陷的特点是晶体内部质点排列的规律性在三维空间一定的尺度范围内遭到破坏,又称三维缺陷,如亚结构、沉淀相、晶粒内的气孔和第二相夹杂物等(图2-6)。

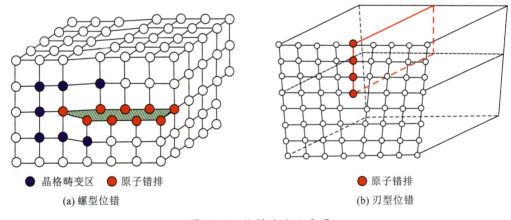

(a) 螺型位错　　　　　　　　(b) 刃型位错

图2-4 位错缺陷示意图

三、合金相结构

合金是指两种或两种以上的金属或金属与非金属,经熔炼或烧结,或用其他方法组合而成的具有金属特征的物质。在常见的饰用贵金属材料中,传统的纯金、纯银、纯铂首饰强度、硬度低,容易变形磨损,难以满足镶嵌宝石要求,因而大量使用的是以金、银、铂为基的合金材料,它们相对于纯金属材料而言,具有更高的强度和硬度。

图 2-5 18KR 的晶粒组织与晶界

图 2-6 微合金化足金经时效处理后在基体中析出的沉淀相

合金材料中,组成合金的最基本的、独立的物质称为组元,如斯特林银是 Ag-Cu 二元合金,18K 黄金为 Au-Ag-Cu 三元合金。合金中化学成分和结构相同,与其他组成部分有界面分开的独立均匀的组成部分称为"相"。根据合金中各元素间的相互作用,合金中的相可分为固溶体、金属化合物两类。

1. 固溶体

合金中一组元作为溶质固溶在另一组元溶剂的晶格中,并保持溶剂晶格类型的金属固相,称之为固溶体。一般含量多者为溶剂,含量少者为溶质。例如,成色为

18K 的 Au-Ag 二元合金中，Au 为溶剂，Ag 为溶质。根据溶质原子在溶剂晶格中所占位置，可将固溶体分为置换固溶体和间隙固溶体两种类型。

(1)置换固溶体。溶质原子占据溶剂晶格部分结点位置，而形成的固溶体称为置换固溶体。按溶质固溶度不同，置换固溶体又可分为有限固溶体和无限固溶体两种。其固溶度主要取决于组元间的晶格类型、原子半径和原子结构。大多数合金只能有限固溶，且固溶度随着温度的升高而增大。例如，成色为 92.5% 的 Ag-Cu 合金（斯特林银），Cu 在 Ag 中为有限固溶。只有两组元晶格类型相同、原子半径相差很小时，才可以形成无限固溶体。例如，Ag-Au 二元合金中，Au、Ag 均为面心立方结构，原子半径相同，两者可形成无限固溶体。

(2)间隙固溶体。溶质原子占据溶剂晶格的间隙，而形成的固溶体称为间隙固溶体。由于溶剂晶格的间隙有限，间隙固溶体只能有限固溶溶质原子，只有在溶质原子与溶剂原子半径的比值小于 0.59 时，才能形成间隙固溶体。

无论是置换固溶体，还是间隙固溶体，异类原子的插入都将使固溶体晶格发生畸变，增大位错运动的阻力，使固溶体的强度、硬度提高。这种通过溶入溶质原子形成固溶体，从而使合金强度、硬度升高的现象称为固溶强化。固溶强化是强化金属材料的重要途径之一，通过适当控制固溶体中溶质的含量，可以在显著提高金属材料强度的同时，仍然使它保持较高的塑性和韧性。

2. 金属化合物

金属化合物是指合金组元间发生相互作用形成的具有金属特性的合金相。金属化合物具有与其构成组元晶格截然不同的特殊晶格，性质硬而脆。例如，由 Au-Al 二元合金构成的紫色金就是由 Au 和 Al 形成的中间 $AuAl_2$ 金属间化合物。

四、合金相图

金属材料的性能取决于其内部的组织和结构，而组织又是由基本的相所组成的。由一个相所组成的组织叫单相组织，两个或两个以上的相组成的组织叫两相组织或多相组织。合金相图是用来表示合金材料相的状态和温度及成分关系的综合图形，其突出特点是直观性和整体性，通过相图可以得知在压力恒定时的某温度下，合金体系所处的状态、平衡共存的各相组成、各个相的相对量，以及当外界条件发生变化时，相变化进行的方向和限度。因此，合金相图对于了解合金的成分、结构和性质之间的关系具有十分重要的意义。

以最简单的匀晶平衡相图为例（图 2-7），图中横坐标轴为合金成

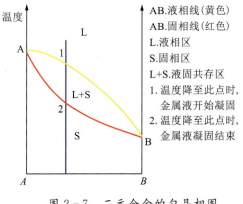

图 2-7 二元合金的匀晶相图

分,左边起始点为纯 A,往右 B 含量逐渐增加,右边界为纯 B;纵坐标轴表示温度,A 点为纯 A 的熔点,B 为纯 B 的熔点。图中的两条曲线叫相界线,它将相图分成不同的相区。上面的相界线叫液相线,液相线以上为单一的液相区;下面的相界线叫固相线,固相线以下为单一的固相区。在液相线与固相线之间为液相与固相共存的两相区。在由成分轴和温度轴构成的坐标平面上,任意一点都叫作"表象点"。一个表象点的坐标值反映一个给定合金的成分和温度。在相图中,根据表象点所在的相区,就可以确定这个合金在这个温度下含有哪些相。如图 2-7 中黄色线对应的合金,当金属液从高温降至点 1 时,金属液开始结晶凝固,在点 1 至点 2 之间,随着温度下降,固相比例越来越高,液相越来越少,到点 2 时金属液已全部转变为固相。温度继续从点 2 往下降,合金的相组成保持不变。在实际的生产条件下,合金凝固冷却速度较快,固相线与平衡条件下的固相线会有所偏差。

绘制相图的实验方法一般多采用各种物理、化学方法,如目测法、热质量法、差热分析法等。此外,还可借助于金相显微镜、X 射线衍射等其他实验技术。

第二节　饰用贵金属材料的物理性质

饰用贵金属材料的物理性质包括热学、光学、电学、磁学等多个方面,其中与首饰生产关系比较密切的主要有密度、熔点、颜色、导热性、膨胀收缩性等物理性质。

一、密度

密度是物质单位体积所具有的质量,用符号 ρ 表示,国际单位制和中国法定计量单位中,密度的单位为 kg/m^3,在生产中则经常使用 g/cm^3 这个单位。在金属材料中,一般密度小于 $5.0\times10^3 kg/m^3$ 的金属称为轻金属,反之称为重金属。按照这一归类方法,所有的贵金属首饰材料均属于重金属。

饰用贵金属合金中,补口合金元素的选择范围较广,每种合金元素都有其原子质量和相应的密度。不同的补口组成,其密度将有所区别。

同一类别的材料,其密度也不是一个常数,而是受材料的化学成分、内在结构等的影响。以密度高的合金元素制备的材料,其密度通常要比以轻金属元素为主的材料高一些。例如在 Au-Ag-Cu-Zn 合金中,银的密度是 $10.5g/cm^3$,锌的密度是 $7.14g/cm^3$,显然,用锌代替银时,将降低合金的密度,对一件具有固定体积的首饰而言,就意味着合金的质量减轻了,相同成色的合金可以用更少的金。

内在结构致密的材料,其密度要高出内部存在孔洞缺陷的材料。对于某种材料的首饰产品,如果检测到其密度比理论密度小,则可从侧面反映此产品的内在孔洞情况。温度、压力等外部环境因素的变化也会在一定程度上影响材料密度,但影响程度与它们的范围有关。在常温下加热到一定温度,材料的密度一般随温度升高而略有下降,而当温度达到金属熔点,金属开始熔化为液态后,材料的密度显著下降。通常气压条件对材料的密度影响很小,但是如在深水中压力达到数百个大气压时,则可能对材料密度产生不可忽视的影响。

贵金属材料的密度通常利用阿基米德排水法原理来检测,使用的仪器是水密度计(图2-8)。主要包括感量为0.0001g以上的电子天平、悬挂架、烧杯等。先用天平称量材料在空气中的质量 m_1,然后称量材料浸入水中的质量 m_2,随即根据以下公式计算出材料的密度:$\rho=m_1/(m_1-m_2)\times 1000(kg/m^3)$。

图2-8 水密度计

各贵金属在室温时的密度如表2-2所示,钌(Ru)、铑(Rh)、钯(Pd)、银(Ag)的密度较低,称为轻贵金属;锇(Os)、铱(Ir)、铂(Pt)、金(Au)的密度较高,称为重贵金属。

表2-2 贵金属在室温时的密度

元素符号	Ru	Rh	Pd	Ag	Os	Ir	Pt	Au
密度/(g/cm³)	12.37	12.42	12.01	10.49	22.59	22.56	21.45	19.32

密度是材料的一个重要特性,可以利用密度来鉴别材料的种类,检测饰用贵金属材料的金、银等含量,也可根据密度来判断材料是致密的还是空心的或疏松的。在首饰铸造生产中,经常利用饰用贵金属材料与蜡的相对密度,来计算铸型所需配料的量。

二、熔点

熔点是固体将其物态由固态转变(熔化)为液态的温度;而由液态转为固态的温度,则称之为凝固点。

不同类别的材料,熔点大都存在差异,甚至差异很大,例如纯银与纯铂的熔点相差超过800℃。熔点的高低是由金属内部微粒间作用力的大小决定的,同一种金属原子间以金属键结合,作用力强时,熔点高。

纯金属材料的熔点并不是固定不变的,它受到外界条件的影响而出现一定的变化。典型的影响因素是压强,对于饰用贵金属材料,熔化过程是体积变大的过程,当压强增大时,这些物质的熔点要升高。平常所说的贵金属熔点,通常是指一个大气压时的情况。

当在纯贵金属材料中添加其他合金元素,构成金合金、银合金、铂合金等合金材料时,由于合金元素的原子进入基体材料的晶格中,引起晶格畸变,使金属整体内能增大,导致材料的熔点与纯金属有不同程度的差异。添加的合金元素种类和含量不同，对合金熔点的影响也存在差异，添加的合金元素为低熔点材料，或者可与基体材料存在共晶反应时，会使合金材料的熔点降低。例如基于 Au-Ag-Cu-Zn 系的 18K 黄金，其熔点通常较低。

熔点对于贵金属首饰生产具有重要指导意义，饰用贵金属材料要通过熔化来制备，金属液的黏度和流动性与其温度密切相关，而金属液温度确定的基础是合金的熔点。大部分首饰成型采用石膏型熔模铸造工艺生产，而石膏的热稳定性较差，在高温时会产生热分解，引起铸件气孔和砂眼。因此，石膏型铸造工艺对金属的熔点有其适应范围，当材料的熔点过高时，就不宜采用石膏型铸造，例如铂金首饰和钯金首饰。另外，首饰生产中要经常采用焊接修补缺陷或将部件组装在一起，基体材料和焊接材料的熔点也是一个重要的工艺参数。一般来说，金属的熔点低，冶炼、铸造和焊接都易于进行。

饰用贵金属材料的熔点可采用差热分析仪测定。

三、颜色

在我国国家标准《颜色术语》(GB/T 5698—2001) 中，颜色的定义为："光作用于人眼引起除形象以外的视觉特性。"根据这一定义，颜色是一种物理刺激作用于人眼的视觉特性，而人的视觉特性是受大脑支配的，也是一种心理反应。所以，颜色感觉不仅与物体本来的颜色特性有关，而且还受时间、空间、外表状态及该物体周围环境的影响，同时还受个人的经历、记忆力、看法和视觉灵敏度等各种因素的影响。

作为饰用贵金属材料，颜色是重要的物理性质指标，与首饰的装饰效果密切相关。为了对金合金的颜色和色泽进行比较，早期瑞士钟表工业制定了某些金合金的标准色泽。20 世纪 50 年代，德国 Degussa 公司的研究人员制备了其成分覆盖了整个 Au-Ag-Cu 系的 1089 种合金，并从每种合金箔上取一个小的等边三角形，然后拼成一个边长 1m 的大等边三角形，构成了 Au-Ag-Cu 系合金的颜色图谱(图 2-9)。

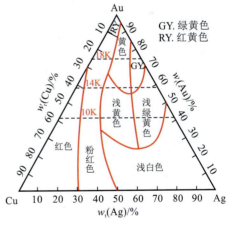

图 2-9　Au-Ag-Cu 合金成分与颜色的对应关系

（据 William S. Rapson, 1990）

以此为基础，德国和法国扩充了瑞士钟表工业的色泽标准，先后制定了 18K 金合金的 2N、3N、4N 和 5N 颜色标准，随后又增补了 3 个 14K 金合金的 0N、1N 和 8N 颜色标准，如表 2-3 所示，其中 0N—8N 为色泽代码。这是基于从红色、绿黄色、黄色到白色的一系列金合金颜色制定的，以这些合金的色泽作为标准与需要检验的试样进行视觉比对，以此评定试样的颜色。

表 2-3　金合金的颜色标准与合金成分

颜色代号	颜色表述	成色	化学成分(w_t)/‰				
			Au	Ag	Cu	Ni	Zn
1N-14*	淡黄色	14K	585	265	150	—	—
2N-18*	淡黄色	18K	750	160	90	—	—
3N*	黄色	18K	750	125	125	—	—
4N*	粉红色	18K	750	90	160	—	—
5N*	红色	18K	750	45	205	—	—
0N**	黄绿色	14K	585	340	75	—	—
8N**	白色	14K	590	—	220	120	70

注：*为德国、法国和瑞士共用的标准；**为德国与法国共用的标准。

在首饰生产中，不少首饰企业单纯依靠肉眼观察来判断合金的颜色，虽然直观简便，但是带有较大的主观性，难免出现首饰企业与客户之间因颜色判断不一致引起的异议甚至退货。为减少这方面的问题，有些首饰企业采取了一些措施，例如制作了一系列色版，交由客户确定后，再按确定的色版颜色进行批量生产；再如有些厂家认识到光源对颜色判别的影响，对检验光源进行了改进和调整；有些企业引进了标准光源箱，规定在一定的色温和距离进行检验。这些措施在一定程度上改善了过去对颜色检验的波动性，使之在首饰行业得到了较快推广。但是，由于在颜色判别上还是借助肉眼，不可避免带来主观性和波动性。

图 2-10　分光测色计

针对目视法检验合金颜色存在的问题，近些年，首饰行业内有少数企业开始引进分光测色计等专业颜色检测设备，对合金颜色进行定量检测（图 2-10）。

在定量检测颜色方面有多种方法，如 Yxy 色空间、$L^*a^*b^*$ 色空间（也称为 CIELab 系统颜色空间）、L^*C^*h 色空间、亨特 Lab 色空间等，其中较常用的为 CIELab 系统颜色空间。它是由国际照明委员会（CIE）在 1976 年推出的。这个系统采用 3 个坐标来描述颜色，分别是 L^*、a^*、b^*，其中，L^* 表示明度，$L^*=0$ 时为黑，$L^*=100$ 时为白；a^* 和 b^* 是色度坐标，a^* 表示红-绿颜色对，$a^*=0\sim100$ 时为红，$a^*=-100\sim0$ 时为绿，a^* 值越正颜色越红，越负则颜色越绿；b^* 表示黄-蓝颜色对，

$b^*=0\sim100$ 时为黄,$b^*=-100\sim0$ 时为蓝,b^* 值越正颜色越黄,越负则越蓝。这样,合金的任何一种颜色都可以用 CIELab 系统颜色空间来表示(图 2-11)。

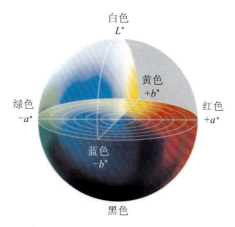

图 2-11 CIELab 系统颜色空间

采用 CIELab 颜色坐标值可以定量描述合金的颜色差别,假如两种合金的颜色坐标分别是 L_1^*、a_1^*、b_1^* 和 L_2^*、a_2^*、b_2^*,则两者的色差 ΔE:

$$\Delta E=\sqrt{(L_1^*-L_2^*)^2+(a_1^*-a_2^*)^2+(b_1^*-b_2^*)^2} \tag{3-1}$$

首饰合金在生产制造和使用过程中可能出现腐蚀变色,CIELab 色空间也是用于定量描述合金变色的有效工具。

四、导热性

两个相互接触且温度不同的物体,或同物体的各不同温度部分间,在不发生相对宏观位移的情况下,所进行的热量传递过程称为导热。物质传导热量的性能称为物体的导热性。衡量材料导热性好坏的指标是导热系数,它是指在稳定传热条件下,1m 厚的材料,两侧表面的温差值为 1(K,℃),在一定时间内,通过 $1m^2$ 面积传递的热量,单位为 $W/(m \cdot K)$,此处 K 可用℃代替。

不同贵金属材料的导热系数是不同的,贵金属材料导热主要依靠自由电子的热运动,导电性能好的金属材料的导热系数也大。但纯金属内加入其他元素成为合金后,由于这些元素的嵌入,严重阻碍自由电子的运动,使导热系数大大下降。相同的贵金属材料,导热系数与其结构、密度、湿度、温度、压力等因素有关。温度升高时,金属内电子和晶格热运动都同时加剧,结果使在金属导热过程中起主要作用的自由电子定向穿梭运动受阻。因此,随着温度的升高,金属导热系数反而减小,至金属熔化成液体时,导热系数要低于固态。

贵金属材料的导热性对首饰生产有一定的指导意义。例如,在激光焊接银首饰与铂金首饰时,尽管银的熔点显著低于铂金,但是由于银的导热性非常好,热量容易散出去,必须采用更高的激光功率和脉冲长度才能实施焊接;而铂金的熔点虽然很高,但是其导热系数比较低,激光在每个脉冲只有一个很小的热影响区,能传递足够的能量使之熔化,采用的激光功率反而比焊接银首饰时低些。

贵金属材料的导热系数可以通过理论和实验两种方式来获得。理论计算从物质微观结构出发,以量子力学和统计力学为基础,通过研究物质的导热机理,建立导热的物理模型,经过复杂的数学分析和计算获得。实验测试分为动态法和稳态法,稳态法又分为热流计法和防护热板法。

五、膨胀收缩性

物体由于温度改变而有膨胀收缩现象,对于贵金属材料而言,在温度升高时,分子运动的平均动能增大,分子间的距离也增大,物体的体积随之而扩大;温度降低,物体冷却时分子的平均动能变小,使分子间距离缩短,于是其体积也相应缩小。温度升高时,体积增大;温度降低时,体积缩小。

材料的热膨胀程度用热膨胀系数来衡量,它是指单位长度或单位体积的材料,温度升高1℃时,其长度或体积的相对变化量,单位为1/℃。热膨胀系数可分为线膨胀系数 α、面膨胀系数 β 和体膨胀系数 γ。

热膨胀性能不是一个固定的数值,既取决于其成分与组织,同时也与温度、热容、结合能、熔点等因素有关。随着温度的增加,热膨胀系数值也相应增大。质点间的结合能越高,质点所处的势阱越深,升高同样温度,质点振幅增加得越少,相应的热膨胀系数越小。当晶体结构类型相同时,结合能大的材料的熔点也高,即熔点高的材料的热膨胀系数较小。

掌握贵金属材料的膨胀收缩性能,可以为首饰生产工艺控制提供有效的理论指导。例如,首饰铸造中的原版制作,需要充分考虑材料的凝固收缩性能,在原有尺寸基础上额外增加铸造过程中金属材料的收缩量;在焊接过程中,被焊接的工件由于受热不均而产生不均匀的热膨胀,就会导致焊件产生变形和焊接应力。

热膨胀的测量方法主要包括光学法、电测法和机械法。

第三节　饰用贵金属材料的化学性质

一、基本概念

金属在周围介质的作用下,发生化学反应或电化学反应而产生的破坏现象,称为金属的腐蚀。按腐蚀原理的不同,金属腐蚀可分化学腐蚀和电化学腐蚀。化学腐蚀是指金属材料在干燥气体和非电解质溶液中发生化学反应,生成化合物的过程中没有电化学反应的腐蚀。电化学腐蚀是金属材料与电解质溶液接触,通过电极反应产生的腐蚀。

贵金属材料的化学性能,是指贵金属抵抗各种介质(大气、水蒸气、有害气体、酸、碱、盐等）侵蚀的能力，又称为耐腐蚀性能。贵金属材料的化学性能与材料的化学成分、加工方法、热处理条件、组织状态及介质和温度条件等有关。

二、贵金属的耐蚀性

金的化学性质非常稳定，具有很强的抗氧化性和耐腐蚀性，在低温或高温时都不会被氧直接氧化（特定条件下的纯氧除外），有"真金不怕火炼"之美誉。常温下，黄金与单一的无机酸（如盐酸、硝酸、硫酸）均不起作用，但混酸（如王水）及氰化物溶液都能很好地溶解金；金也可溶于含有硫脲的溶液中；还溶于通有氯气的酸性溶液中。金不与碱溶液作用，但在熔融状态时可与过氧化钠反应。

银在常温下甚至加热时，也不与水和空气中的氧作用，但当空气中含有硫化氢时，银会与之发生反应，生成黑色硫化银，使得表面失去银白色的光泽。银不能与稀盐酸或稀硫酸反应放出氢气，但银能溶解在硝酸或热的浓硫酸中。银在常温下与卤素反应很慢，在加热的条件下即可生成卤化物。银易溶于硝酸和热的浓硫酸，微溶于热的稀硫酸而不溶于冷的稀硫酸。盐酸和王水只能使银表面发生氯化而生成氯化银薄膜。银具有很好的耐碱性能，不与碱金属氢氧化物和碱金属碳酸盐发生作用。

铂族金属对酸的化学稳定性比所有其他各族金属都高。钌、锇、铑和铱对酸的化学稳定性最高，不仅不溶于普通强酸，也不溶于王水中。钯和铂都能溶于王水，钯还能溶于硝酸（稀硝酸中溶解慢，浓硝酸中溶解快）和热硫酸中。在有氧化剂存在时，铂族金属与碱一起熔融，都可以转变成可溶性的化合物。铂族金属室温下对空气、氧等非金属是稳定的，高温下才能与氧、硫、磷、氟、氯等非金属作用，生成相应的化合物。铂族金属有一个特性，即很高的催化活性，金属细粉的催化活性尤其大。大多数铂族金属能吸收气体，特别是氢气。锇吸收氢气的能力最差，钯吸收氢气的能力最强。

第四节　饰用贵金属材料的力学性能

金属材料的力学性能是指金属在外加载荷（外力或能量）作用下，或载荷与环境因素（温度、介质和加载速率）联合作用下所表现的行为。由于这种力学行为通常表现为变形和断裂，因此，力学性能也可以简单地理解成金属抵抗外加载荷引起变形和断裂的能力。

贵金属材料的力学性能是首饰产品设计、选材、工艺评定和质量检验的重要依据。由于外加载荷性质的不同，对贵金属材料的力学性能指标要求也将不同，常用的力学性能指标包括强度、硬度、塑性、冲击韧性、疲劳强度等。贵金属的力学性能取决于材料的化学成分、组织结构、冶金质量、残余应力及表面和内部缺陷等内在因素，但外在因素如载荷性质（静载荷、冲击载荷、交变载荷）、载荷谱、应力状态（拉伸、压缩、弯曲、扭转、剪切、接触应力及各种复合应力）、温度、环境介质等对贵金属的力学性能也有很大影响。

一、应力的基本概念

金属材料的许多力学性能都是用应力表示的。所谓应力,是指材料受外加载荷作用时,其单位截面积上承受的内力。

由外力作用引起的应力称为工作应力,在无外力作用条件下平衡于物体内部的应力称为内应力,例如:组织应力、热应力、加工过程结束后留存下来的残余应力等。

与截面垂直的应力称为正应力或法向应力,与截面相切的应力称为剪应力或切应力。应力会随着外力的增加而增长,但是增长是有限度的,超过这一限度,材料就要被破坏,这个限度称为材料的极限应力。

材料所受的外力如不随时间而变化,其内部的应力大小也不变,称为静应力;如所受外力随时间呈周期性变化,则内部应力也随之发生变化,称为交变应力。材料在交变应力作用下,发生的破坏称为疲劳破坏。通常材料承受的交变应力远小于其静载下的强度极限时,破坏就可能发生。

首饰材料加工制作过程中,还经常会出现应力集中的现象。所谓应力集中,是指材料或制件中应力局部增高的现象,一般出现在形状急剧变化的部位,如缺口、孔洞、沟槽及有刚性约束处。应力集中将大大降低制件的强度,并能使制件产生疲劳裂纹,在产品结构设计和加工制作时应特别注意。

二、力学性能指标

1. 强度

强度是指金属材料在静荷作用下,抵抗变形和破坏(过量塑性变形或断裂)的最大能力。由于载荷的作用方式有拉伸、压缩、弯曲、剪切等形式,所以强度也分为抗拉强度 σ_b、抗压强度 σ_{bc}、抗弯强度 σ_{bb}、抗剪强度 τ 等。各种强度间常有一定的联系,使用中一般较多以屈服强度和抗拉强度作为最基本的强度指标,单位为 MPa。

2. 塑性

塑性是指金属材料在载荷作用下,产生塑性变形(永久变形)而不被破坏的能力。金属材料在受到拉伸时,长度和横截面积都要发生变化,因此塑性可以用长度的伸长(延伸率 δ)和面的收缩(断面收缩率 ψ)两个指标来衡量。

金属材料的力学性能通常采用材料拉伸试验机来检测(图 2-12)。在拉伸试验中,对试样所受的拉力与相应应变所作的坐标曲线,称为拉伸应力-应变曲线(图 2-13)。

图 2-12 材料拉伸试验机

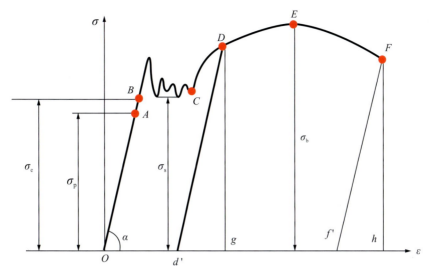

图 2-13　金属材料拉伸应力-应变曲线
OB.弹性变形阶段；BC.屈服阶段；CE.强化阶段；EF.局部变形阶段

强度指标：σ_p 为比例极限，表示应力与应变成正比关系的最大应力；σ_e 为弹性极限，表示材料由弹性变形过渡到弹—塑性变形的应力，即应力超过弹性极限，开始发生塑性变形时的应力；σ_s 为屈服强度，表示金属发生明显塑性变形的抗力；σ_b 为抗拉强度（强度极限），表示试样拉断前最大载荷所决定的临界应力。

塑性指标：δ 为延伸率，表示试样拉伸断后标距段的总变形 ΔL 与原标距长 L 之比，$\delta = \Delta L/L \times 100\%$；$\psi$ 为断面收缩率，表示试样拉伸断后截面积的缩小量 ΔA 与原截面积 A_0 之比，$\psi = \Delta A/A_0 \times 100\%$。金属材料的延伸率和断面收缩率越大，表示材料的塑性越好，即材料能承受较大的塑性变形而不破坏。一般把延伸率超过5%的金属材料归为塑性材料，而低于此值的归为脆性材料。首饰常用的金、银、铂材料均为塑性非常好的材料，能在很大的宏观范围内产生塑性变形，可以顺利地进行冲压、拉拔等冷加工成型，并在塑性变形的同时产生形变强化，提高材料的强度。

3. 硬度

硬度表示金属材料抵抗硬物体压入其表面的能力，它是饰用贵金属材料的重要性能指标之一。一般情况下，材料的硬度越高，首饰的耐磨性越好。硬度检测是贵金属材料力学性能试验中最常用的一种方法，这是因为硬度检测结果在一定条件下能敏感地反映出材料在化学成分、组织结构和处理工艺上的差异。

硬度有多种不同的表示方法，贵金属材料中应用最广的且常用的方法有维氏硬度（HV）和布氏硬度（HB）。

（1）维氏硬度（HV）。以一定的载荷和相对面夹角为136°的方锥形金刚石压入器压入材料表面，保持规定时间后，测量压痕对角线长度，用载荷值除以材料压痕凹坑的表面积，即为维氏硬度，单位为 N/mm^2。图 2-14 是数显式维氏硬度计。

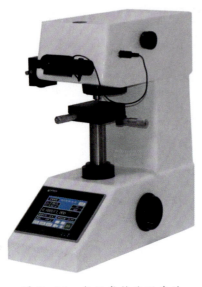

图 2-14 数显式维氏硬度计

(2) 布氏硬度(HB)。以一定的载荷把一定大小的淬硬钢球压入材料表面,保持一段时间,卸载后,负荷与其压痕面积之比,即为布氏硬度,单位为 N/mm^2。

维氏硬度与布氏硬度之间可以换算,它们的对应关系见表 2-4。

4. 冲击韧性

韧性是指金属材料在拉应力的作用下,在发生断裂前有一定塑性变形的特性。冲击韧性是指材料在冲击载荷作用下吸收塑性变形功和断裂功的能力,它反映材料内部的细微缺陷和抗冲击性能。冲击韧性一般由冲击韧性值(α_k)和冲击功(A_k)表示,其单位分别为 J/cm^2 和 J(焦耳)。影响贵金属材料冲击韧性的因素包括化学成分、热处理状态、冶炼方法、内在缺陷、加工工艺及环境温度。常用的金、银、铂等贵金属材料具有很好的韧性。

表 2-4 维氏硬度与布氏硬度的对应关系　　　　（单位：N/mm^2）

HV	HB	HV	HB	HV	HB	HV	HB
80	76	180	171	280	266	460	437
85	80.7	185	176	285	271	470	447
90	85.2	190	181	290	276	480	456
95	90.2	195	185	295	280	490	466
100	95	200	190	300	285	500	475
105	99.8	205	195	310	295	510	485
110	105	210	199	320	304	520	494
115	109	215	204	330	314	530	504
120	114	220	209	340	323	540	513
125	119	225	214	350	333	550	523
130	124	230	219	360	342	560	532
135	128	235	223	370	352	570	542
140	133	240	228	380	361	580	551
145	138	245	233	390	371	590	561
150	143	250	238	400	380	600	570
155	147	255	242	410	390	610	580
160	152	260	247	420	399	620	589
165	156	265	252	430	409	630	599
170	162	270	257	440	418	640	608
175	166	275	261	450	428	650	618

冲击韧性常用的测试方法有大能量一次冲击试验和小能量多次冲击试验，测试结果分别用冲击韧性（$α_k$）和规定冲击载荷下冲击的次数（N）表示。

5. 疲劳

金属疲劳是指材料、制件在循环应力或循环应变作用下，在 1 处或几处逐渐产生局部永久性累积损伤，经一定循环次数后产生裂纹或突然发生完全断裂的过程。在材料结构受到多次重复变化的载荷作用后，应力值虽然始终没有超过材料的强度极限，甚至比弹性极限还低的情况下，就可能发生破坏。这种在交变载荷重复作用下材料和制件的破坏现象，就是金属的疲劳破坏。

金属疲劳有多种不同的类型，按照应力状态不同，可分为弯曲疲劳、扭转疲劳、挤压疲劳等；按照环境及接触情况不同，可分为大气疲劳、腐蚀疲劳、高温疲劳、热疲劳、接触疲劳等；按照断裂寿命和应力高低不同，可分为高周疲劳、低周疲劳，这是最基本的分类方法。手镯的鸭利制弹片，经反复按压、回弹后，会逐渐出现疲劳现象，就属于低周疲劳。

第五节　饰用贵金属材料的工艺性能

饰用贵金属通常要经过成型、镶嵌、表面处理等主要工艺过程，常用的成型方法有铸造、焊接、冲压、手造、机械加工、3D 打印等类别；常用的镶嵌方法有在金属托上镶嵌和在蜡模上镶嵌等类别；常用的表面处理方法有打磨、抛光、电镀等类别。贵金属材料的工艺性能是指在冷、热加工过程中所表现的性能，它是材料物理性质、化学性能和力学性能在加工过程中的综合反映。在热加工过程中涉及的工艺性能主要有铸造性能、焊接性能和热处理性能等；在冷加工过程中涉及的工艺性能主要有形变工艺性能和切削工艺性能等。

一、铸造性能

铸造是将液体金属浇铸到与首饰件形状相适应的铸造空腔中，待其冷却凝固后，以获得首饰坯件的方法。铸造性能是合金在铸造生产中所表现出来的工艺性能。衡量合金的铸造性能主要用流动性、收缩性、偏析性和吸气性等指标。

1. 流动性

流动性是指金属液充满铸型，获得尺寸正确、轮廓清晰的铸件的能力。金属液流动性好，则有利于改善首饰铸造坯件质量，不易出现轮廓不清、浇不足、冷隔等缺陷；有利于金属液中气体和非金属夹杂物的上浮、排出，减少气孔、夹杂物等缺陷。

不同种类的合金具有不同的流动性，比如铂合金的流动性就明显不如金合金或银合金。同类合金中，化学成分不同，合金的结晶特点不同，其流动性也不一样。除纯的贵金属外，通常首饰合金的结晶是在一个温度区间内完成的，结晶时先形成的初晶会阻碍金属液的流动；如果合金具有共晶反应，则会降低合金的熔点，并且会在恒温下结晶,无初晶形成,对金属液的阻力较小,体现较好的流动性。合金的成分越远离共晶点,结晶温度范围越宽,其流动性越差。这点也常在配制贵金属饰品焊料时得到应用。

2. 收缩性

铸造合金从液态凝固到冷却至室温过程中,其体积和尺寸减小的现象称为收缩性。铸造收缩包括液态收缩、凝固收缩、固态收缩3个阶段。

液态收缩是金属液由于温度降低而发生的体积缩减。凝固收缩是金属液凝固(液态转变为固态)阶段的体积缩减。液态收缩和凝固收缩表现为合金体积的缩减,通常称为"体收缩"。固态收缩是金属在固态下由于温度降低而发生的体积缩减,固态收缩虽然也导致体积的缩减,但通常用铸件的尺寸缩减量来表示,故称为"线收缩"。

收缩性直接影响铸件的尺寸和品质。液态收缩和凝固收缩若得不到补足,会使铸件产生缩孔和缩松缺陷。固态收缩若受到阻碍会产生铸造内应力,当内应力达到一定数值时,铸件便产生变形甚至开裂。贵金属首饰铸造时体收缩率一般在6%以上,线收缩率通常在2%以上。因此,在制作原版时需要加上合适的缩水量,避免尺寸超差,特别是在蜡镶宝石铸造中,如果缩水量控制不准,将导致宝石之间留下缝隙,或者使宝石互相挤压引起碎裂。在制定铸造工艺时需要根据材料性质和铸件结构,合理设置浇注系统和浇注工艺,避免铸件产生缩孔或缩松缺陷。

3. 偏析性

偏析性是指液态金属凝固后,在铸件中出现化学成分和组织不均匀的现象。铸件的偏析可分为晶内偏析、区域偏析和相对密度偏析3类。

晶内偏析,又称枝晶偏析,是指晶粒内各部分化学成分不均匀的现象。这种偏析出现在具有一定凝固温度范围的合金铸件中。区域偏析是指铸件截面整体上化学成分和组织不均匀的现象。相对密度偏析是指铸件上、下部分化学成分不均匀的现象。

贵金属首饰生产对成色的稳定性非常关注,而铸造偏析会造成化学成分的波动,导致同一棵铸造金树上不同位置的产品成色检测结果出现差异,甚至在同一件产品的不同部位也可能出现差异。同时偏析也会使铸件的性能不均匀,严重时会造成废品,例如一些微量元素发生在晶界的偏析(属于枝晶偏析),可导致材料的脆性断裂。

4. 吸气性

吸气性是指合金在熔炼和浇注时吸收气体的性质。吸气多,铸件中会形成气孔。气孔破坏了金属材料的连续性,减少承载的有效面积,并在气孔附近引起应力集中,因而降低了铸件的机械性能,恶化了表面质量。不同类型的合金,吸气性有明显差异,例如纯银与纯钯的吸气性明显高于纯金。

大部分金、银、铂首饰通过铸造工艺成型,合金的铸造性能对铸造首饰表面质量和内在质量影响很大。当贵金属材料流动性和充填性能良好、缩松倾向小、吸气氧化少、不易产生变形裂纹时,有利于获得形状完整、轮廓清晰、结晶致密、结构健全的首饰铸件。

为确定首饰合金的铸造性能,一般采用台阶形、平板形和筛网形试样进行检验,其中台阶形试样主要用来测试硬度和阶梯面质量,平板形试样主要用来检测晶粒度及气孔倾向,筛网形试样用来评定流动性(图2-15)。

图2-15 铸造性能试样形状

二、焊接性能

焊接是通过加热、加压,或两者并用,使两个分离的物体产生原子(分子)间结合而连接成整体的过程。

焊接性能是指贵金属材料在特定结构和工艺条件下,通过一定的焊接方法,获得预期质量要求的焊接接头的性能。在首饰制作中,经常要将结构复杂的工件分成一些简单的小部件分别制作,然后将这些小部件组合焊接到一起。首饰品出现裂纹、孔洞等缺陷时,也需要进行焊接修复。

首饰焊接主要采用两种方法:一种是钎焊,依据提供热源的方式,有火枪焊接、水焊机焊接、隧道炉焊接等;另一种是熔焊,利用激光焊接机进行,可不采用焊丝,或利用与本体成分一致的焊丝。为获得良好的焊接质量,对贵金属焊料和基材的焊接性能都有相应的要求。

1. 贵金属焊料

采用钎焊时必须用到钎焊料,其性能一般有以下方面的要求:

(1)焊料的成色不应低于金属本体,否则会降低整件首饰的成色,使它达不到金属最低含量的要求。

(2)焊料应有良好的焊接性能。焊料熔化后流动性好,与金属本体润湿,易走焊,易渗入到细小的焊缝中。焊区组织致密,与金属本体结合好,不易出现气孔、夹杂物等缺陷。

(3)由于首饰焊接往往具有焊点多而分散的特点,需要进行多次焊接才能完成整件货的组装、修补缺陷等操作,这不仅要求焊料的熔点低于金属本体的最低熔点,而且焊料应构成熔点有差别的一系列焊料,在后一次的焊接中焊料的熔点应低于前次焊料,即行业内俗称的高焊、中焊、低焊等。

(4)焊料应具有较好的物理、化学性能。在颜色、耐腐蚀性等方面应与焊接金属本体接近。

(5)焊料应具有较好的力学性能。首饰行业的焊接中,常将焊料轧制成薄片或拉制成细小的焊丝使用,要求焊料具有较好的冷形变性能,在焊接部位具有与金属本体相近的力学性能,否则易引起焊接区域的脆性断裂。

(6)焊料安全友好,不采用Cd、Pb等有毒元素。

2. 焊件本体

如果焊件具有很好的导热性能,则在焊接加热时,热量不容易聚集在焊接部位,而是很快传导到整个工件,不利于焊料的熔化;如果在加热过程中材料容易氧化,则形成的氧化层会降低焊料的润湿性,阻止焊料渗入到焊缝内,导致焊不牢、虚焊、假焊等问题。

因此,对于焊接成型的首饰,要求其贵金属材料具有良好的焊接性能。评价材料焊接性能的指标一般包括两方面:一是结合性能,即在一定的焊接工艺条件下出现焊接缺陷的敏感性;二是使用性能,即金属焊接接头对使用要求的适用性。焊接性一般根据焊接时产生的裂纹敏感性和焊缝区力学性能的变化来判断。如果在焊接时容易产生裂纹、氧化、吸气、不润湿等,则材料的焊接性能就差。

三、热处理性能

热处理是指将贵金属材料放置在一定的介质中加热、保温、冷却,通过改变材料表面或内部的组织结构来控制其性能的工艺方法。贵金属材料常见的热处理方法有退火处理、固溶处理、时效处理等类型。

1. 退火处理

退火是将金属缓慢加热到一定温度,保持足够时间,然后以适宜速度冷却。贵金属首饰生产中应用的退火工艺有均匀化退火、再结晶退火和去应力退火等类别。

在贵金属材料铸造成铸锭时,存在成分不均匀的情况,有时会采用均匀化退火,其目的是使合金中的元素发生固态扩散,来减轻化学成分不均匀性。均匀化退火温度较高,以便加快合金元素扩散,缩短保温时间。

贵金属材料在轧压、拉拔、锻打、冲压等冷加工时,其内部形成形变组织,材料的硬度提高,塑性下降。将材料加热到再结晶温度以上进行退火,可以有效降低材料的硬度,改善其加工性;降低残余应力,稳定尺寸,减少变形与裂纹倾向;细化晶粒,调整组织,消除组织缺陷。退火工艺在商代就被用于自然金的加工,安阳大司空殷商墓出土的金箔,其厚度为0.01mm,就是运用锻打和退火工艺制成的。

2. 固溶处理

固溶处理是指将合金加热至高温单相区恒温保持,使过剩相充分溶解到固溶体中,然后快速冷却,以得到过饱和固溶体的热处理工艺。

固溶处理适用于以固溶体为基体,且在温度变化时溶解度变化较大的合金。对饰用贵金属材料而言,固溶处理的目的是获得过饱和固溶体,为随后的时效处理作组织准备。加热温度、保温时间和冷却速度是固溶处理应当控制的几个主要参数。固溶处理中一般采用快速冷却,目的是抑制冷却过程中第二相的析出,保证获得溶质原子和空位的最大过饱和度,以便时效处理后获得尽可能高的强度和强的耐蚀性。

3. 时效处理

时效处理指合金工件经固溶处理、冷塑性变形或铸造、锻造后,在较高的温度放置或保持室温,其性能、形状、尺寸随时间而变化的热处理工艺。若采用将工件加热到较高温度,并进行较长时间时效处理的工艺,称为人工时效处理。将工件长时间存放在室温或自然条件下而发生的时效现象,称为自然时效处理。时效处理的目的是消除工件的内应力,稳定组织和尺寸,改善机械性能等。

四、冷加工性能

冷加工是在低于金属再结晶温度下,使金属承受足够的机械应力而引起的塑性变形,生产中习惯将不加热金属进行的形变加工称为冷加工。冷加工工艺有冷轧、冷拔、冷锻压、冷挤压、冷弯曲等多种方法。

(1)冷轧。是指贵金属材料被挤压通过旋转金属辊之间的狭窄间隙,通过轧辊的运动压缩材料,当材料移动通过间隙时引起变形,制成各种规格的片材、棒材等型材(图2-16)。

(2)冷拔。是指利用对材料进行拉拔,以达到一定的形状和力学性能,如拉线、拉管等加工。

(3)冷锻压。是一种利用锻压机械对金属坯料施加压力,使其产生塑性变形以获得具有一定机械性能、一定形状和尺寸锻件的加工方法,包括锻造与冲压(图2-17)两种主要工艺。通过锻造能消除金属在冶炼过程中产生的铸造疏松等缺陷,优化微观组织结构。

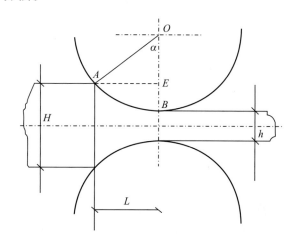

图2-16 冷轧示意图

H.材料初始厚度;h.轧压后的厚度;L.变形区;α.咬入角

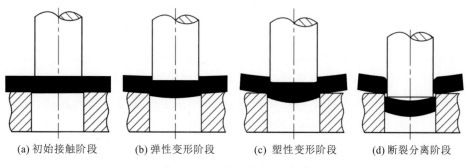

(a)初始接触阶段　(b)弹性变形阶段　(c)塑性变形阶段　(d)断裂分离阶段

图2-17 冲压过程示意图

(4)冷挤压。是把金属毛坯放在冷挤压模腔中,在室温下,通过压力机上固定的凸模向毛坯施加压力,使金属毛坯产生塑性变形,而制得零件的加工方法。

(5)冷弯曲。是指根据零件形状的需要,用模具或其他工具,把型材弯曲成一定角度和一定形状的成型工艺。

冷加工使金属晶体结构发生了永久性变化,提高了金属的强度和硬度,同时降低了其延展性,如果金属承受过高的应力,将会导致断裂。这种类型的金属加工通过加工硬化或应变硬化来强化材料。

冷加工通常比通过热处理加工金属更具成本效益,特别是大批量生产,因为它可以产生相当的强度提升,同时更有效地使用材料,并且需要更少的精加工工作量。但是,要保证塑性加工产品的质量,材料本身的塑性加工性能具有决定性影响,它也是正确制定操作工艺规范的基础。因此,在采用冷加工工艺制备贵金属型材和首饰产品时,需要选择具有较好冷加工性能的材料。

五、贵金属材料的强化

通过合金化、塑性变形和热处理等手段提高金属材料的强度,称为金属的强化。金属塑性变形产生的主要机制,是位错在滑移面上的移动,其强化的途径有两种,第一种途径是尽量消除位错等晶体缺陷,获得近乎理想的单晶材料,但是这对于贵金属首饰生产实践来说是实现不了的;第二种途径是向晶体内引入大量晶体缺陷,如位错、点缺陷、异类原子、晶界、高度弥散的质点或不均匀性(如偏聚)等,这些缺陷阻碍位错运动,也会明显地提升金属强度。这是提升贵金属强度的有效途径,生产中通过运用综合的强化效应,可以使材料获得较好的综合性能。

贵金属材料的强化方法有固溶强化、细晶强化、形变强化、沉淀强化、弥散强化、位错强化、相变强化等。

1. 固溶强化

固溶强化是指合金元素固溶于基体金属中,使合金强度提高的方法。其强化机理主要有3个方面:一是溶质原子的溶入会破坏溶剂晶格结点上原子引力平衡,使它偏离原平衡位置,造成晶格畸变,晶格畸变增大位错运动的阻力,使金属的滑移变形变得更加困难;二是溶质原子在位错线上偏聚,形成柯氏气团,对位错起钉扎作用,增加了位错运动的阻力;三是溶质原子在层错区的偏聚,阻碍扩展位错的运动。

固溶强化一般呈现如下规律:一是在固溶体溶解度范围内,合金元素的质量分数越大,则强化作用越大;二是溶质原子与溶剂原子的尺寸差越大,强化效果越显著;三是形成间隙固溶体的溶质元素的强化作用,大于形成置换固溶体的元素;四是溶质原子与溶剂原子的价电子数差越大,则强化作用越大。

2. 细晶强化

细晶强化是指通过细化晶粒来提高材料强度的方法。细晶强化机理:在一般情况下,贵金属是由许多晶粒组成的多晶体,晶粒的大小可以用单位体积内晶粒的数目来表示,数目越多,晶粒越细。晶界对滑移、位错运动起阻碍作用,即它对塑性变形抗力比晶粒内部大,使晶粒变形时的滑移带不能穿越晶界,裂纹穿越也困难。晶粒越细,晶界越多,其阻碍作用越大,而且可以使材料发生塑性变形时分散在更多的晶粒内进行,塑性变形较均匀,应力集中较小,表现出比粗晶粒更高的强度、硬度、塑性和韧性。因此,细化晶粒既可以提高材料强度,又可以改善塑性和韧性,是一种较好的强化方法。

常见的细化晶粒方法:结晶过程中可以通过增加过冷度、变质处理、振动及搅拌的方法增加形核率以细化晶粒。对于冷变形的金属可以通过控制变形度、退火温度来细化晶粒。

3. 形变强化

形变强化是指在金属的整个形变过程中,当外力超过屈服强度后,随变形程度的增加,材料的强度、硬度升高,塑性、韧性下降的现象,也称为加工硬化。形变强化机理:随着塑性变形的进行,位错密度不断增大,位错在运动时的相互交割加剧,形成固定的割阶、位错缠结等障碍,使位错运动的阻力增大,引起变形抗力增大,给继续塑性变形造成困难,从而提高金属的强度。

形变强化是强化贵金属的有效方法,特别是对于不能用热处理强化的单相材料,如纯金、纯银、Au-Ag合金等,可以用形变强化的方法提高材料的强度,可使强度成倍地增大。当然,在材料冷形变加工过程中,形变强化使得材料的强度、硬度升高,塑性韧性降低,给继续变形带来困难,形变加工到一定程度时材料存在开裂风险,需要进行再结晶退火,恢复材料的冷加工性能。

4. 沉淀强化

沉淀是指某些合金的过饱和固溶体,在一定的温度下停留一段时间后,溶质原子会在固溶体点阵中的一定区域内聚集或组成第二相的现象,通常也称为析出。沉淀实质上是固溶处理的一种逆过程。由于过饱和固溶体在热力学上是不稳定的,因此沉淀是一种自发的过程,为区别于基体相(饱和固溶体),常将沉淀物称为第二相。

在过饱和固溶体中弥散析出第二相,使合金的硬度或强度增高的现象称为沉淀强化,也可称为时效强化或析出强化。

沉淀强化是一种非常有效的很重要的强化方式,添加微量的合金元素,就可以获得较明显的强化效果,而且析出物往往还有晶粒细化作用。

沉淀强化的机理:在金属基体中加入固溶度随温度降低而降低的合金元素,通过高温固溶处理形成过饱和固溶体,通过时效处理使过饱和固溶体分解,合金元素以一定方式析出,弥散分布在基体中形成沉淀相,沉淀相能有效阻止晶界和位错的运动,从而提高合金强度。在其他条件相同时,随着析出物体积分数增大和质点尺寸减小,沉淀强化的效果增强。

参 考 文 献

崔忠圻,刘北兴,2018.金属学与热处理原理[M].3版.哈尔滨:哈尔滨工业大学出版社.
那顺桑,李杰,艾立群,2011.金属材料力学性能[M].北京:冶金工业出版社.
宁远涛,宁奕楠,杨倩,2013.贵金属珠宝饰品材料学[M].北京:冶金工业出版社.
宋维锡,1989.金属学[M].2版.北京:冶金工业出版社.
文九巴,2011.金属材料学[M].北京:机械工业出版社.
杨如增,廖宗廷,2002.首饰贵金属材料及工艺学[M].上海:同济大学出版社.
余永宁,2013.金属学原理[M].2版.北京:冶金工业出版社.
祖方遒,袁晓光,梁维中,2013.铸件成形原理[M].北京:机械工业出版社.
RAPSON W S,1990. The metallurgy of the colored carat gold alloys[J]. Gold Bulletin,23(4): 125-133.

第三章 饰用金及其合金材料

黄金具有美丽的色泽,化学稳定性好,具有很好的观赏收藏价值和保值增值作用,并且具有优异的延展性,自古以来就用作首饰、工艺品和纪念币等装饰材料及货币材料。

第一节 黄金的基本性质

一、黄金的物理性质

黄金的物理性质指标有多个方面,如表 3-1 所示。

表 3-1 黄金的主要物理性质及指标值(部分摘自宁远涛等,2013)

物理性质	指标值	物理性质	指标值
色度	$L^*=84.0, a^*=4.8, b^*=34.3$	线膨胀系数(0~100℃)	14.2×10^{-6}/℃
密度(18℃)	19.31g/cm³	电阻率(25℃)	$2.125\times10^{-6}\Omega\cdot cm$
熔点	1064℃	比热容(25℃)	25.33J/(mol·K)
沸点	2860℃	熔化热	12.5kJ/mol
蒸气压(1064℃)	0.012Pa	汽化热	365.3kJ/mol
导热系数(25℃)	315W/(m·K)	德拜温度 θ_D	178K
热扩散系数(0℃)	1.25m²/s	磁化率	-0.15×10^{-6}cm³/g

总体而言,黄金的物理性质具有如下特点:

(1)黄金颜色呈金黄色,是所有金属材料中仅有的两种有颜色的金属之一(另一个是铜)。

(2)黄金密度高,手感沉甸。黄金密度随温度升高而下降,当温度达到其熔点时(即将开始熔化),密度降为 18.2g/cm³;当全部熔化成液体时(温度恒定在熔点),密度降为 17.3 g/cm³。

(3)黄金熔点适中,熔化热相对铂族金属较低,对熔炼、铸造和焊接等热加工有利。

(4)黄金具有良好的导电及导热性能。黄金的导电性仅次于银、铜,居第三位。随着温度升高,电阻率增大。黄金的导热性仅次于银,为银的74%。

(5)黄金的挥发性很小。在1000～1300℃之间,金的挥发量微乎其微。金的挥发速度与加热时周围气氛、加热温度有关。例如,在大气气氛中分别于1075℃、1125℃和1250℃熔化金,经1h后,金的损失量为0.009%、0.10%和0.26%;在煤气中,蒸发金的损失量为空气中的6倍;在一氧化碳中的损失量为空气中的2倍。

(6)黄金的磁化率为负值,具有抗磁性。

二、黄金的化学性质

1. 黄金的化学稳定性强

(1)抗氧化性能。金具有优异的抗氧化性能,在大气中甚至是在有水分存在的条件下,也不会发生化学反应。金是唯一在高温下不与氧反应的金属,1000℃下,将金置于氧气气氛中40h,没有觉察到失重现象。

(2)耐腐蚀性能。金的电离势很高,化学性质非常稳定。常温下,单一的无机酸如硝酸(HNO_3)、硫酸(H_2SO_4)、盐酸(HCl)、氢氟酸(HF)等强酸都不能与之反应,大部分有机酸(如酒石酸、柠檬酸、醋酸等)及碱溶液(NaOH或KOH)也不能与之反应。但某些单酸、混酸、卤素气体、盐溶液等却能使金产生不同程度的腐蚀。例如王水(盐酸和硝酸3:1的混合剂)、氯水、溴水、溴化氢(HBr)、碘化钾中的碘溶液($KI+I_2$)、酒精碘溶液($C_2H_5OH+I_2$)、盐酸中的氯化铁溶液($FeCl_3+HCl$)、氰化物溶液(NaCN、KCN)、氯(温度高于420K)、硫代尿素($NH_2 \cdot CS \cdot NH_2$)、乙炔(C_2H_2,温度为753K)、硒酸和碲酸或硫酸的混合酸等均可与金相互作用。各种腐蚀介质对金的影响如表3-2所示。

表3-2 金在各种腐蚀介质中的行为(部分摘自李培铮,2003;宁远涛等,2013)

腐蚀介质	介质状态	温度	金的腐蚀程度			
			几乎不腐蚀	轻微腐蚀	中等腐蚀	严重腐蚀
硫酸	98%	室温～100℃	√			
硝酸	70%	室温～100℃	√			
	发烟(>90%)	室温			√	
盐酸	36%	室温～100℃	√			
氢氟酸	40%	室温	√			
王水	75%HCl+25%HNO_3	室温				√

续表 3-2

腐蚀介质	介质状态	温度	金的腐蚀程度			
			几乎不腐蚀	轻微腐蚀	中等腐蚀	严重腐蚀
高氯酸	70%~72%	室温~100℃	√			
磷酸	>90%	室温~100℃	√			
氯	干氯	室温			√	
	湿氯	室温				√
柠檬酸		室温~100℃	√			
硒酸		室温~100℃	√			
水银		室温				√
氯化铁溶液		室温			√	
氢氧化钠溶液		室温	√			
氨水		室温	√			
氰化钾溶液		室温~100℃				√
熔融氢氧化钠		350℃	√			
熔融过氧化钠		350℃				√
醇中碘溶液		室温			√	

2. 黄金可以形成多种化合物,并在化合物中呈一价或三价

金的氯化物有三氯化金（$AuCl_3$）、一氯化金（$AuCl$）等。无结晶水的 $AuCl_3$ 为红色，$AuCl_3 \cdot 2H_2O$ 为橙黄色。在氯气中把金粉加热到 140~150℃ 可生成 $AuCl_3$，将金溶解于王水或含氯气的水溶液中，也生成 $AuCl_3$。$AuCl_3$ 很容易与其他氯化物形成络合物，如 $M[AuCl_4]$、$H[AuCl_4]$ 等，使金以稳定的 $AuCl_4^-$ 存在，这是氯化提金法的依据。用亚铁盐、二氧化硫、草酸等，可从含金氯化液中沉淀金。

金的氰化物有一氰化金（$AuCN$）、二氰化金[$Au(CN)_2$]等。将盐酸或硫酸与金氰酸钾[$KAu(CN)_2$]作用后加热可得 $AuCN$。它是柠檬黄的结晶粉末，能溶于氨、多硫化铵、碱金属氰化物及硫代硫酸盐中。金的简单氰化物易与碱金属氰化物作用，生成金氰络合物，例如 $Na[Au(CN)_2]$、$K[Au(CN)_2]$ 等；在有氧存在的条件下，金在氰化液中也能形成上述络合物，使金以稳定的 $Au(CN)_2^-$ 存在于溶液中。这一点对氰化提金极为重要。$Au(CN)_2^-$ 中的金易为还原剂所沉淀。

金的硫化物有一硫化二金（Au_2S）、二硫化二金（Au_2S_2）和三硫化二金（Au_2S_3）。Au_2S 能溶于 KCN 溶液及碱金属硫化物中。

金的氧化物有一氧化二金（Au_2O）、三氧化二金（Au_2O_3）。由于金不直接与氧作用,故金的氧化物仅能从含金溶液中制取。用苛性碱处理冷却稀释的氯化金时,可生成一种深紫色粉末,为氧化金的水化物,加热后生成 Au_2O。当 Au_2O 与水接触时,分解成 Au_2O_3。

金的氢氧化物有三价的$[Au(OH)_3]$、一价的$(AuOH)$,前者比较稳定。

3. 黄金的化合物很容易还原为单质金

使黄金还原的金属中,能力最强的是镁、锌和铝。在氰化法提金工艺中就是利用这一性质用锌粉置换的。有机物质也能还原金,如甲酸、草酸、对苯二酚、联氨、乙炔等。金化合物的还原剂很多,高压下的氢和电位序在金之前的金属及过氧化氢、氯化亚锡、硫酸铁、三氯化钛、氧化铅、二氧化锰、强碱和碱土金属的过氧化物都可以作还原剂。

三、黄金的力学性质

1. 硬度低

在退火态下,黄金的硬度只有 HV 25～27[①]。在铸态下,其硬度也只有 HV30 左右。在冷变形态下,形变率为 60% 时,其硬度约 HV60。

2. 耐磨性差

由于其硬度很低,指甲刻划和牙咬都会出现印痕。黄金首饰在日常佩戴中,很容易因磕碰、摩擦等作用而出现凹坑、划痕、磨毛等问题。

3. 延伸率高,延展性好

铸态的延伸率达 30%,退火态的延伸率可达 45%。

4. 强度低,弹性模量小,容易变形

高纯金在室温时的屈服强度只有 3.43MPa,弹性模量只有 79GPa。

四、黄金的工艺性能

1. 铸造性能好

黄金的熔点适中,金属液铸造温度一般不超过 1200℃,适合采用石膏型精密铸造工艺,不容易产生缩松和真空等铸造缺陷。金的挥发性极小,在 1100～1300℃ 之间熔炼时,金的挥发损失仅为 0.01%～0.025%,其挥发损耗量与炉料中挥发性杂质含量和熔炼气氛有关。金在煤气中的蒸发损失量为在空气中的 6 倍,在一氧化碳中的损失量为在空气中的 2 倍。

2. 冷加工性能好

由于黄金强度低,在室温下容易通过轧压、拉拔、锻压等方式成型。古代出土文

---

① 本书中,维氏硬度(HV)与布氏硬度(HB)的单位均为 N/mm^2。

物中,采用花丝、编织、锤揲、錾刻等冷加工工艺制作的金饰和金器不胜枚举。1g纯金通常可拉成320m长的丝线。如采用现代加工技术,1g纯金甚至可拉成3420m长的细丝。我国西汉中叶的金缕玉衣就是用直径为0.14mm的金丝编织而成。纯金可锻打成厚度为0.1×10^{-3}mm的金箔,这种金箔即使在显微镜下观察仍然显得非常致密。但是,当其中含有铅、铋、碲、镉、锑、砷、锡等杂质时会变脆,如金箔中含铋达0.05%时就可以用手搓碎。而铅的影响更明显,纯金中含有50×10^{-6}的铅时,就使金的塑性受到影响,当铅含量达到0.01%时,其延展性就完全丧失。

3. 焊接性能好

由于黄金具有良好的高温化学稳定性,金的焊接性能好,不会在焊接时形成氧化膜层影响金属连接,也不容易形成夹杂物。

4. 金的挥发性极小

在1000℃下,将金置于氧气气氛中40h,没有觉察到失重现象。在1075℃、1125℃和1250℃下于空气中分别熔化金,经1h后,金的损耗仅为0.009%、0.10%和0.26%,这部分损耗是挥发损耗,而非氧化损失。

第二节　黄金的成色与计量单位

一、黄金的成色

(一)成色表示方法

黄金的成色是指金的纯度,即金的最低质量含量。传统上黄金成色有3种表示方法,即百分率法、千分率法和K数法。百分率法以百分比率(%)表示黄金的含量;千分率法以千分比率(‰)表示黄金的含量;K数法源于英文词"karat",是国际上通用的计算黄金纯度或成色的单位符号,简称K。

K数法:将黄金成色分为24等份,纯度最高者即纯金为24K,纯度最低者为1K。理论上纯金的纯度为100%,由24K=100%,可以算出1K=4.16666666……%。由于1K的百分值是无限循环小数,因而世界上不同的国家和地区对1K的取值大小规定略有差别。

(二)首饰用金的成色

按照首饰用金的成色高低,大致可以分为足金类和K金类两大类。

1. 足金类

足金类的金含量不低于99%,市场上俗称的纯金、足金、千足金、万足金、赤金、足赤金和24K金等均属于足金类。

纯金是指金的纯度为千分之千。实际上,要达到千分之千的纯金是不可能的,俗话说:"金无足赤,人无完人",绝对的纯金是不存在的。按目前世界最先进技术水平,最纯的黄金也只能达到99.999 999%,是专门用作标准试剂的"试剂金"。由于生产标准试剂级的高纯度黄金要耗费大量原料、燃料,因此它的售价要比国际贵金属交易市场上的足金高出许多倍,即使在特殊工业上,也不敢贸然使用试剂级黄金,以免陡增成本,造成浪费。再者,从首饰使用价值上来说,无任何实际的意义。

目前,我国市场上用于制造足金首饰的首饰用金,按照金的含量主要有3种:

(1) "四九金",成色为99.99%,即24K金;

(2) "三九金",成色为99.9%,俗称千足金;

(3) "二九金",成色99%,俗称"九九金"或"足金"。

2. K金类

纯金的强度、硬度过低,在纯金中加入一定比例的合金元素构成的金合金,构成相应成色的K金,可以增加黄金的强度与韧性,成为国际流行的首饰用金。

由于东、西方文化的差异,世界上不同国家和地区用于制作首饰和装饰品的金成色有差别。但是,作为首饰用金,世界各国规定并采用的成色都不低于8K,且要保证各成色的最低金含量,如表3-3所示。

表3-3 不同国家和地区首饰用金的常用成色

国家或地区	常用金成色	对应含金量
中国	千足金、18K	99.9%、75%
印度	22K	91.6%
阿拉伯国家	21K	87.5%
英国	以9K为主,少量22K和18K	37.5%、91.6%、75.0%
德国	8K、14K	33.3%、58.5%
美国	14K、18K	58.5%、75.0%
意大利、法国	18K	75.0%
俄罗斯	18K~9K	75.0%~37.5%
美国	10K~18K	41.6%~75.0%

我国国家标准《贵金属纯度的规定及命名方法》(GB 11887—2012)对首饰用金的成色提出了要求,与国际标准化组织(International Organization for Standardization,ISO)推荐的成色一致。它们的特点大致如下:

(1) 22K金,硬度较纯金略高,可用于镶嵌较大的单粒宝石,但由于材料强度较弱,因此制作首饰的款式不宜复杂,在我国首饰业中使用不广。

(2) 18K金,硬度适中,延展性较为理想,适宜镶嵌各种宝石,成品不易变形,是首饰业中使用最广的K金材料。

（3）14K金，质地较硬，韧性很高，弹性较强，可以镶嵌各种宝石，成品装饰性好，价格适中。

（4）9K金，硬度大，延展性较差，只适宜制作造型简单、镶嵌单粒宝石的首饰，价格便宜，多用于制作流行款式的首饰、奖章、奖牌等。

(三) 首饰成色印记与标签

《贵金属纯度的规定及命名方法》(GB 11887—2012)对贵金属首饰的成色印记进行了规范，对于金首饰，采用纯度千分数（K数）和金、Au或G的组合。例如，成色为18K的金，印记可采用以下方式的任一种：金 750、18K 金、Au750（图3-1）、Au18K、G750、G18K。

对于足金首饰的产品标签，为避免以产品纯度夸大宣传，误导消费者，无论是"足金""千足金"，还是"万足金"，一律只能标注"足金"。如需体现其标称金含量，在备案的企业标准基础上，可在标签的其他位置（不得在饰品名称的前后）明示金含量，且明示金含量的字体大小不得超过饰品名称的字体大小（图3-2）。

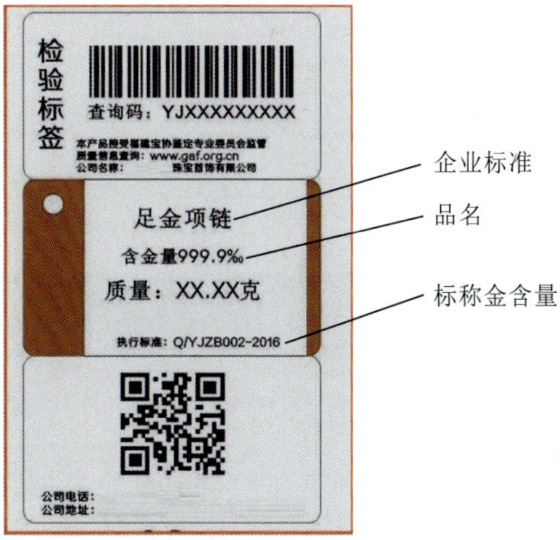

图3-1 戒指上的成色印记

图3-2 足金首饰标签

二、黄金的计量单位

1. 金重计量单位

国际上通用的金衡除了g、kg外，还使用盎司、喱、磅、本尼威特等，现将黄金常用计量单位换算列于表3-4中。

2. 国际金价计量单位

在1933年之前，黄金以各种货币计价，包括美元、英镑、法郎等。而到了1944年，世界各国达成布雷顿森林体系，将美元和黄金直接挂钩，美元开始逐渐成为世界货币，当时美元和黄金之间有着固定的兑换比率，即1盎司黄金等于35美元，各国可以将持有的美元换成黄金。一直到20世纪70年代，美国宽松的货币政策最终导致了布雷顿森林体系的崩塌，金价也不再固定在35美元/盎司，各国央行都可以自由印钞,不受限制。但是随着美国成为全球最大的经济和军事大国,美元也就成为黄金的计价货币。迄今,国际金价的计量单位为美元/盎司,国际金价与国内金价的换算如下:1 美元/盎司=美元与人民币的汇率/31.103 5(元/g),假如国际金价为 1685 美元/盎司,美元汇率为 7.060 2,则折算成国内金价为 382.48 元/g。

表 3-4 常用黄金计量单位重换算表(附国际公认的缩写符号)

质量	金衡喱 (gr.)	本尼威特 (dwt.)	金衡盎司 (t. oz.)	常衡盎司 (av. oz.)	常衡磅 (av. lb.)	克 (g)
1 金衡喱	1	0.041 666	0.002 083 3	0.002 285 71	0.000 142 857	0.064 8
1 本尼威特	24	1	0.05	0.054 857 1	0.003 428 57	1.555 2
1 金衡盎司	480	20	1	1.097 142 8	0.068 571 4	31.103 5
1 金衡磅	5760	240	12	13.165 714	0.822 857	373.248
1 常衡盎司	437.5	18.229 2	0.911 458	1	0.062 5	28.35
1 常衡磅	7000	291.666	14.583 33	16	1	453.6
1mg	0.015 432	0.000 643	0.000 032 15	0.000 035 274	0.000 002 204 6	0.001
1g	15.432	0.643	0.032 15	0.035 274	0.002 204 6	1
1kg	15 432	643	32.15	35.274	2.204 6	1000

第三节 饰用足金材料及其改性

一、足金首饰的市场地位及常见问题

根据中国几千年遗留下来的观点,金银珠宝皆是钱财的代表和富贵的化身,同时古代皇帝认定黄色是代表身份的颜色,宫中的赏赐常以各种金银首饰代替,所以黄金首饰依然沿袭着高贵、富贵的深意,特别是它承载着金玉良缘的美好寓意,在传统婚俗当中黄金饰品几乎必不可少。因此,足金首饰自古以来就受到我国广大群众的喜爱,时至今日仍占据国内黄金珠宝首饰市场中的主要份额。

但是,传统足金首饰在生产加工以及佩戴使用中也存在一些问题,常见的问题如下。

1. 成色保证

首饰行业中的足金范畴比较笼统,俗称的 24K 金、千足金、足金均归为足金。24K 金的含金量不低于 99.99%,近年来市场上宣称的"万足金"即属于 24K 金;足金的含金量不低于 99%;千足金的含金量不低于 99.9%。

首饰企业生产足金首饰时一般购入纯金锭为原料,正规的商业化纯金锭须在表面打上制造厂商、质量、成色、编号等印记(图 3-3)。

图 3-3　纯金锭

国家标准《金锭》(GB/T 4134—2015)中对纯金锭的杂质元素进行了限制,如表 3-5 所示。

表 3-5　纯金锭料的杂质含量要求

牌号	Au含量/%	杂质含量/×10^{-6}												杂质总量/×10^{-6}
		Ag	Cu	Fe	Pb	Bi	Sb	Pd	Mg	Sn	Cr	Ni	Mn	
IC-Au99.995	≥99.995	≤10	≤10	≤10	≤10	≤10	≤10	≤10	≤10	≤10	≤3	≤3	≤3	≤50
IC-Au99.99	≥99.99	≤50	≤20	≤20	≤10	≤20	≤10	≤30	≤30	—	≤3	≤3	≤3	≤100
IC-Au99.95	≥99.95	≤200	≤150	≤30	≤30	≤20	≤20	≤200	—	—	—	—	—	500
IC-Au99.50	≥99.50	—	—	—	—	—	—	—	—	—	—	—	—	5000

在生产过程中,如熔炼、铸造、焊接、冷加工等,均有可能混入其他杂质,特别是焊接时如采用熔点低一些的钎焊料,就将影响金的成色。以国内市场占比最大的 Au999(千足金)首饰为例,为保证其成色,除了加强生产过程和控制外,购入的黄金原料一般以 IC-Au99.99 为宜。

2. 锈斑问题

Au999 具有优良的耐蚀性,但是金饰表面生锈问题的报道屡见不鲜(图 3-4)。在金饰表面出现了几个严重的"锈斑"区。"锈斑"分布不均匀,大小不等,多数斑点在肉眼或低倍显微镜下可见。不同部位的"锈斑"点颜色有所差别,主要有

图 3-4　Au999 金饰表面出现的"锈斑"

红色、褐色、褐黑色及黑色,它们与Au999纯金背景形成了比较明显的对比。多数斑点具有褐红色的色圈,变色较严重的斑点连成片,形成了锈斑区,且有向外扩张的趋势。

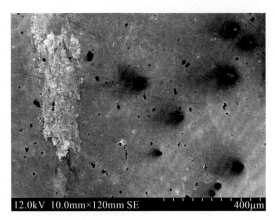

图3-5 "锈斑"区中心的显微孔洞

在扫描电镜下观察,"锈斑"的中心区域存在显微孔洞,数量不等,"锈斑"区大的地方,显微孔洞数量多或者体积大,如图3-5所示。

对金饰进行化学分析,其整体金含量满足Au999的成色标准。采用XPS光电子能谱仪检测锈斑区,发现其组成除Au外,还出现了Ag_2S、NaCl杂质污染物,而在显微孔洞内壁,还出现了微量的SiO_2污染物。因此,足金饰品表面锈斑问题,很大程度上是生产现场管理不严格所致。例如,场地布置不够合理,制造金货和银货的生产场所和生产流程中区分不够明确;熔炼和炸酸工序没有隔离开,甚至在成品油压区域采用高速旋转的打磨工具对模具进行修理;场地卫生不够清洁,生产工人在操作时,没有严格执行清洁金条与模具表面的工艺要求。由于金饰的生产过程涉及熔炼、轧压、下料、油压、打磨等多个工序,在同样的生产工厂,有时还要生产纯银制品,金、银都是非常软的金属,利用熔炼、轧压、冲压过银的设备、工具来生产纯金产品时,难免出现银的残屑或微粒被压入纯金表面而引起变色的情况。生产场地在长时间的生产加工中,难免积累灰尘或脏物,在轧压和冲压过程中,如果工作部位没有清理干净,特别是在附近进行打磨作业,难免将粉尘或脏物扬起,很容易被压入金条表面而形成异质点。当金饰在炸酸时,酸液将异质点腐蚀成为显微孔洞。工件清洗时如不能将酸洗产物清除干净,或者还有酸液残留在显微孔洞内,将继续对异质点产生腐蚀作用。没有被酸洗掉的金属杂质,在一定条件下也容易与金基底构成微电池,它们作为阳极发生电化学腐蚀。在金饰放置过程中,腐蚀产物将缓慢向外迁移,最终引起"锈斑"和变色。

3. 变形问题

足金的强度很低,用常规工艺制作的足金首饰,在生产制作和佩戴使用过程中很容易产生变形,也不适合镶嵌宝石。为提高饰品的抗变形能力,往往要增加其壁厚,使饰品的金重增加,也使单件产品的价钱较贵。

4. 磨损问题

足金的硬度非常低,用常规工艺制作的足金首饰,在佩戴使用时很容易被磕碰、划擦,在表面形成凹坑、划痕,使首饰逐渐失去光泽。

5. 款式问题

由于足金的强度、硬度很低,难以做成造型复杂、花纹细致、加工精度高、镶嵌宝石的首饰,致使传统足金饰品处于粗放、艺术性不足的尴尬境地,在首饰的开发拓展上,存在一定的局限性,制约了它作为高档消费品的艺术价值。

二、改性足金材料及生产工艺

(一)电铸硬足金

在首饰装饰性功能日益凸显、国际黄金价格不断飙升的背景下,空心薄壁足金饰品,因形体大、质量轻、单件产品价格低而颇具市场竞争力。常规首饰成型工艺如铸造、冲压等制成的饰品,难以满足此要求。因此,电铸成为空心金饰的主要成型工艺。但是传统电铸工艺制成的足金饰品非常容易变形崩溃,只能作为摆设品,无法当作佩戴用的饰品。国内于10多年前开始采用电铸硬足金工艺,它采用电沉积原理,通过调配电铸液配方和改进电铸工艺条件,将电铸溶液中的金离子在电场力的作用下,迁移到导电的阴极模上,脱除模芯后即制得薄壁空心硬足金饰件,如图3-6所示。

图3-6 典型电铸硬足金首饰

1. 电铸硬足金首饰的特点

相对传统足金首饰而言,电铸硬足金首饰具有如下特点:

(1)成色高。含金量超过99.9%,通常完全符合相关国家标准中对足金成色的规定,同时满足国内市场对足金纯度达到Au999的需求。随机抽取3件电铸硬足金首饰样品检测其化学成分,结果如表3-6所示。

表3-6 电铸硬足金的化学成分(据李举子等,2012)

化学元素	含量/%	化学元素	含量/%
Ag	0.001~0.0036	Pd	<0.0003
Cu	0.0025~0.0046	Mg	<0.0003
Fe	0.0003~0.0012	As	<0.0003
Pb	0.0003~0.0004	Sn	<0.0005
Bi	<0.0005	Cr	<0.0003
Sb	<0.0003	Ni	<0.0003
Si	<0.0020	Mn	<0.0003

(2) 硬度高。依据电铸液组成、电铸工艺及铸层厚度，铸态硬度一般可达 HV80 以上，有些甚至可以达到 HV140～160，相当于 18K 黄金的硬度，是传统足金硬度的 4 倍以上。

(3) 可佩戴。随着硬度大幅增加，饰品的抗变形性能提高，可作为首饰佩戴，解决了传统空心金饰品只能作为摆件的难题。

(4) 耐磨损。突破了传统足金首饰质地软的限制，耐磨损性能远优于传统足金饰品。

(5) 轻巧。采用中空电铸工艺，壁厚一般在 220μm 以内，质量比同样外观、同样体积的传统足金首饰大大降低。

不过，电铸硬足金虽然具有较高的硬度，但性质相对较脆，且由于本身是中空的，因此在佩戴过程中，需谨防与尖锐物体的磕碰。此外，电铸硬足金在款式、产品结构等方面仍存在一定局限。

2. 电铸硬足金的材料强化机制

电铸硬足金工艺采用 IC-Au99.99 纯金为原料，将它制备成含络合金离子的电铸溶液，通过对电铸液添加剂以及电铸工艺条件的改进，改进金层的结晶方式，获得晶粒细小、结构致密的铸层组织，且电铸硬金的晶体结构也与普通足金有一定差别（图 3-7）。这种细小致密的组织正是电铸硬足金获得高硬度的根本原因。

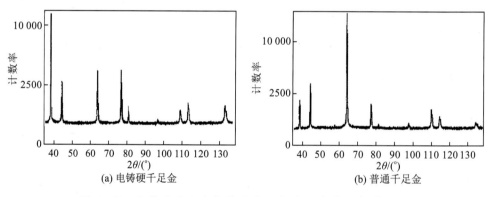

(a) 电铸硬千足金　　　　　(b) 普通千足金

图 3-7 电铸硬千足金与普通千足金的 X 射线衍射对比图

（据兰延等，2011）

（二）微合金化高强度足金

由于足金材料的强度、硬度低，难以做成造型复杂、花纹细致、加工精度高、镶嵌宝石的首饰，且首饰在佩戴使用时容易变形，表面容易磨损而失去光泽。随着国内物质文化生活水平的提高，消费者对足金饰品的要求也较以往更高，不仅要保证高的成色，也对饰品的结构款式和使用性能等方面有更高的期望。因此，微合金化高强度足金材料及生产工艺的研究开发成为行业的热点。

1. 微合金化足金的强化途径

如前述,贵金属材料的强化方法有固溶强化、细晶强化、形变强化、沉淀强化、弥散强化、相变强化等。在微合金化足金的开发中,也要从上述强化方法中选择合适的方法进行强化,而且由于合金元素添加量非常少,需要借助多种强化途径的综合作用,才能取得好的强化效果。

从金属学原理看,微合金化元素似乎很广泛。除碱金属及一些难熔金属、低熔点金属外,简单金属、过渡金属、轻金属和类金属均可作为 Au 的微合金化元素,甚至那些在常规浓度下被认为的有害元素,也可作为主要的微合金化元素。在选择合金元素时,一般会考虑如下因素。

(1)固溶强化的效果。合金元素在纯金的固溶强化作用与它们之间的原子尺寸差、电负性差及晶体结构异同等因素有关,也与合金元素的含量有关。合金元素对 Au 的固溶强化效果,可采用固溶强化参数来衡量,参数值越大,固溶强化效果越好。一般来说,原子量较小的轻金属元素,如 Li、Be、Na、K、Mg、Ca 和 Sr 等,以及原子尺寸大的稀土元素等,具有较高的固溶强化参数值。

(2)细晶强化作用。足金的晶粒细化既包括金属液凝固结晶过程中的一次晶粒细化,也包括在热处理过程中的抑制再结晶和晶粒长大作用。部分合金元素可作为凝固结晶时的有效晶粒细化剂或变质剂,如稀土及一些高熔点的合金元素,稀土与氧有较强亲和力的元素,既可净化金属液,又可在凝固结晶时起到有效的晶粒细化剂的作用;而钴则可以提高金合金的再结晶温度,抑制再结晶的发生。

(3)时效强化作用。若合金元素在 Au 中的固溶度随温度降低而下降,则通过固溶+时效处理析出亚稳相或稳定的第二相,可使合金产生沉淀强化。在 Au 中可产生有效沉淀的元素较多,如少量的 Ti、REE、Co、Sb、Ca 等均可使金产生时效沉淀强化效果。

(4)形变强化作用。这是微合金化足金要获得显著强化效果的必要途径,不同合金元素的足金加工硬化速率有差异,根本原因在于对位错滑移的阻碍作用大小,取决于晶界与位错之间、溶质原子与位错之间、第二相质点与位错之间及位错与位错之间的交互作用。

2. 微合金化高强度金的成色

Au999金的成色保持在99.9%以上,满足国内市场对足金成色的接受度。通过微量合金元素的加入,并结合冷变形加工,可以获得显著高于传统千足金的强度和硬度。当前国内市场上所谓的"5G硬金",即属于微合金化千足金。图3-8即是"5G"硬千足金空心手镯,它的壁厚只有0.2mm,通过拔管、弯制、焊接成型,具有质量轻、硬度高、弹性好的特点。

由于引入的合金元素不足0.1%,依据添加合金元素的不同,铸态硬度一般在HV40～60的范围,合金经轧压、拉拔等冷变形加工后,硬度一般在HV80～120之间,少数合金的硬度会更好一些。国外也对微合金化 Au999 进行了开发并实现商用,与普通 Au999 相比,其硬度和强度大幅提高,如表 3-7 所示。

3. 微合金化高强度 Au995

由于 Au995 的合金元素含量略高于 Au999 的,因此可以选择的合金元素较多,通过几种强化机制的综合运用,可以获得较明显的强化效果。表 3-8 列举了部分微合金化 Au995 的性能,部分合金经综合处理后的硬度,可达到 22K 黄金甚至 18K 黄金的水平。

图 3-8 "5G"硬千足金空心手镯

表 3-7 微合金化高强度 Au999 的性能(部分摘自 Christopher W. Corti,1999)

材料	制造商	纯度	铸态硬度 HV/(N/mm²)	退火态硬度 HV/(N/mm²)	加工态硬度 HV/(N/mm²)	抗拉强度/MPa	适合工艺
5G 硬金	国内	99.9%	40~60	—	80~110	—	可铸造
高强度纯金	日本 Mitsubishi	99.9%	—	55	123	500	可铸造
TH 金	日本 Tokuriki Honten	99.9%	—	35~40	90~100	—	可铸造
普通纯金	—	99.9%	—	30	50	190~380	

表 3-8 部分微合金化 Au995 的性能(据 Christopher W. Corti,1999)

材料	制造商	纯度	铸态硬度 HV/(N/mm²)	退火态硬度 HV/(N/mm²)	加工态硬度 HV/(N/mm²)	时效态硬度 HV/(N/mm²)	适合工艺
24K 硬金	南非 Mintek	99.5%	—	32	100	131~142	可时效
纯金	日本 Three O Co.	99.7%	—	63	106	145~176	可铸造,可时效
Uno-A-Erre 24K 金	意大利 Uno-A-Erre	99.6%	—	33	87	—	冷加工
Uno-A-Erre 24K 金	意大利 Uno-A-Erre	99.8%	—	62	118	—	冷加工
DiAurum 24	英国 Titan	99.7%	60	—	95	—	可铸造

4. 99%Au-1%Ti 硬足金

20 世纪 80 年代,世界黄金协会资助开展了硬化足金的研究,成功开发了 Au990 硬足金,它采用 1% 的 Ti 作为合金元素,利用 Ti 的细晶强化作用,以及 Ti 从过饱和固溶体 α-Au 中弥散析出 $TiAu_4$ 第二相的时效沉淀强化作用,显著提高了合金的强度和硬度,如表 3-9 所示。

表 3-9 99%Au-1%Ti 硬足金的性能(据 Christopher W. Corti,1999)

性能	固溶态(800℃,1h,淬水)	冷加工态(加工率 23%)	时效态(500℃,1h,淬水)
硬度 HV/(N/mm^2)	70	120	170~240
屈服强度/MPa	90	300	360~660
抗拉强度/MPa	280	340	500~700
延伸率/%	40	2~8	2~20

99%Au-1%Ti 是一种有发展前途的微合金化高强度足金材料。不过,由于含有 Ti 的缘故,该合金体系需要在真空中熔炼,工艺难度较大,颜色与传统足金略有差别,限制了该合金的应用。

第四节 金的合金化和 K 金补口材料

一、金的合金化

自古以来,金以其瑰丽的色彩、优异的化学稳定性和成型工艺性能,成为重要的首饰和饰品材料。用纯金制成的首饰具有体积小、价值高、便于携带等优点,具有较好的保值功能和装饰功能,历来为我国各民族人民所喜爱。但纯金的质地过于柔软,不适合造型和镶嵌,使得传统的纯金首饰造型较单调,且容易变形磨损。随着人们消费观念的变化,人们对金首饰的偏好不再只是材料的成色,而是更加注重其造型装饰性和色彩多样性,这促进了首饰 K 金合金的开发。研制 K 金合金的目的,在于提高金的强度和硬度等机械性能,满足用户的感官要求,降低材料成本。在纯金中添加一定比例的合金元素制成相应成色的 K 金,以金合金为基体材料的素 K 金首饰,或者镶嵌各种宝石的 K 金镶嵌首饰,在颜色、品质、款式等方面都优于纯金首饰。随着设计及加工工艺水平的不断提高,K 金首饰以其个性化、艺术化的创意在市场的份额越来越大。

不同成色的 K 金因加入的合金元素种类及比例不同,在物理性质、化学性质、力学性质和工艺性能等方面亦会有所不同。常见首饰金的基础合金系有 Au-Ag 合金、Au-Cu 合金、Au-Ni 合金等二元合金系,以及 Au-Ag-Cu、Ag-Ni-Cu 等三元合金系。

1. Au‑Ag 合金

Au‑Ag 二元合金相图如图 3‑9 所示。两者在液态和固态均能无限互溶,银添加到金后使之熔点降低,随着银含量增加,熔点连续下降,且液相线与固相线的温度间隔很小。因此该合金具有较好的铸造性能,有利于保证首饰铸件质量。

银添加到金后可使其颜色变淡,并向绿黄色方向变化。由于银与金的晶

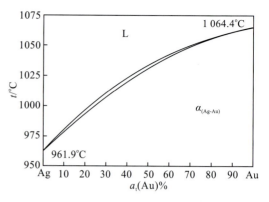

图 3‑9　Au‑Ag 二元合金相图

体结构均为面心立方,且二者的原子半径几乎一样,因此银对金的强化效果不突出,以成分为 75%Au‑25%Ag 的 18K 金为例,其退火态硬度只有 HV32,抗拉强度只有 185MPa,强度硬度较低,但是延伸率仍可达 36%,显示很好的延展性和冷加工性能。因此 Au‑Ag 合金常用于首饰 K 黄金的开发。

2. Au‑Cu 合金

Au‑Cu 二元合金相图如图 3‑10 所示。两者在液态可无限互溶,随着铜含量的增加,合金熔点快速下降,当铜含量超过 20% 时,合金熔点又逐渐提高。Au‑Cu 合金的凝固结晶间隔小,尤其是在铜含量 15%~25% 的区间,合金的结晶间隔几乎为

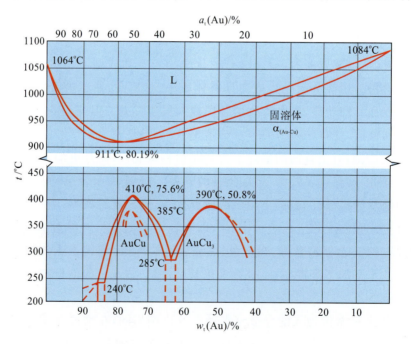

图 3‑10　Au‑Cu 二元合金相图

(据 Mark Grimwade,2000a)

0，使得它具有很好的铸造性能，缩松倾向小。合金凝固后，在高温区为单一固溶体，而在继续冷却过程中，在中温环境出现有序化转变，形成 AuCu[w_t(Au)＝75.6％]中间相和 AuCu$_3$[w_t(Au)＝50.8％]中间相。

Au-Cu 合金的化学成分，对其力学性能影响很大。随着铜含量的增加，固溶（淬火）态的合金强度快速提高，在 25％Cu 左右时达到峰值，进一步提高铜含量，强度又快速下降（图 3-11）。对于常见成色的 K 金来说，Cu 是一个有效的强化元素。热处理工艺对 Au-Cu 合金的力学性能也有很大影响，以成分 75％Au-25％Cu 的 18K 金为例，其固溶态硬度为 HV165，抗拉强度为 514MPa，而对其进行时效处理，合金形成的有序相可以使其抗拉强度达到 910MPa 左右，硬度达 HV200 左右，但是韧塑性下降，合金脆性大，不利于冷变形加工。

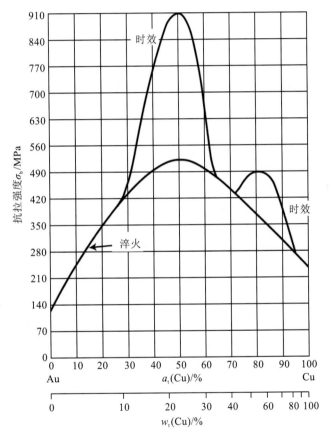

图 3-11　合金成分和热处理工艺对 Au-Cu 合金硬度的影响
（据赵怀志等，2003）

铜添加到金后，使其颜色向红色方向变化，因此它是 K 红金的主要合金元素。在 K 黄金和 K 白金中，也常利用铜来改善合金的力学性能和工艺性能。

3. Au-Ni 合金

Au-Ni 二元合金相图如图 3-12 所示。一定量的镍添加到金中,使合金的熔点降低,在镍含量为 18% 时熔点降至最低,约 955℃,且合金具有很小的结晶间隔,有利于改善合金的铸造性能。Au-Ni 合金在高温下为单相固溶体,当温度降低到某个温度以下,固溶体分解为两相组织。利用这个特点,将 Au-Ni 合金进行时效处理,可以显著提升材料的强度和硬度(图 3-13)。

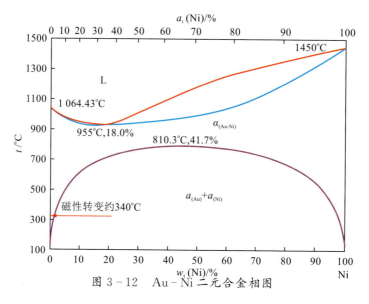

图 3-12 Au-Ni 二元合金相图

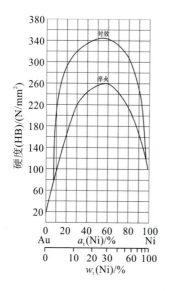

图 3-13 热处理工艺对 Au-Ni
合金硬度的影响
(据赵怀志等,2003)

镍添入金后,使其颜色减淡,当镍含量达到一定程度后,合金呈现接近铂金的灰白色,是 K 白金中最有效的漂白元素之一。但是,Ni 是致敏元素,当其释放率超过一定阈值时,就有引起皮肤过敏的风险。

4. Au-Pd 合金

Au-Pd 二元合金相图如图 3-14 所示。钯添加到金中提高了合金的熔点,且随着钯含量的提高,合金的液相线和固相线温度都不断提高。在富 Au 端,结晶间隔较大,Pd 含量为 17%(a_t)左右时,其间隔达 51℃,随后向着富 Pd 端,结晶间隔逐渐减小。Au-Pd 合金在高温下为单一固溶体结构,在温度下降的过程中,具有一定成分范围的合金会产生有序化转变,形

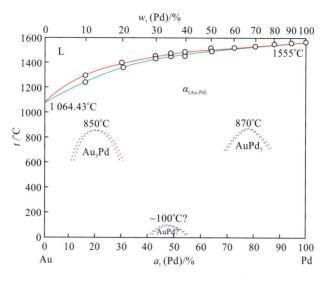

图 3-14 Au-Pd 二元合金相图

成 Au_3Pd 有序相和 $AuPd_3$ 有序相,提高了合金的强度和硬度,但降低其韧塑性。

总体而言,Au-Pd 合金的熔点较高,增加了铸造难度。固溶态 Au-Pd 合金的硬度不高,延性较好,有利于冷变形加工。钯对金有较好的漂白作用,是 K 白金的基础合金系之一,但是钯的价格过于昂贵,导致材料成本升高。

二、K 金补口材料

K 金是在纯金中加入一定比例的中间合金所组成金基合金,这些由其他合金元素组成的中间合金,在首饰业内俗称补口材料。在镶嵌首饰中,常见的 K 金成色有 8K~10K、14K、18K 等,按颜色主要有 K 黄金、K 白金和 K 红金等。因此,补口材料在 K 金首饰中的使用是非常广泛的,补口材料性能的优劣直接关系到首饰品的质量。

首饰企业在生产 K 金首饰时,基本上是采用纯金与外购补口自行配料的方式。不同补口材料供应商提供的补口,其性能有时存在较大差别,即使是同一家供应商提供的同牌号补口材料,有时也可能会出现性能波动的情况,影响首饰企业的生产。在选择 K 金补口材料时,应考虑以下因素。

1. 物理性质

K 金首饰的表面装饰效果,十分重要。就 K 金首饰而言,在选择补口材料时,应注意补口材料的密度、颜色、磁性、熔点等方面对 K 金首饰的影响。

(1)密度。补口材料的合金元素选择范围较广,每种合金元素都有其原子质量和相应的密度,而不同组成成分的补口材料,其配制的 K 金密度是有区别的。对一件具有固定体积和成色的首饰而言,低密度的材料可以减轻首饰的质量,降低产品的材料成本。

(2)颜色。对于K金首饰而言,颜色是十分重要的物理性质。饰用金合金一般按颜色分为颜色金合金和白色金合金两大类。改变补口的合金成分配比,可以获得不同颜色的金合金材料。最常使用的颜色K金有K黄金、K白金和K红金3个系列,它们采用的典型补口如图3-15所示。此外,近年来国外也开发了少数几种特殊颜色K金补口材料,它们可以与金形成颜色独特、性质硬而脆的金属间化合物。

(a) K黄金补口　　　　　(b) K白金补口　　　　　(c) K红金补口

图3-15　各种颜色的首饰K金补口

(3)磁性。K金首饰作为贵金属首饰,绝大部分情况下不希望合金出现磁性,以避免消费者对材料真伪产生疑虑。金本身是没有磁性的,但是,K金首饰包含相当量的其他金属元素,补口材料中含有Fe、Co、Ni、Ga等磁性元素时,就有可能使K金材料表现出磁性。例如,K白金常使用镍作为漂白元素,从图3-13可以看出,Au-Ni合金在固相线以下和一定温度之上的区域为单相固溶体,当缓慢冷却到一定温度时,开始产生相分解形成两相区,当温度降低到约340℃时,出现磁性转变,合金显示一定的磁性。

(4)熔点。K金首饰大部分采用石膏型熔模铸造工艺生产,由于石膏的高温热稳定性较差,当温度达到1200℃时就会产生热分解,释放SO_2气体引起铸件产生气孔。在石膏型焙烧不完全使型内存在残留碳,或者金属液氧化严重形成大量氧化铜时,这个分解温度还会大大降低。因此,为保证采用石膏型铸造的安全性,需要控制合金的熔点,一般K黄金和K红金的熔点在900℃左右,采用石膏型铸造不会有太大问题。但对于K白金,由于采用高熔点的Ni、Pd作为漂白元素,合金的熔点比K黄金和K红金都高,就存在石膏型热分解的风险。当Ni、Pd含量很高时,石膏型已不能保证生产质量,需要采用成本高昂的磷酸黏结铸粉,无疑会增加生产成本和生产难度。

2. 化学性能

对于首饰而言,化学性能稳定是十分重要的。K金首饰的化学稳定性主要表现在抗晦暗和抗腐蚀能力方面,这些与K金选用的补口材料密切相关。K金合金的抗蚀性,随成分不同而有所变化,总体而言,高成色的K金有利于提高其耐腐蚀性能,如18K~22K金在普通单一无机酸中有很好的耐蚀性,14K金抗蚀性也较好,但在强酸作用下会从表面浸出铜和银。9K以下金合金不耐强酸腐蚀,在不良的环境中就会晦暗变色。不过,K金材料中的贵金属含量不是抗晦暗的唯一因素,晦暗变色是合金材料中化学成分、化学过程、环境因素和组织结构的综合结果。在低成色K金中,当补口材料的成分有利于提高K金的电位、能形成致密的保护膜、有利于改善合金的组织结构时,仍有可能得到化学性能优良、抗变色能力良好的合金。3个主要的K金系列中,K红金因含铜量高容易产生表面晦暗,在其补口材料中,需要利用有益的合金元素进行改善。

3. 力学性能

K金首饰要长时间保持高光亮度,需要提高合金的硬度,以满足耐磨性的要求;一些首饰的结构部件,如耳针、耳钩、胸针、弹簧等,要求有良好的弹性,也需要提高合金的硬度。但是,黄金本身的硬度强度很低,难以满足镶嵌要求,K金化的目的之一,就是要提高材料的强度、硬度、韧性等力学性能。在3种典型的K金中,镍漂白的K白金具有较高的强度和硬度,弹性较大,需要平衡强度、硬度与塑性之间的关系;K红金可能发生有序化转变而丧失塑性,需要从补口材料成分和制作工艺方面加以调整和改进。

4. 工艺性能

补口材料的成分设计,应充分考虑适应不同加工工艺对性能的要求。如熔炼方式对合金的抗氧化性能有差异,同种合金采用火枪熔炼、大气下感应加热熔炼、在保护性气氛或在真空下熔炼,结果是不一致的;又如首饰生产可采用铸造、冲压、焊接等不同的工艺方法,每种工艺方法,对K金在某方面的性能要求是不一样的,这决定了补口材料中合金元素种类的选择和加入量的差异。设计补口材料的成分时,应充分考虑合金的工艺可操作性,避免工艺范围过窄带来的操作问题。加工性能主要从铸造性能、塑性加工性能、抛光性能、焊接性能和回用性能等几个方面考虑。

(1)铸造性能。合金的铸造性能对铸造成型的首饰表面质量有很大的影响。衡量合金铸造性能的优劣,可以从金属液的流动性、缩孔缩松倾向及变形热裂倾向几方面考虑。要求用于铸造的K金的结晶间隔较小,吸气氧化的倾向小,流动性和充填性能良好,不易形成分散缩松和变形裂纹,有利于获得形状完整、轮廓清晰、结晶致密、结构健全的首饰铸件。

(2)塑性加工性能。塑性加工工艺,在K金首饰生产中有着广泛的应用,除利用拉拔、轧压类机械制作片材、线材、管材等型材外,也经常用于首饰品的成型加工,如利用机床车制、冲压机冲压、油压机油压等。要保证塑性加工产品的质量,除了正确制定和严格遵守操作工艺规范外,材料本身的塑性加工性能具有决定性影响。要求K金材料具有较好的塑性加工性能,特别是进行拉拔、轧压、冲压、油压等操作时,要求合金的硬度不宜过高,合金的加工硬化速度放缓,以方便操作;要求材料具有良好的延展性,否则容易产生裂纹。

(3)抛光性能。首饰品对表面质量具有明确的要求,绝大部分首饰都要经过抛光,以达到表面光亮似镜的效果,这就要求除了正确执行抛光操作工艺外,还要注重合金本身的性质。比如要求工件组织致密,晶粒细小均匀,无气孔、夹杂物等缺陷。而当工件的晶粒粗大,存在缩松、气孔缺陷,则容易出现橘皮、抛光凹陷、彗星尾等现象。如存在硬的夹杂物,同样容易出现划痕、彗星尾缺陷。

(4)回用性能。对铸造首饰工艺而言,铸造工艺出品率一般仅为50%左右甚至更低,每铸造一次都会带来大量的浇注系统、废品等回用料,首饰企业基于生产成本和效率,总是希望能尽可能多地采用回用料。由于合金在熔炼过程中,不可避免地会产生挥发、氧化、吸气等问题,因此每铸造一次,合金成分都会发生一定的变化,影响合金的冶金质量和铸造性能。合金重复使用过程中的性能恶化问题,不仅与操作工艺有关,也与合金本身的回用性能有着密切的关系,它主要取决于合金的吸气氧化倾向及与坩埚、铸型材料的反应活性。吸气氧化倾向越小,与坩埚及铸型材料的反应性越小,则回用性能越好。

(5)焊接性能。在首饰制作过程中,经常要将工件分成一些简单的小部件分别制作,然后将这些小部件组合焊接到一起。要获得良好的焊接质量,除了正确使用焊料外,也需要考核K金的焊接性能,如果焊件具有很好的导热性能,则在焊接加热时,热量不容易聚集在焊接部位,而是很快传导到整个工件,不利于焊料的熔化;如果在加热过程中K金容易氧化,则形成的氧化层会降低焊料的润湿性,阻止焊料渗入到焊缝内,导致焊接不牢、虚焊、假焊等问题。

5. 安全性

首饰长时间与人体直接接触,其安全性是选择首饰材料必须考虑的重要因素之一。补口材料中应避免使用对人体有危害的元素,如Cd、Pb及放射性元素等。另外,也要尽量避免首饰与皮肤接触产生的过敏反应,例如以Ni作为漂白元素的K白金首饰就存在引起皮肤过敏的风险,为此欧盟委员会及其他一些国家对首饰品中Ni的释放率,制定了严格的限制标准,即含Ni的首饰必须满足关于Ni释放率的相关标准规定。

6. 经济性

K金是由金及其补口材料构成的合金材料,补口材料的价格是影响生产成本的重要因素之一,特别是低成色的K金,需要配制大量的补口材料进行合金化。因此,在补口材料合金元素的选择上,应本着材料来源广、价格便宜的原则,尽量不用或少用价格高昂的稀贵金属,以降低K金成本。

第五节 K黄金

K黄金即黄色的金合金,英文名karat yellow gold,首饰行业内常以KY来表示,如18KY、14KY等。K黄金是传统颜色的金合金,很长时间内,在K金首饰材料中占据了重要的地位,但自20世纪90年代以来,随着白色首饰的流行,K黄金首饰比例逐渐下降。不过,由于K黄金具有相对优良的加工制作性能,在首饰业中仍得到了广泛应用,甚至有些厂家采用K黄金制作首饰坯件,再在表面镀铑(Rh)来代替K白金首饰。

一、Au-Ag-Cu系K黄金的组织和性能

Au-Ag-Cu合金是K黄金的基础合金系,在较大程度上决定了K黄金的性能。Ag和Cu是K黄金的主要合金元素,生产过程中为改善合金的性能,经常还会添加一定量的Zn及少量其他元素。合金元素的不同配比,对K黄金材料的物理性质、化学性质、力学性质和工艺性能等方面,都会产生一定的影响。

1. Au-Ag-Cu系K黄金的物理性质

(1)颜色。在Au-Ag-Cu系K黄金中,K黄金合金的颜色与其成分有着密切关系,调整各合金中Ag、Cu及其他合金元素的比例,可以得到一系列不同颜色的K黄金合金。

随着Cu含量的增加,合金的电子跃迁能降低,反射率曲线向更低能量方向迁移,红光波段(640~750nm)的反射率明显提高(图3-16),其结果使K黄金合金的红色指数逐渐增加。

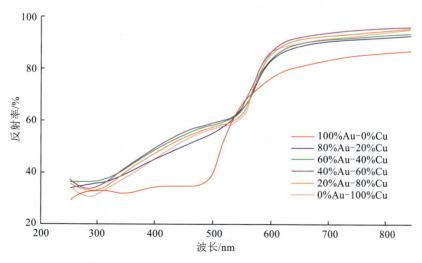

图3-16 Au-Cu合金的反射率与波长的关系
(据Roberts et al.,1979)

随着 Ag 含量的增加，Au-Ag 合金的电子跃迁能增大，Au 的反射率曲线差不多平行地向更高能量迁移，其结果是不仅可见光谱的红光和黄光波段被强烈反射，甚至绿光、蓝光和紫光波段，最终全可见光谱波段都被强烈反射（图 3-17）。引起能带间隙加宽，K 黄金合金的绿色指数逐渐增加。合金中 Ag 含量高时，有利于提高反射率，使 K 黄金合金的亮度提高。

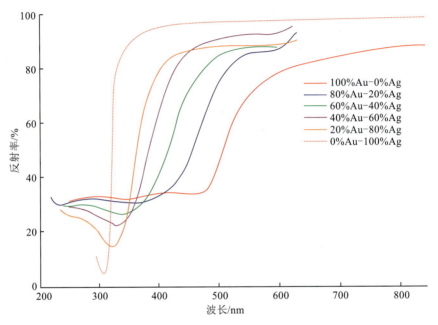

图 3-17　Au-Ag 合金的反射率与波长的关系
（据 Roberts et al.，1979）

受 Ag、Cu 对金合金颜色的综合影响，Au-Ag-Cu 合金显示了丰富的颜色和色调（图 3-18）。富 Au 角的合金呈金黄色，富 Ag 角呈现白色，富 Cu 角呈现红色。向 Au 中添加 Ag，随着 Ag 含量的增加，合金颜色由黄色逐渐转变为绿黄色、浅绿黄色、浅白色直至白色。向 Au 中添加 Cu，随着 Cu 含量的增加，合金颜色由黄色逐渐转变为红黄色、粉红色直至红色。

对于一定成色的 K 黄金，添加 Zn 使 K 黄金合金的颜色偏向淡红黄色或深黄色。

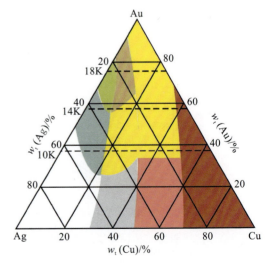

图 3-18　Au-Ag-Cu 合金成分与颜色的对应关系

(2)密度。对具有固定成分的 K 黄金而言,其理论密度也是一定的。由于生产过程中铸造首饰坯件不可能绝对致密,因而不宜直接用铸态硬度来定量说明合金元素配比的影响。但是,通过铸态密度与理论密度的差异,还是可以从侧面反映铸件的致密程度,也可以根据合金密度与蜡模密度的比例来计算所需配料量。

不同配比的合金元素,对 K 黄金材料的密度会产生一定的影响。Au-Ag-Cu 三元合金的密度与化学成分之间的对应关系(图 3-19),实线代表合金密度等高线,它们向着 Au-Ag 轴方向倾斜,说明 Cu 对合金密度的影响大于 Ag。随着合金成色的提高,合金的密度也相应提高,对于 Au 含量高的合金,等高线基本是平行的。对于同一成色的 K 黄金,随着 Ag 含量的增加,密度值相应增大,密度等高线逐渐向更高值移动。

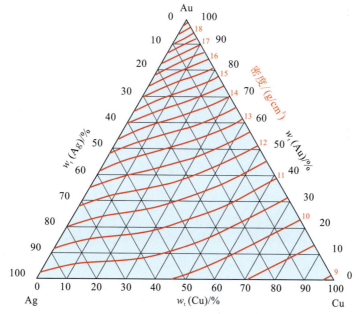

图 3-19 Au-Ag-Cu 合金的密度与成分的关系

(据 Kraut et al.,2000a)

K 黄金还经常添加 Zn 作为合金元素,随着 Zn 含量的增加,合金的密度会有一定程度的下降。

(3)熔点。图 3-20 是 Au-Ag-Cu 合金的液相线温度等高线在平面上的投影,随着合金成色的提高,其液相线温度不断提高;Ag 与 Cu 的联合加入使得合金的熔点下降,形成面向 Ag-Cu 坐标线开口的熔点等高线拱形区,在合金成色较低时,最低熔点降至 750℃左右。

(4)组织。从 Au-Ag-Cu 合金的相图(图 3-21)可以看出,其 3 个组元 Au、Ag 及 Cu 可以分别构成 3 种二元合金,一种是 Au-Ag 二元合金,它在液固态均完全互溶;一种是 Ag-Cu 二元合金,它是典型的共晶型合金,在室温时 Ag 与 Cu 的互溶度

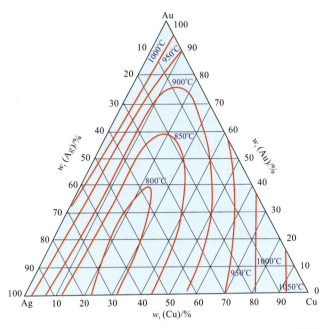

图 3-20 Au-Ag-Cu 合金的液相线温度与成分的关系
（据赵怀志等，2003）

很小；还有一种是 Au-Cu 二元合金，它在高温区完全互溶形成连续固溶体，缓冷到 410℃以下会发生有序化转变，形成 $AuCu_3$ 和 AuCu 有序相。因此，在 Au-Ag-Cu 三元合金系中，存在源于 Ag-Cu 共晶系中的富 Ag 相和富 Cu 相，并随着 Au 含量增加而向纵深发展的不混溶两相区，该区域在投影面上呈现为向着富 Au 角的拱形（图 3-22），说明 Au-Ag-Cu 三元合金的组织与合金元素 Ag、Cu 的比例有关。

为便于分析，将 Ag、Cu 的含量用折算比例 Ag′ 表示，即：

$$Ag' = \frac{Ag}{Ag+Cu} \times 100\%$$

式中，Ag 和 Cu 分别为 Au-Ag-Cu 合金中 Ag 和 Cu 的质量分数。

以 Ag′ 为成分坐标，将图 3-19 中 18K、14K 和 10K 三种成色对应的纵向截面作成准二元截面图（图 3-23）。

根据 Ag′ 和发生相分解的区域，可以将合金分成不同类型，例如，18K Au-Ag-Cu 合金有 3 种典型类型。

• Ⅰ型：Ag′ 为 0%～20%，为富 Cu 合金相区，高温为单一固溶体，在低温时会出现有序化转变。

• Ⅱ型：Ag′ 为 20%～75%，高温为单一固溶体，低温会分解为两个不相溶的相。

• Ⅲ型：Ag′＞75%，高温和低温均为单一固溶体。

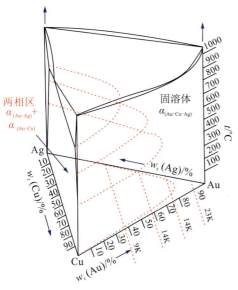

图3-21 Au-Ag-Cu三元合金相图

（据张永俐等，2004）

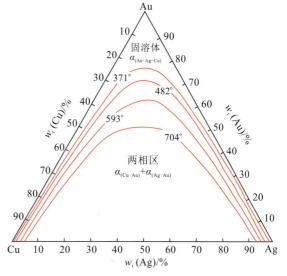

图3-22 Au-Ag-Cu合金两相区等温固相边界在室温的投影

（据William S. Rapson，1990）

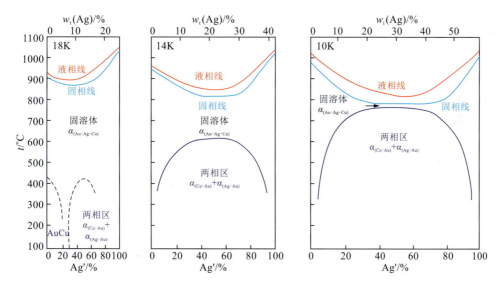

图3-23 Au-Ag-Cu合金的准二元纵向截面图

（据William S. Rapson，1990）

Au-Ag-Cu系K黄金中添加Zn等其他合金元素，当Zn含量达到一定程度时，可以缩小不混溶两相区的范围，使两相区变窄和变矮。

2. Au-Ag-Cu系K黄金的耐腐蚀性能

Au-Ag-Cu合金的耐蚀性可以划分为4个区域（图3-24），在Ⅰ区的合金成色较高，具有良好的耐蚀性，可抵抗单一无机酸的腐蚀；Ⅱ区的合金耐蚀性次于Ⅰ区，不

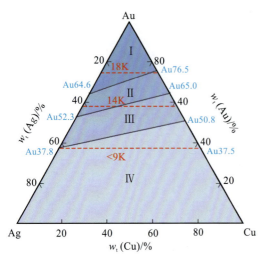

图 3-24　Au-Ag-Cu 合金的耐腐蚀性能
（据宁远涛等,2013）

过仍具有较好的耐蚀性,在强酸中仅轻微腐蚀；Ⅲ区合金再次之,受强酸腐蚀。Ⅳ区合金的耐受性相对较差,容易晦暗变色。在低成色 Au-Ag-Cu 系 K 黄金中加入一定量的 Zn、Si、Pd 等合金元素,有助于改善其耐蚀性能。

3. Au-Ag-Cu 系 K 黄金的力学性能

在 Au-Ag-Cu 合金中,Ag、Cu 的比例对合金力学性能产生明显影响。将不同成分的合金在 740℃ 保温后淬水,检测固溶态下的硬度和延伸率。50%Au-30%Ag-20%Cu 合金的硬度最高,可达 HB150,延伸率最低,只有 25%；而在靠近 3 个端角的合金硬度较低,延伸率较高（图 3-25、图 3-26）。

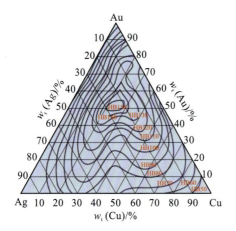

图 3-25　Au-Ag-Cu 合金在固溶态的布氏硬度
（据赵怀志等,2003）

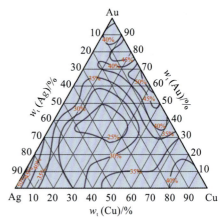

图 3-26　Au-Ag-Cu 合金在固溶态的延伸率
（据赵怀志等,2003）

不同成分的合金力学性能差别还表现在热处理对它们的影响上,以 Au-Ag-Cu 18KY 为例,当合金成分处于Ⅰ型合金的成分范围时,将固溶态合金在低温时效处理,合金发生的有序化转变产生强化作用,使合金的硬度提高,但是降低合金的韧塑性；处于Ⅱ型合金的成分范围时,可以通过时效处理使合金产生相分解,提高其强化和硬度,硬度中等；而处于Ⅲ型合金的成分范围时,不能进行时效处理,合金的硬度较低。

对于 Au-Ag-Cu-Zn 四元合金,Zn 的作用可略微降低合金的硬度,还可减少 Au-Ag-Cu 三元相图中固态不混溶区的体积。

4. Au-Ag-Cu 系 K 黄金的工艺性能

Au-Ag-Cu 系 K 黄金具有的熔点相对较低，适合采用石膏型精密铸造工艺成型，当合金中添加 Zn、Si 等合金元素，可进一步改善提高金属液的流动性和吸气氧化倾向，改善铸造性能。

Au-Ag-Cu 系 K 黄金在固溶态下的延展性较好，硬度相对较低，具有较好的冷形变加工性能，可采用轧压、拉拔、锻压等冷加工工艺。对于存在有序化转变和相分解的合金，要控制中间退火的冷却方式，避免其韧塑性降低。

二、典型饰用 K 黄金的牌号及其性能

K 黄金的使用历史较久远，是相对成熟的金合金，目前已开发了系列颜色、满足不同加工工艺要求的饰用 K 黄金补口，并有许多实现了商品化，企业可以根据自身市场需要进行选择。表 3-10 列举了一些典型的饰用 K 黄金牌号及其性能。

表 3-10 典型饰用 K 黄金牌号及其性能

（部分摘自谷云彦等，1997；Geoffrey Gafner，1989）

成色	成分含量/‰				颜色	熔化温度/℃	密度/(g/cm³)	软态硬度 HV/(N/mm²)	软态延伸率/%
	$w_t(Au)$	$w_t(Ag)$	$w_t(Cu)$	$w_t(Zn)$					
22K	917	55	28	—	黄	995～1020	17.9	52	
22K	917	32	51	—	深黄	964～982	17.8	70	30
18K	750	160	90	—	浅黄	895～920	15.6	135	35
18K	750	125	125	—	黄	885～895	15.45	150	40
18K	750	14.1	10	0.9	黄	887～920	14.99	130	—
14K	585	300	115	—	黄	820～885	14.05	150	17
14K	585	265	150	—	浅黄	835～850	13.85	175	30
14K	585	205	210	—	浅黄	830～835	13.65	190	25
10K	417	120	375	88	黄	778～860	11.42	120（铸态）	
9K	375	65	450	110	红黄	835～908	10.91	105（铸态）	—

三、K 黄金首饰制作中的常见问题

与其他两种颜色的 K 金材料相比，K 黄金材料在首饰制作中的工艺技术显得相对更加成熟，但是在实际制作过程中，K 黄金还是会经常遇到一些问题，主要表现为以下方面的问题。

1. K黄金的颜色问题

在大多数情况下，K黄金直接使用其本体颜色，不再在表面进行电镀处理，这就要求合金的颜色要符合客户的要求，并能长时间保持稳定和表面的光亮度。目前，市场上的K黄金补口型号有数十种，虽统一归为黄色类，但是实际的颜色观感有很大差别，如深黄、浅黄、绿黄、红黄、青黄等，14K黄首饰就分别显示了青黄、浅黄和红黄3种不同的颜色(图3-27)。企业在生产过程中，因颜色出现偏差而受到客户投诉甚至退货的情况还是屡见不鲜的。合金的颜色取决于其组成成分，也与检验条件有一定关系。

图3-27　14K黄金的不同颜色对比

2. K黄金的枝晶状表面问题

K黄金的熔点比千足金要低，但是千足金首饰在熔模铸造时很少见到枝晶状表面，而K黄金(尤其是低成色的K黄金)首饰铸件却有时会见到枝晶状表面。究其原因，K金合金都有一定的凝固范围，其凝固过程的结晶方式往往以枝晶形状生长，形成的枝晶骨架相互搭接，在枝晶间有残留的金属液，如果金属液不润湿铸型，石膏分解会产生二氧化硫气体，残留的金属液就会被推离表面，而剩下枝晶骨架。这样，就产生了典型的枝晶状表面组织。生产实践表明，对于低成色K黄金，在形成大量的氧化铜或氧化锌时，以及铸造或铸型温度高时，增加了石膏分解的可能性，更容易形成枝晶状表面。

3. K黄金的夹杂问题

Cu和Zn是K黄金中的主要合金元素，它们在熔炼时容易氧化，形成氧化夹杂物。尤其是Zn引起的夹杂问题更为突出，它在有氧参与时比Cu更易形成氧化物，其氧化物不容易聚集成液态渣，而是呈现粉状，既有漂浮到金属液表面，也有留在金属液内。其结果是，一旦形成了氧化锌，就会留在材料中引起孔洞和表面缺陷，宏观表现为猫爪状夹杂(图3-28)。

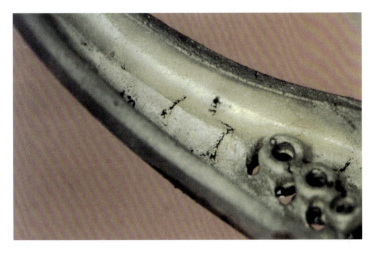

图 3-28 K 黄金首饰的猫爪状夹杂

第六节 K 白金

K 白金即白色的金合金,英文名为 karat white gold,首饰行业内常以 KW 来表示,如 18KW、14KW 等。K 白金曾作为铂金的替代品,具有强度更高、铸造性能更好等优点,在镶嵌饰品中得到了广泛应用,成为饰用金合金中的主要材料,在颜色 K 金材料中占据了非常重要的位置。

一、金的漂白与 K 白金的白色分级

金本身呈现金黄色,要使它呈现白色,必须添加有漂白作用的合金元素。自然界的所有金属元素中,除了 Au、Cu 等少数几个元素有颜色之外,其他绝大部分金属元素均呈现白色或灰色,因此其他金属的添加都会对金合金或多或少起到增白效果。表 3-11 列举了一些合金元素对金的漂白能力及用作漂白元素时的主要缺点。从表 3-11 中可以看出,能有效用作 K 白金漂白元素、能较好地满足首饰常规生产工艺要求的金属并不多,Ni、Pd、Fe、Mn 等元素对金的漂白能力强,是到目前为止的主要漂白剂。

对同一成色的金合金,采用的补口不同,合金的颜色或多或少存在差异。为保证供需双方良好的交流,美国珠宝制造供应商协会(MJSA)与世界黄金协会合作,在使用 CIELab 颜色坐标系统检测 10KW、14KW、18KW 样品颜色之后,利用 ASTM 黄度指数 YI(yellowness index 1925)对 K 白金的颜色等级进行了界定,它定义"K 白金"的黄度指数值应低于 32,超过此值就不能称为 K 白金,并根据黄度指数值分成 1 级、2 级、3 级,共 3 个等级,如表 3-12 所示。

表 3-11　合金元素对金的漂白能力和主要缺点（据 Bagnoud et al.，1996）

元素	漂白能力	主要缺点
Ag	一般	含量高时引起合金变色
Pd	很好	成本高，提高合金熔点
Pt	类似 Pd	比 Pd 成本更高
Ni	好	皮肤致敏源
Cr	弱	皮肤致敏源
Co	弱	皮肤致敏源
In	弱	含量高时恶化加工性能
Sn	弱	含量高时恶化加工性能
Zn	弱	含量高时合金挥发严重，回用难
Al	弱	恶化加工性能
Ti	弱	恶化加工性能
V	弱	有毒，恶化加工性能，反应性强，回用难
Ta、Nb	弱	反应性强，回用难
Fe	好	在 Au 中固溶度低，有沉淀相析出时合金有铁磁性，损害耐蚀性。含量超过 10% 时合金过硬，恶化加工性能，铸造时易氧化
Mn	好	含量超过 10% 时反应性强，加工困难

表 3-12　K 白金的白色等级

颜色等级	黄度指数 YI	白色程度	镀铑
1 级	YI<19	很白	不需要
2 级	19≤YI≤24.5	白色较好	可镀可不镀
3 级	24.5<YI≤32	较差	必须镀

采用这个白色分级指标可以使供应商、制造厂家、销售商之间能用量化的方法来确定 K 白金的颜色要求。

二、K 白金的类别及特点

依据所采用的漂白元素类别，大致可以将 K 白金分成镍 K 白金、钯 K 白金、镍＋钯 K 白金以及无镍无（低）钯 K 白金四大类。据国外研究机构统计，在 K 白金首饰市场上，前两类分别占 76% 和 15%，后两类分别占 7% 和 2%。

1. 镍 K 白金

由于价格便宜和良好的漂白效果,Ni 传统上用作 Au 的漂白剂。在所有商业化的 K 白金中,镍 K 白金占据了市场主导地位。

Ni 含量直接影响 K 白金的漂白效果,含 9%～12% Ni 的 Au 合金几乎接近白色,逐渐降低 Ni 含量,合金的黄度值随之增大,当 Ni 含量在 5% 以下时,合金的白度明显降低,颜色偏黄。

从图 3-12 的 Au-Ni 二元合金相图可知,Au-Ni 合金在高温时为连续固溶体,在低温下可分解为富 Au 和富 Ni 两相,使合金硬度增加。Ni 含量高的镍 K 白金,加工性能较差,一般是采用熔模铸造工艺成型。Cu 添加可改善合金的加工性能,因而 Au-Ni-Cu 合金是最常用的首饰 K 白金基础合金系。Au-Ni-Cu 三元合金的相分解区边界线在平面上的投影(图 3-29)显示,随着 Cu 含量的增加,Au-Ni 二元合金系的两相分解区向三元系中延伸,且随着温度降低,相分解区的范围扩大。

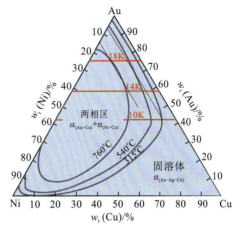

图 3-29 Au-Cu-Ni 三元合金的相分解区域

(据 P. Rotheram,1999)

Au-Ni-Cu 三元合金的组织与 Ni、Cu 二者的比例相关,为便于分析,采用 Cu、Ni 的折算比例来反映它们的相对量,即

$$Cu' = \frac{Cu}{Cu+Ni} \times 100\%$$

式中,Cu、Ni 分别表示质量分数。Cu' 值越小,则 Ni 含量越高;Cu' 值越大,则 Ni 含量越低。

图 3-30 是以 Cu' 为成分坐标、成色分别为 18K、14K 和 10K 的 Au-Ni-Cu 合金准二元纵向截面图。可以看出,只有当 Cu' 值超过 80% 时,合金组织才为单相固溶体,低于此值时均出现两相不相溶区。随着合金成色的降低,合金的熔点不断升高,凝固结晶间隔加大,而且固态两相区的范围也扩大。Au-Ni-Cu 合金的液相线温度与成分的关系如图 3-31 所示,随着 Ni 含量的提高,合金的熔点随之升高,显示合金的铸造性能变差。

Au-Ni-Cu 合金的颜色与成分的关系如图 3-32 所示。其中的虚线是白色与黄色或红色的分界线。随着 Ni 含量的增加,合金的白度增加。为使合金获得一定的白度,其 Ni 含量应不低于某个值。对于 18K、14K 和 10K 三种成色,图中加粗的黑线段内对应的合金可用于制作首饰。

Au-Ni-Cu 系合金的强度、硬度高,加工性能比不上 Au-Ag-Cu 系合金。合

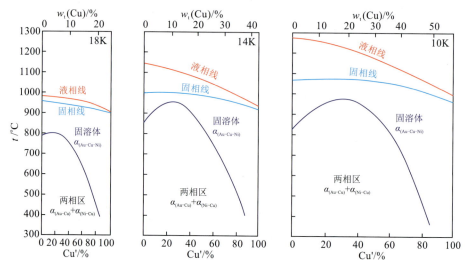

图 3-30 Au-Ni-Cu 合金的准二元纵向截面图

（据 McDonald et al., 1978）

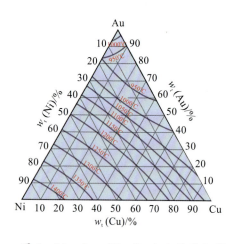

图 3-31 Au-Ni-Cu 合金的液相线
温度与成分的关系

（据 Normandeau et al., 1992）

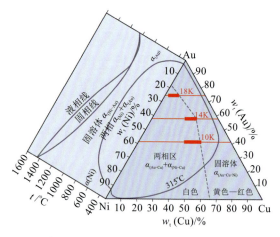

图 3-32 Au-Ni-Cu 三元合金的颜色
与成分的关系

（据 McDonald et al., 1978）

金在低温时发生的相分解中，富 Ni 相的硬度比富 Au 相高得多，材料进行轧制或拉线时，两相以不同的速度变形，富 Au 的软金属相比富 Ni 的硬金属相更容易变形，当加工到一定程度时两相之间就出现了应力，影响合金的塑性，降低合金的冷加工性能。

为改善 Au-Ni-Cu 合金的性能，常选择 Zn 作为辅助漂白元素，弥补因 Cu 的加入引起的色度效应并增加 Ni 的增白效果，同时可作为熔模铸造的脱氧剂，可改善加工性能。然而熔炼过程中 Zn 的挥发，使合金延展性降低，并给合金的回收造成一定的困难。

2. 钯 K 白金

Ni 有引起皮肤过敏的风险,为此以 Pd 为主要漂白元素的钯 K 白金是一个重要类别,尤其在欧洲使用很广。

Pd 是一个铂族元素,对金具有很好的漂白能力,可使合金呈现温暖的灰白色,舒适感好。由于钯的价格很贵,因此常以 Ag 作为次要漂白元素。Au-Pd-Ag 三元合金是钯 K 白金的基础合金系,其颜色与成分的关系如图 3-33 所示。Pd 含量须达到一定的值,才能呈现较好的白色,对于常见的 18K、14K 和 9K 三种成色,其含量应选择在分界线以内的区域。以 18K 白金为例,含 Pd 量为 10%~13% 时具有良好的白色,可以不需要镀铑。

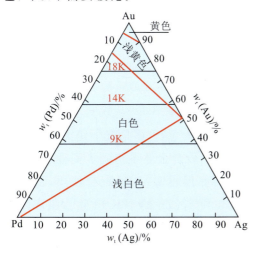

图 3-33 Au-Pd-Ag 合金的颜色
与成分的关系

(据 Normandeau et al.,1992)

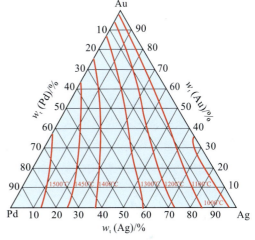

图 3-34 Au-Pd-Ag 合金的液相线
温度与成分的关系

(据 Normandeau et al.,1992)

区别于 Au-Ni-Cu 合金,Au-Pd-Ag 合金在全部成分范围内均为单一固溶体,不会出现相分解。Au-Pd-Ag 合金的液相线温度分布情况如图 3-34 所示,钯添加到金中,提高了合金的熔点,且随着 Pd 含量的增加,合金熔点不断提高。这增加了该合金的铸造难度,当含钯量很高时,采用常规的石膏型铸造工艺进行铸造,容易因石膏铸粉的热分解而导致铸件气孔缺陷。

Au-Pd-Ag 合金的退火态硬度等高线分布情况如图 3-35 所示,其硬度与 Au-Ag-Cu 合金系相近,远低于 Au-Ni-Cu 系合金,同时该合金在常温下又是单一的连续固溶体组织,因而具有很好的加工性能,适合轧压、雕刻、镶嵌等操作。

由于 Pd、Ag 都属于贵金属元素,Au-Pd-Ag 具有良好的耐腐蚀性。在该合金中添加适量的其他合金元素,可进一步改善合金在某方面的性能。

3. 镍+钯 K 白金

该类 K 白金同时含有 Ni 和 Pd,它以 Ni 作为基础漂白元素,并限制其含量以降低镍过敏的风险,并改善合金的加工性能;为弥补漂白能力不足,在合金中加入适量的 Pd,使合金获得足够的白度,又具有较好的加工性能,同时避免了单纯以 Pd 作为主要漂白元素时材料价格过于昂贵的问题。

4. 无镍无(低)钯 K 白金

鉴于 Ni 对人体皮肤具有潜在毒性的问题,许多国家和地区制定了首饰材料镍释放率的相关法令,促进了无镍 K 白金材料的研究与开发。除了以 Pd 作为漂白元素的钯 K 白金,开发以 Ni、Pd 以外的其

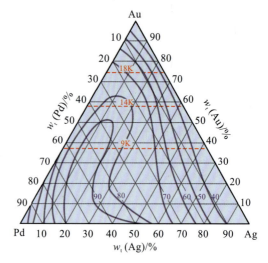

图 3-35　Au-Pd-Ag 合金的退火态
硬度与成分的关系
(据 Susz et al.,1980)

他合金元素来制备中高成色的 K 白金,其进展不尽如人意,许多情况下仍需添加相当数量的 Pd,才能获得好的效果。到目前为止,只有少数合金体系得到了商业应用,添加元素包括 Pt、Fe、Mn 等。Pt 是 Au 的良好增白剂,但也常与 Pd 配合使用,在牙科合金中应用由来已久。含 10% Pt、10% Pd、3% Cu 和 2% Zn 的 18K 白金已在首饰行业商用化,由于 Pt、Pd 的含量高,其价格相当贵。Fe 作为第二增白剂已有研究,但也需同时加入大量 Pd,以保持合金的色度和加工性,尤其是低 K 数合金(如 14K)。由于 Au-Fe 系为双相组织,使该合金具有硬度和腐蚀方面的问题。Mn 是具有发展前途的 K 金增白剂,当其含量高时可获得较好的白色,但是合金的脆性大,仍需要加入一定量的 Pd 来改善合金性能。锰 K 白金容易氧化,必须在中性或还原性气氛下熔炼。采用火枪熔炼时,可选择氢气,它可消耗金属周围的氧气。锰 K 白金的颜色可达到二级和三级,需要电镀才可获得满意的颜色。当接触化学物质时,容易变色。因此,电镀必不可少。

在低 K 数白色金合金(如 8K、9K、10K)中采用高含量的 Ag 作增白剂,可以使产品呈现白色。这类合金较软,延展性好,可以添加适量的 Pd、Cu、Zn 或 Ni,以改善其性能,但 Cu 和 Zn 的加入量需适当控制,以免影响合金的颜色。这类合金的抗腐蚀性较差,易与大气中的硫产生化学作用而锈蚀。

三、K 白金的性能要求

对首饰企业而言,选择适合的补口材料是保证其产品质量的基础,同时对其生产成本也有较大影响。要获得性能理想的 K 白金首饰材料,需要从多个方面综合考虑。

1. 颜色与耐蚀性

作为 K 白金应具有起码的白色,须满足 YI<32 的基本要求,并在不显著影响其

他性能的条件下,尽可能提高合金的白度,并使合金具有较高的反射率,以便抛光时具有较好的光亮度。合金具有较好的抗晦暗变色和耐腐蚀能力。

2. 熔点与挥发性

熔点低有利于熔炼和铸造成型,K 白金材料的熔点通常比 K 黄金要高,特别是白度好的材料,漂白元素的含量高,熔点通常较高。合金熔点高,浇注温度就需要高,对于石膏型精密铸造工艺来说,存在引起石膏热分解的风险,而采用磷酸黏结铸粉的陶瓷型铸造时,生产成本、效率和难度都加大。因此,对采用精密铸造成型的首饰,宜选择熔点合适的合金材料,其熔点宜在 1050℃ 以内。合金中添加 Zn 有助于降低熔点,但是过高的 Zn 含量,会增加熔铸过程中的挥发性,影响产品质量和回用性。

3. 晶粒组织

K 白金材料应有利于获得细小、致密的晶粒组织,有利于改善合金的抛光效果,不容易出现硬点缺陷。

4. 硬度和加工性能

K 白金合金材料,应具有合适的铸态硬度和退火态硬度,较好的力学性能和冷加工性能,加工硬化作用不致过强,退火过程中热裂倾向小,应力腐蚀裂纹倾向小。

5. 符合镍 K 白金材料应达到相关指令标准要求

对于镍漂白 K 白金合金材料,应满足镍指令的要求,镍释放率不超标。

6. 满足环保和降低成本的要求

在合金元素的选择上,本着材料来源广、价格便宜、对环境友好的原则,降低合金成本,提高性价比。

需要指出的是,各种性能的相对重要性,随着材料的应用而变化,要同时满足以上要求往往是很难的,有时需要在这些要求中进行折中处理,尽可能达到最优化效果。

四、部分 K 白金的组成与性能

市场上供应的 K 白金补口类型多样,性能也存在着一定的差异。总体而言,为改善加工性能或降低材料成本,大部分商品化 K 白金在白度方面做出一定的让步,多呈现灰白色,通常需要镀铑处理。即使是白度很高的合金,也是不能与镀铑层的颜色相比的,因此也往往会在其表面进行镀铑。表 3-13 和表 3-14 分别列举了部分镍 K 白金和钯 K 白金性能。

五、镍 K 白金首饰材料的常见问题

在 K 白金首饰制造中,Ni 是一种既便宜又能增加首饰亮度的合金元素,镍 K 白金有较好的颜色和物理机械性能,是 K 白金中应用最广的首饰材料。但是,镍 K 白

金在生产和使用过程中经常出现一些问题,既给消费者健康造成了损害,也给首饰生产企业带来许多困扰。镍K白金存在的问题主要包括以下方面。

表 3–13 部分镍K白金的组成与性能(据张永俐等,2004)

成色	化学成分(w_t)/%					硬度 HV/(N/mm²)		抗拉强度(退火态)/MPa	液相线温度/℃	固相线温度/℃
	Au	Ni	Cu	Zn	Ag	铸态	冷工态(70%)			
18K	75	11	9.5	4.5	—	307	307	716	950	913
	75	7.4	14	3.6	—	291	291	623	943	913
	75	6.6	15.4	3	—	187	288	607	946	922
	75	5	17	3	—	182	276	623	939	915
	75	4	17	3	—	184	268	612	921	898
14K	58.5	11	25.5	5	—	169	306	747	986	956
	58.5	8.3	28.2	5	—	145	286	665	987	947
	58.5	6.5	28.4	6.6	—	153	278	706	965	924
9K	37.5	10	37	13.5	2	127	258	642	923	887
	37.5	—	5.5	5.5	52	118	189	400	885	874

表 3–14 部分钯K白金的组成与性能(据张永俐等,2004)

成色	化学成分(w_t)/%						硬度 HV/(N/mm²)	液相线温度/℃
	Au	Pd	Ag	Cu	Zn	Ni		
18K	75	20	5	—	—	—	100	1350
	75	15	10	—	—	—	100	1300
	75	10	15	—	—	—	80	1250
	75	10	10.5	3.5	0.1	0.9	95	1150
	75	6.4	9.9	5.1	3.5	1.1	140	1040
	75	15	—	3.0	—	7.0	180	1150
14K	58.3	20	6	14.5	1	—	160	1095
	58.3	5	32.5	3	1	—	100	1100
10K	41.7	28	8.4	20.5	1.4	—	160	1095
9K	37.5	—	52	4.9	4.2	1.4	85	940

1. 镍过敏问题

许多事实证明,Ni对人体皮肤存在潜在的过敏及毒害影响,会导致Ni过敏。所谓 Ni 过敏,是指 K 白金首饰与人体皮肤长时间接触时,合金中的 Ni 在汗液作用下会发生溶解,释放出 Ni 离子,这些 Ni 离子会深入皮肤,与某些蛋白质组合而导致人体过敏反应。它的微粒会使皮肤产生红疹、局部发炎而令皮肤出现湿疹及痕痒(图 3-36),甚至溃烂,严重影响了人体健康和仪容(Rushforth,2000)。一旦某个人产生了 Ni 过敏反应,则她(他)一生都会产生有这种反应。

图 3-36　佩戴镍 K 白金首饰的部位出现过敏症状

据统计,欧洲大约有 10%～15% 的女性和 2% 的男性会对镍金属有过敏反应,比世界其他地方都高。为此,欧盟委员会对此问题做出积极的响应,在 1999 年即对售卖及进口一些怀疑与皮肤接触时会释出某种程度镍金属的产品颁布了镍指令 94/27/EC,对长期与皮肤接触的饰品,限制其镍的释出率上限为 $0.5\mu g/cm^2/week$,并专门制定了 EN1811 及 EN12472 两项测试标准,分别模拟有镀层及没有镀层的对象,测试在特定时间、温度及人工汗液中的镍释放率。此后,根据镍致敏率仍处于较高水平的状况,经加严修正后,相继颁布了镍指令 2004/96/EC 和镍释放测试标准 EN/811:2011,取消了镍释放率的调整值。根据指令实施后的效果,欧盟委员会又先后两次对镍指令进行了加严处理。其他一些国家,如英国、日本、中国等,也分别制定了相应的 K 白金镍释放要求。镍指令并没有禁止使用镍材料,而是对合金及材料的镍释放率做出限制。首饰生产企业,在制作 K 白金首饰时,首先需要确定客户所在国家或地区对镍释放量是否有限制,并据此选择合适的补口材料。需要特别注意的是,目前市场上可供选择的 K 白金补口材料中,有相当一部分是不能通过镍金属释出率测试的。

2. 颜色问题

K 白金作为铂金首饰的替代材料,要求有较好的白度,为此大部分 K 白金首饰都在表面镀铑。通常镀铑时间非常短,俗称"闪镀",形成的镀层很薄,使用一段时间后就易磨损掉,从而露出基体金属的本来颜色。许多情况下 K 白金本体颜色与镀层颜色反差较大,引起客户的投诉或质疑。此外,长期以来首饰行业在合金颜色方面,主要采用定性方法来描述,也经常出现首饰企业与客户之间,因判断不一致而引起异议。

3. 磁性问题

黄金本身是没有磁性的,但是镍 K 白金有时会呈现出一定的磁性,常受到消费者的质疑和投诉,认为材料纯度不够,材料中掺杂了 Fe 等。因此,镍 K 白金作为饰用贵金属材料,绝大部分情况下不希望合金出现磁性。

自然界中，Fe是众所周知的具有磁性的金属元素，除此之外，还有其他少数几种元素也带磁性，例如Co、Ni、Ga。物质是否显示磁性，除了与其成分有关外，还取决于其显微组织。具有相同的元素，但是组织不同，或处于不同的温度范围时，有时会表现出磁性的差异。就Au-Ni-Cu合金系而言，在一定温度区间会产生相分解，形成富Ni相和富Au相，而富Ni相会表现出一定的磁性。

4. 加工性能差的问题

K金首饰的冷加工性能，是各种力学性能的综合表现。K白金首饰多为镶嵌宝石的款式，材料的冷加工性能是影响镶嵌操作难易的重要因素。如果材料的刚度和屈服强度过高，镶嵌时就不易将金属爪或边压住宝石，宝石不易镶稳，甚至会在镶嵌过程中遭受损坏。如材料的韧性不足，镶嵌时金属爪（钉）就容易折断。另外，首饰生产中还经常要对材料进行轧压、拉拔、冲压等冷形变加工，材料的延展性不好时，容易出现裂纹。镍K白金的冷加工性能相比K黄金明显要差，生产中常会出现加工裂纹或断裂问题。

5. 应力腐蚀裂纹问题

消费者在佩戴镍K白金镶嵌首饰的过程中，因镶爪断裂导致宝石丢失的案例时有发生，这主要是由于镍K白金的应力腐蚀裂纹引起的，经常出现在冲压成型的镶爪上。由于镶爪在轧制、冲压、焊接、镶嵌等过程中会产生各种应力，如果没有采取措施消除这些内应力，则在首饰品中会形成残余应力，表3-15列举了镶爪中残余应力形成的可能原因。

表3-15 镶爪中残余应力形成的原因及后果

操作过程	引起残余应力的原因	与应力有关的可能后果
将镶爪焊接到戒圈上	焊接时镶爪温度过高	镶爪上的应力和裂纹通常是肉眼观察不到的
将镶爪焊接到戒圈上	焊接时镶爪加热速度过快	热应力可能导致断裂
将镶爪焊接到戒圈上（淬火裂纹）	焊接后工件淬火过早	外部冷却快，中心冷却慢，导致热收缩不一致，引起镶爪产生应力和裂纹
在镶爪上开坑位	操作不当时产生过热	引起镶爪的脆性断裂和裂纹
将镶爪钳压到宝石面上	钳爪时用力过大，弯曲过多，引起镶爪晶粒组织的改变	产生残余应力、显微裂纹和最终断裂

一方面，残余应力降低了合金的电极电位，使材料的耐腐蚀性下降，而镶爪本身也比较纤细，甚至会引起应力腐蚀裂纹；另一方面，残余应力会引起微裂纹（显露或潜在），如图3-37所示。

这些微裂纹不易发现，它们往往是腐蚀介质聚集的地方。由于首饰品在使用过程中，往往有皮脂、皮屑、灰尘等脏污黏附在镶爪内侧（图3-38）。当首饰品接触到各种各样的腐蚀介质，如人体的汗液、自来水或游泳池中的氯、各种盐类等，这些皮脂、

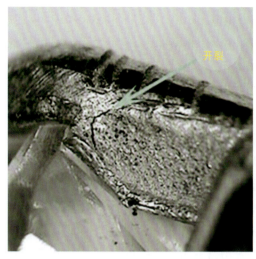 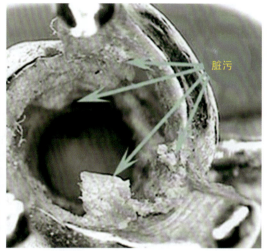

图 3-37　镶爪上的细微应力开裂（10×）　　　图 3-38　脏污黏附在镶爪内（10×）

皮屑就容易吸附腐蚀液或残留盐,在这些腐蚀介质的作用下,应力高的部位成为阳极区,发生电化学腐蚀,使材料弱化甚至断裂。腐蚀介质的浓度越高,接触时间越长,温度越高,镶爪越纤细,则镶爪的弱化越快,加剧了镶爪的应力腐蚀裂纹作用而引起失效。

要有效防止镍 K 白金的应力腐蚀裂纹,需要优先选择对应力腐蚀敏感性不高的材料,在生产过程中要设法消除材料的残余应力和微裂纹,同时在使用过程中也要注意经常清洁首饰,减少腐蚀介质在敏感部位的积聚。

6. 铸造缺陷问题

与 K 黄金、银合金相比,镍 K 白金的铸造有一定难度,企业在生产过程中常遇到各种各样的铸造缺陷,如砂眼、硬点、气孔、缩孔（松）、热裂等,其中硬点、气缩松问题较为突出。

1）硬点问题

所谓硬点,是指镍 K 白金首饰铸件表面或内部出现了硬度很高的异物,俗称钢砂或金渣（图 3-39）,这是镍白金中出现的典型硬点缺陷。

存在硬点的首饰铸件在抛光时常出现严重的划痕,表面很难抛光亮,而这种问题经常是在最后的抛光阶段才发现,首饰生产企业不得不耗费大量的人工进行修补,对于细小分散的硬

图 3-39　镍 18KW 戒指柄上的硬点缺陷

点,往往花费了很多时间后,首饰最终还是因很难修复合格而报废。

硬点主要来源于以下几个方面:

(1) Ni 的偏聚。主要是熔炼不彻底、搅拌不均匀造成的。由于 Ni 的熔点较高,密度比黄金小,熔炼时如时间过短或不注意搅拌,就容易出现镍的偏聚,从而形成硬点。

(2) 形成 Ni_2Si 中间化合物。合金中的 Si 与 Ni 发生反应而形成,Ni_2Si 是高硬度的致密金属间化合物。合金中的 Si 含量越高,出现 Ni_2Si 的可能性越大。当金属液中存在二氧化硫气体时,会加剧 Ni 和 Si 的反应。

(3) Si 氧化形成 SiO_2。含 Si 的镍漂白金合金在熔炼时,如果处于氧化性气氛、熔炼温度过高等情况,由于 Si 的活性强,优先氧化,容易形成 SiO_2,特别是当坩埚中残留少量金属液,直接进行下一炉的熔炼时,Si 的氧化更严重。

(4) 晶粒细化剂的偏聚。镍 K 白金中加入 Ir、Co、REE,可以形成高熔点的异质晶核,增加晶核的数量,从而使晶粒细化。这些元素的合金化比较困难,熔炼温度、时间、操作工艺等不当时,就容易产生偏聚而形成硬点。

(5) 外界混入的硬质异物。包含使用了受污染的材料、熔炼工具携带异物等多个方面。

因此,生产时要优先选择对硬点缺陷不敏感的材料,在熔铸过程中,要加强原材料、熔炼工具设备的管理,制定合理的操作工艺规范并严格执行。

2) 气缩松问题

金属的凝固表现为晶体的形核和长大,由于合金为多组元的成分,以及存在热流等的影响,金属开始时的晶体生长往往呈现枝晶形状,在枝晶间有残留的金属液,如果金属液不润湿铸型,或者有外界的气体压力,残留的金属液就会被推离表面,而剩下枝晶骨架,形成典型的气缩松缺陷(图3-40)。

图 3-40 镍 18KW 戒指柄上的气缩松缺陷

气缩松缺陷的形成与合金的性能和铸造工艺关系密切,在 K 金首饰失蜡铸造中,一般采用石膏作黏结剂的铸粉材料来形成铸型,石膏的主要成分是 $CaSO_4$,它是热稳定性比较差的材料,在高温下会产生热分解并释放二氧化硫气体,导致首饰铸件产生气孔、气缩松等缺陷。对于镍 K 白金,由于 Ni 提高了合金的熔点,使合金需要在更高的温度下铸造,增加了石膏分解的可能性,特别是等合金熔炼过程中发生了比较严重的氧化,形成 CuO、ZnO 等物质时,石膏分解的温度进一步降低,从而使铸件更容易产生气缩松。

因此,在铸造镍 K 白金首饰时,要制定出合理的熔炼、铸造工艺规范。

第七节 K红金

K红金即红色的金合金,英文名为karat red gold,首饰行业内常以KR来表示,如18KR、14KR。在K金首饰材料系列中,K红金与艳丽的K黄金和闪亮的K白金相比,因其色泽华丽典雅,成为风行于当今国际首饰行业的潮流时尚。业内人士根据其独特的颜色,赋予这类材料一个浪漫的名字,叫"玫瑰金",代表着人类永恒的主题——爱情。许多国际著名的珠宝钟表品牌,如卡地亚(Cartier)、香奈儿(Chanel)、伯爵(Piaget)、梅花(Titoni)、积家(Jaeger-LeCoultre)、芝柏(Girard-Perregaux)等,都无一例外地推出了多个系列的玫瑰金珠宝和钟表,K红金成为风靡全球的K金首饰主题材料之一。而在中国,由于传统风俗对红色的偏好,更是让玫瑰金广受市场青睐,得到了快速发展。

一、合金元素对K红金性能的影响

1. 合金元素对K红金首饰颜色的影响

在所有已知化学元素中,Cu是唯一呈红色的元素,因此在K红金中它是最基本、最主要的合金元素。根据图3-15的Au-Ag-Cu合金色区图,Cu含量越高,K金的颜色越红。以18K红金为例,如仅以Cu作为合金元素时,K红金首饰的红色最好,但是合金的亮度值最低。不同的合金元素配比,对K红金首饰的颜色,会产生一定的影响。加入白色基调的Ag、Zn等合金元素后,对K红金的颜色会起到一定的漂白作用,使合金的颜色由红色逐渐变浅,但是合金的亮度得到了增加。当Ag和Zn的总含量增加到7%,Cu含量减少到18%左右时,合金的颜色呈粉红色,俗称"玫瑰金"。当Ag和Zn的总含量增加到10%,Cn含量减少到15%左右时,合金的颜色已呈现黄色。因此,作为18K红金,要获得一定的红色度,合金中的Cu含量不应低于15%,否则合金不能成为K红金;对14K红金,由于Au含量减少,Cu含量可以适当降低一些,但是也不能低于27%。

2. 合金元素对K红金组织的影响

K红金以Au-Ag-Cu为基础合金系,且Cu含量很高。根据Ag、Cu含量的折算比例Ag′计算值,K红金的Ag′很小,属于Au-Ag-Cu合金中的Ⅰ型。该合金在高温固相为单一固溶体,当温度降低到某个值以后,将依据合金不同的组成产生不同的中间相,这些中间相表现为原子的排列呈短程甚至长程有序状况,在材料冶金学上称为发生了有序化转变。

典型的有序化结构有CuAuⅠ型、CuAuⅡ型和Cu_3AuⅠ型3种,分别发生在不同的成分范围和温度区间。从图3-11的Au-Cu二元相图可知,CuAuⅠ型有序化结构和CuAuⅡ型有序化结构发生在相当于CuAu的成分范围,前者在385℃以下形成,Cu原子与Au原子按层排列于(001)晶面上,一层晶面全部是Au原子,相邻的一层则全部是 Cu 原子(图 3-41)。由于 Cu 原子较小,故使原来的面心立方晶格畸变形成 $c/a=0.93$ 的四方晶格;后者在 385～410℃之间形成,是一种长周期的结构,呈正交晶格,其晶胞相当于把 10 个 CuAuⅠ晶胞沿 b 向并列在一起,经过 5 个小晶胞后,(001)面上原子的类别发生改变,即原先全部是 Au 原子的晶面变为全是 Cu 原子,而原来全是 Cu 原子的晶面变为全是 Au 原子,这样就在长晶胞的一半处产生了一个反相畴界(图 3-42)。第三种是成分相当于 Cu_3Au 的合金在缓冷到 390℃以下

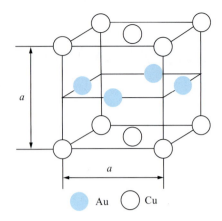

图 3-41 CuAuⅠ型有序化结构
(据杨如增等,2002)
a.晶格常数

形成的,Au、Cu 原子在结构中呈有序排列,Au 原子位于面心立方晶胞的顶角上,Cu 原子则占据面心位置,Cu、Au 原子比为 3∶1,成为 Cu_3Au Ⅰ型有序化结构。不管是哪种形式的有序结构,对 Au-Cu 合金的机械性能影响都很大,点阵畸变和有序畴界的存在,增加了材料塑性变形的阻力,显著提高了合金的强度和硬度,但是大大降低了材料的塑性,合金将表现出明显的脆性。

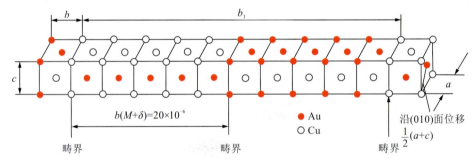

图 3-42 CuAuⅡ型有序化结构
(据杨如增等,2002)
a、b、c.晶格常数;b_1.10 个 CuAuⅠ晶胞沿着水平方向并列在一起的长度;
M.超结构晶格的半周期;δ 为水平方向(从左至右)产生的微量胀大

K 红金的成分对发生有序化转变的敏感性及转变量有较大影响,虽然在比较宽的成分范围内均可能产生有序化转变,但是只有在符合这些有序化结构,相对应的成分比例情况下,才具有最高的有序度,若合金成分偏离理想成分比例时,就不能形成完全有序固溶体,而只能是部分有序,从而在一定程度上改善合金的性能。因此,在进行 K 红金成分设计时,不应单纯地采用 Cu 元素进行合金化,而应在其中添加一定量的其他合金元素,使 Au、Cu 原子比偏离理想成分,虽然 Cu 组元减少使合金的红色稍有减弱,但是对合金的加工性能和生产过程中的可控性有益。

3. 合金元素对 K 红金铸造性能的影响

K 红金中的 Cu 含量高,铸造时容易产生氧化夹杂物、气孔和缩松等缺陷。为此,K 红金中常需添加一些有助于改善铸造性能的合金元素,例如 Zn、Si、稀土等,它们可以作为 K 红金的脱氧剂,净化金属液,改善冶炼质量,提高充型能力,减少产品的表面粗糙度,减少金属液与铸型的反应,有利于获得更光亮的铸态表面。

4. 合金元素对 K 红金加工性能的影响

不同合金成分的 K 红金,其铸态硬度差别较大,总体而言,Cu 含量高的合金,铸态硬度更高。以 18K 红金为例,如 Cu 含量为 18% 时,铸态硬度一般低于 HV170,而当 Cu 含量超过 21% 以后,初始硬度可超过 HV210。这表明 K 红金中 Cu 的强化作用占据主要地位。

K 红金的加工性能,主要取决于合金成分和所处的组织状态,铸态下直接进行轧压,容易出现裂纹。加工硬化速率与 Cu 含量关系较密切,Cu 含量较低时,表现出比较线性的加工硬化速率;Cu 含量提高到一定程度后,在加工初期加工硬化速率表现相对平缓,而在加工后期合金迅速硬化,使塑性受到影响。

5. 合金元素对 K 红金耐腐蚀性的影响

K 红金主要以 Cu 作为合金元素,相对贵金属金元素而言,Cu 的化学稳定性较差,容易与氧、硫等反应,形成 CuO 或 CuS。提高 Au 的含量有助改善 K 红金的变色性能,高成色的 K 红金的抗汗液腐蚀变色性能优于低成色 K 红金。但是,Au 含量并不是决定抗晦暗和变色能力的唯一因素,晦暗变色是化学过程与环境和组织结构的综合结果,通过在 K 红合金中加入一些氧活性元素,使之在合金表面形成致密的氧化物透明薄膜,也有可能获得抗晦暗变色能力较好的 K 红金。

二、K 红金补口的选择

合金的成分对性能起决定作用,在选择 K 红金补口时,需要从合金的性能要求出发,着重考虑以下方面:

(1)颜色方面。要具有较好的红色,又要有较好的光亮度。此外,合金应具有较好的抗晦暗能力,在存放和使用过程中不易变色,合金可以不进行电镀处理。

(2)合金晶粒细小,组织致密,具有较好的力学性能。针对 K 红金经常出现因有序化转变而带来的脆性断裂问题,设计合金成分时,应考虑避开能形成最高有序度的理想成分比例。

(3)合金对不同加工工艺的适应性和工艺可操作性,避免工艺范围过窄带来的操作问题。

(4)在合金元素的选择上,本着材料来源广、价格便宜、对环境友好的原则,降低合金成本。

三、部分 K 红金的组成和性能

针对首饰市场对不同颜色的 K 红金的需求,业界已开发了粉红—红色的系列 K 红金,并结合生产工艺的不同需求,分别开发了适合铸造成型以及冷加工成型的 K 红金。部分 K 红金的组成和性能如表 3-16 所示。

表 3-16　部分 K 红金的性能（据谷云彦等,1997）

成色	化学成分(w_t)/%				熔点/℃	密度/ (g/cm^3)	软态硬度 HV/(N/mm^2)	颜色
	Au	Ag	Cu	Zn				
18K	750	90	160	—	880～885	15.3	160	粉红
18K	750	45	205		855～890	15.15	165	红
14K	585	100	277	38	810～880	13.25	148	粉红
14K	585	90	325		850～885	13.30	160	红

四、K 红金首饰的常见问题

K 红金首饰在生产和使用过程中经常遇到各种问题,主要包括以下几个方面。

1. 脆性断裂问题

K 红金首饰脆性断裂问题是首饰生产企业在制作 K 红金首饰时经常遇到的突出问题之一。这种裂纹的典型形式,材质为 18KR,采用常规的 K 红金补口材料配制而成,铸造后发现多处出现了这种裂纹,且在断口附近没有任何的塑性变形,呈现出典型的脆性断裂现象(图 3-43)。

图 3-43　18KR 首饰铸造后出现的脆性断裂

实践表明,红色 K 金合金首饰的这种脆性断裂,在 14KR 和 18KR 中均会出现,以 18KR 的脆性断裂尤为突出。而且它不仅出现在铸造冷却过程中,在后续的退火、焊接,甚至在镶石的上火漆工序的冷却过程中,均可能使材料变脆,使饰件稍微受到外力或冲击就可能引起断裂,脆裂严重时合金就像干柴一样易折,完全不像韧塑性优良的贵金属合金,给首饰生产企业带来很大困扰和加工制作难度。

导致 K 红金首饰脆裂的主要因素,有以下 3 个方面:

(1)合金成分的影响。从图 3-11 所示的 Au-Cu 二元合金相图可知,当 Cu 含量介于 30%～80% 之间时,在铸造后的冷却过程中,当温度处于 410℃ 以上时,Au-Cu 二元合金呈完全固溶。当温度降低到 410℃ 以下后,依据合金不同的组成,将产生不同程度的有序化转变降低材料的塑性,使合金变脆。因此,在选择K红金补口时,要优先选择有序化转变程度相对较低的材料。

(2) 冷却速度的影响。K红金材料与其他金属材料一样,在从高温到低温的冷却过程中会出现热应力,特别是在快速冷却过程中,更可能产生较大的热应力,导致饰件的变形甚至裂纹。因此,在K黄金、K白金首饰加工制作中,一般都尽量采用缓慢冷却的方式以降低热应力。但是,在K红金首饰的加工制作时,如采用这种方式,则首饰容易因有序化转变而出现组织应力。K红金从无序到有序的转变不是瞬间发生的,它是一个依赖于原子迁移而重新排列的过程,由于原子扩散迁移需要时间,显然如果使K红金从高于临界转变温度的区间,快速冷却到常温,将会抑制有序化过程的发生,甚至可以保留高温的无序状态。

因此,在K红金的加工制作过程中,不应仅采取缓慢冷却的方式来减少热应力,关键要使热应力和组织应力的总和减小到最低。另外,在首饰的执模过程中,经常要对饰件进行补焊,或者将组件焊接到一起;在首饰进行镶嵌时,经常要先将饰件用火漆固定,这些过程都需要将工件加热,就算在铸造时没有产生有序化转变,在后续的这些加工过程中,如加热后缓慢冷却,或者在低于临界温度保温一定时间,仍将发生有序化转变。因此,在对K红金铸件的后续加工处理过程中,也要注意加热温度区间和加热后的冷却速度,对饰件上的细小砂孔补焊或连接位焊接,有条件的话可采用激光焊接,避免合金整体加热后形成有序固溶体而引起脆性断裂的风险。

(3) 形变工艺的影响。首饰制作中常采用机械冲压或油压方式成型,如果合金材料已存在一定程度的有序化转变,材料的塑性将受到很大的影响,在形变过程中与加工硬化作用叠加时,有可能诱发裂纹。因此,K红金进行形变加工时,铸锭应先进行固溶处理,使材料形成成分均匀的单相固溶体。在加工过程中,材料会产生加工硬化,从而降低材料的塑性,因此需要进行中间退火处理,消除加工过程中产生的应力。

2. 颜色问题

K红金首饰中,总体上是希望合金具有很好的红色。众所周知,在已知的所有化学元素中,只有少数几种金属元素是有颜色的,如Au呈现金黄色,Cu呈现赤红色,Bi呈现淡红色,Ce呈现淡黄色等,其余的金属元素基本都呈灰白色或银白色。Cu对金的机械性能影响极大,因此,要得到红色的K金,Cu是最基本、也是最主要的合金元素。Cu含量越高,K金的颜色越红。

对于首饰而言,常用的成色有18K和14K,如果仅是Au-Cu二元合金,则合金呈现的是亮度稍低的红色,而且在铸造时容易产生氧化夹杂物,在铸后冷却过程中很容易产生有序化转变,引起合金的脆裂。

为获得较好的加工性能和铸造性能,在K红金中常会加入除Cu以外的其他合金元素,此时合金的红色会相对减淡些。部分企业有时在首饰表面再电镀一层K红金,电镀层可获得色泽鲜艳均匀的玫瑰红色,装饰效果较好。但是镀层一旦磨损后,容易形成颜色的反差,影响外观效果。

3. 晦暗变色问题

K红金首饰在使用或放置一段时间后,表面容易晦暗和变色,没有了初始的亮度和色泽。

以18KR为例,将其浸泡在人工汗液中进行腐蚀试验,检测试验前后的颜色坐标值,计算它们的变化值及色差值,如表3-17所示。可以看出,随着腐蚀时间的延长,合金的亮度值L^*不断下降,a^*值和b^*值持续上升,色差逐渐加大。这表明合金表面逐渐变晦暗,颜色逐渐转黄转红。在腐蚀初期的24h内,合金的明度值和色度值变化率相对快些,特别是黄—蓝指标变化较快。在24h后,颜色坐标变化趋于平缓。

表3-17 18KR经人工汗液浸泡不同时间后的颜色坐标值及变化值

浸泡时间	L^*	a^*	b^*	ΔL^*	Δa^*	Δb^*	色差 ΔE
0h	85.97	9.6	18.15	0.00	0.00	0.00	0.00
24h	85.56	10.04	19.48	−0.41	0.44	1.33	1.46
48h	85.31	10.29	19.75	−0.66	0.69	1.6	1.86
72h	85.24	10.43	19.82	−0.73	0.83	1.67	2.00

K红金晦暗变色与材料性质有着密切关系,当然与制作工艺和使用条件也有一定的关系。就合金材料而言,有些K红金通过少量添加有助于改善其耐蚀性能的合金元素,有效提高了抗晦暗变色能力,生产时应优先选择此类K红金。

第八节 饰用金焊料

一、饰用金焊料的性能要求

焊接是首饰加工制作中最常用的一道工序,对于金首饰而言,采用的焊接方法主要有熔焊和钎焊两大类。熔焊是在焊接过程中将工件接口加热至熔化状态,不加压力完成焊接的方法。高成色的足金首饰焊接,如千足金项链,一般直接采用熔焊,以保证焊接部位的成色。钎焊是使用比工件熔点低的金属材料作钎焊料,将工件和钎焊料加热到高于钎焊料熔点、低于工件熔点的温度,利用液态钎焊料润湿工件,填充接口间隙并与工件实现原子间的相互扩散,从而实现焊接的方法。钎焊是大部分首饰焊接广泛采用的工艺,其中,钎焊料是保证焊接质量的基础。所谓钎焊料,是指用于填充首饰部件连接处使工件牢固结合的填充材料。饰用金钎焊料是以黄金为基体,添加其他合金元素组成的用于焊接填充的合金材料,它也是金饰品的重要组成部分。对金首饰钎焊料一般有以下要求:

(1)焊料中的金含量应与饰品本体基本一致,确保饰品对成色的要求。

(2)焊料应有良好的焊接性能。焊料的熔化区间较小,熔化后流动性好,与金属本体润湿性好,易走焊,易渗入到细小的焊缝中。焊区组织致密,与金属本体结合好,不易出现气孔、夹杂物等缺陷。

(3)焊料应具有较好的物理、化学性能。在颜色、耐腐蚀性等方面应与焊接金属本体相当。

(4)由于首饰焊接往往具有焊点多且分散的特点,需要进行多次焊接才能完成整件货的组装、修补缺陷等操作,这不仅要求焊料的熔点低于金属本体的最低熔点,而且焊料应构成熔点有差别的一系列焊料,在后一次的焊接中焊料的熔点应低于前次焊料,即需要构成行业内俗称的高焊、中焊、低焊等。

(5)焊料应具有较好的力学性能和加工性能。首饰行业的焊接中,常将焊料轧制成薄片或拉制成细小的焊丝使用,要求焊料具有较好的冷形变性能,在焊接部位具有与金属本体相近的力学性能,不致引起焊接区的脆性断裂。

(6)焊料安全友好,不采用 Cd、Pb 等有毒元素。Cd 是传统 K 金首饰钎焊料合金化元素,可有效降低 Au-Ag-Cu 系合金熔点,提高钎焊料流动性与填缝能力,且含 Cd 钎焊料力学性能优良。但因其熔化时易生成于人体有害的 CdO 烟尘,具有接触毒性,应限制其使用。根据国家标准《饰品 有害元素限量的规定》(GB 28480—2012)及欧盟委员会 RoHS 指令(2005/618/EC)[①]中的要求,金饰品钎焊料中的有害元素总含量不能超过标准规定的最大限量,即 Cr(六价)、Hg、Pb 含量低于 1000mg/kg,Cd 含量低于 100mg/kg,Ni 释放量低于 $0.2\mu g/(cm^2 \cdot week)$。

二、K 黄金饰品钎焊料的配制

K 黄金饰品钎焊料由 Au-Ag-Cu 或 Au-Ag-Cu-Zn 系合金制备。采用 Au-Ag-Cu 系合金焊料,可以保证焊料合金的组成与 K 黄金饰品合金基本相同,保持成分和颜色的一致性。

但焊料合金的熔点必须低于 K 黄金饰品合金的熔点,因此必须调整 Au-Ag-Cu 系合金中 Ag 与 Cu 的比例以降低焊料的熔点。如需进一步降低熔点则添加 Zn、Sn、In、Ga 等低熔点合金元素。其中,Zn 在 Au 中具有高达 $33.5\%(a_t)$ 的固溶度,In、Ga 在 $12\%(a_t)$ 左右,Sn 极限固溶度为 $6.8\%(a_t)$。因此在 Au 中添加少量 In、Ga、Sn 可显著降低合金液相温度,但添加过多会使固相线降低,扩大熔化区间,造成不利影响。表 3-18 列举了一些 K 黄金钎焊料的成分及熔化区间。

三、镍 K 白金饰品钎焊料的配制

镍 K 白金焊料品种与数量相对较少,主要有如下合金系:

(1)Au-Cu-Ni-Zn 系合金。镍 18K 白金焊料,主要是以 Au-Ni 系中低熔点合金成分为基础的合金。但对于大多数白色 K 金饰品而言,Au-Ni 焊料合金的熔点

---

① 详见 https://wenku.baidu.com/view/9257d04ae45c3b3567ec8b3d.html。

仍然偏高,不适于直接用作焊料,需要添加其他组元,如添加 Zn 可以降低焊料的熔点,添加 Cu 可改善加工性,构成了 Au-Cu-Ni-Zn 焊料合金。

表 3-18 一些 K 黄金钎焊料的成分及熔化区间(据赵辰丰等,2017)

成色	焊料类别	化学成分(质量分数,%)						固相线温度/℃	液相线温度/℃	熔点/℃
		Au	Ag	Cu	Zn	In	Ga			
9K	低温	37.5	31.88	18.13	8.12	3.12	1.25	637	702	65
9K	高温	37.5	29.38	19.38	10.62	2.5	0.62	658	721	63
14K	低温	58.34	13.33	15.00	8.75	4.58	—	669	741	72
14K	中温	58.34	14.49	14.25	9.17	3.75	—	660	745	85
14K	高温	58.34	14.16	14.58	10.00	2.92	—	668	748	80
18K	低温	75.00	6.25	8.50	5.50	4.75	—	730	765	35
18K	中温	75.00	5.75	9.50	6.00	3.75	—	682	767	85
18K	高温	75.00	5.25	12.25	6.50	1.00	—	792	829	37
22K	低温	91.80	2.40	2.00	1.00	2.80	—	850	890	40
22K	中温	91.80	3.00	2.60	1.00	1.60	—	895	920	25
22K	高温	91.80	4.20	3.00	1.00	—	—	940	960	20

(2)Au-Ag-Cu-Ni-Zn 合金。含金量低的白色 K 金焊料,可采用 Au-Ag-Cu-Ni-Zn 合金,其中以 Ni 和 Zn 作为漂白剂,提高 Ag 的含量作为焊料合金。

常见的 Au-Cu-Ni-Zn 或 Au-Ag-Cu-Ni-Zn 系 K 白金饰品焊料配方,见表 3-19。商业焊料有焊片、焊丝、焊粉、焊膏等形式,图 3-44 是典型的颜色 K 金焊片。

表 3-19 常见的镍 K 白金饰品焊料配方(修改自宁远涛等,2013)

焊料成色	合金成分(w_t)/%					熔化温度范围/℃
	Au	Ag	Cu	Ni	Zn	
18K	75.00	—	1.00	16.50	7.50	888~902
	75.00	—	6.50	12.00	6.50	803~834
14K	58.33	15.75	11.00	5.00	9.92	800~833
	58.33	15.75	5.00	5.00	15.92	707~729
10K	41.67	30.13	15.10	12.00	1.10	800~832
	41.67	28.10	14.10	10.00	6.13	736~784
8K	33.30	42.00	10.00	5.00	9.70	721~788

图 3-44 颜色 K 金焊片

参 考 文 献

谷云彦,李宝绵,代恩泰,1997.饰品用金合金及其新进展[J].云南冶金,26(3):53-57.
《贵金属材料加工手册》编写组,1978.贵金属材料加工手册[M].北京:冶金工业出版社.
胡汉起,2000.金属凝固原理[M].2版.北京:机械工业出版社.
兰延,刘晓,陈晓燕,等,2011.硬质千足金材料的纯度、显微维氏硬度、耐磨性的研究[C]//珠
　　宝与科技——中国珠宝首饰学术交流会论文集(2011).北京:地质出版社,307-311.
李举子,吴瑞华,2012.电铸硬金的性质研究[J].宝石和宝石学杂志,14(4):11-15.
李培铮,吴延之,1995.黄金生产加工技术大全[M].长沙:中南工业大学出版社.
李培铮,2003.金银生产加工技术手册[M].长沙:中南工业大学出版社.
梁基谢夫,2010.金属二元系相图手册[M].郭青蔚,等译.北京:化学工业出版社.
刘泽光,2010.金首饰用无镉K金钎料的研究与发展[J].贵金属,31(1):70-77.
宁远涛,宁奕楠,杨倩,2013.贵金属珠宝饰品材料学[M].北京:冶金工业出版社.
全国首饰标准化技术委员会,2012.饰品　有害元素限量的规定[S].北京:中国标准出版社.
全国首饰标准化技术委员会,2013.首饰　贵金属纯度的规定及命名方法:GB 11887—2012
　　[S].北京:中国标准出版社.
全国有色金属标准化技术委员会,2016.金锭:GB/T 4134—2015[S].北京:中国标准出版社.
申柯娅,2010.K黄金首饰制作中的常见问题研究[J].黄金,31(11):4-7.
申柯娅,2011.合金元素对K白金首饰合金性能影响的探讨[J].贵金属,32(2):32-36.
王昶,袁军平,2009.K红金首饰颜色问题的探讨[J].黄金,30(8):5-8.
王昶,2009.饰品用镍漂白金合金的熔铸实践[J].铸造技术,30(8):980-982.
向雄志,白晓军,黄应钦,等,2006.饰品金合金微量添加元素研究现状[J].铸造,56(7):

668-672.

杨如增,廖宗廷,2002.饰用贵金属材料及工艺学[M].上海:同济大学出版社.

袁军平,李桂双,陈德东,等,2015.钴锑钪合金化足金材料的硬化行为[J].材料热处理学报,36(5):5-9.

袁军平,王昶,申柯娅,等,2011.饰用18K玫瑰金工艺性能的研究[J].黄金,32(12):7-10.

袁军平,王昶,申柯娅,2006.硅对银合金铸造性能的影响[J].铸造技术,27(9):914-917.

袁军平,王昶,申柯娅,2008.抗氧化变色银合金的成分设计[J].特种铸造及有色合金,28(5):406-408.

袁军平,王昶,2006.硅影响银合金组织研究和探讨[J].番禺职业技术学院学报,5(2):25-28.

袁军平,王昶,2009.首饰K金补口的性能要求浅析[J].广州番禺职业技术学院学报,8(2):54-58.

袁军平,2009.K红金首饰脆裂问题的探讨[J].黄金,30(6):5-7.

袁军平,2009.关于镍漂白金合金的若干问题[J].特种铸造及有色合金,29(9):878-880.

张永俐,李关芳,2004.首饰用开金合金的研究与发展(2):首饰用于开合金的冶金学特性及强化机制[J].贵金属,25(2):41-47.

赵辰丰,赵建昌,张青科,等,2017.饰品用贵金属合金及其钎焊工艺的发展[J].焊接(5):18-21.

赵怀志,宁远涛,2003.金[M].长沙:中南大学出版社.

周全法,周品,王玲玲,等,2015.贵金属深加工及其应用[M].2版.北京:化学工业出版社.

BAGNOUD P,NICOUD S,RAMONI P,1996. Nickel allergy, the Europe directive and its consequences no gold coating and white gold alloys[J]. Gold Technology(18):11.

CORTI C W,2000. High-carat golds do not tarnish?[C]//The Santa Fe Symposium on Jewelry Manufacturing Technology 2000. Albuquerque, New Mexico, USA: Met-Chem Research Publishing Co.:29-56.

CORTI C W,1999. Metallurgy of microalloyed 24 carat golds[J]. Gold Bulletin,32(2):39-47.

CRETU C,VAN DER LINGEN E,1999. Coloured gold alloys[J]. Gold Bulletin,32(4):115-126.

FACCENDA V,ORIANI P,2000. On nickle white gold alloys:problems and possibilities[C]//The Santa Fe Symposium on Jewelry Manufacturing Technology 2000. Albuquerque, New Mexico, USA: Met-Chem Research Publishing Co.:71-88.

GAFNER G,1989. The development of 990 gold-titanium: its production, use and properties[J]. Gold Bulletin,22(4):112-122.

GRICE S,2002. Failures in 14kt nickel-white gold tiffany head settings[C]//The Santa Fe Symposium on Jewelry Manufacturing Technology 2000. Albuquerque, New Mexico, USA: Met-Chem Research Publishing Co.:189-230.

GRIMWADE M,2000a. A plain man's guide to alloy phase diagrams: their use in jewellery manufacture: Part 1[J]. Gold Technology(29):2-15.

HENDERSON S,MANCHANDA D,2003. Report on measurement and classification of white gold[R]. Internal report to the U. K. (Birmingham Assay Office) technical committee on white gold,12.

HENDERSON S,2005. White gold alloys: colour measurement and grading[J]. Gold Bulletin, 38(2):55-67.

INGO G M,2000. Thermochemical and microstructural study of $CaSO_4$ bonded investment as a function of the burnout process parameters[C]//The Santa Fe Symposium on Jewelry Manufacturing Technology 2000. New Mexico,USA:Met-Chem Research Publishing Co.: 147-161.

KRAUT J C,STERN W B,2000. The density of gold-silver-copper alloys and its calculation from the chemical composition[J]. Gold Bulletin,33(2):52-55.

MCDONDALD A S,SISTARE G H,1978. The metallurgy of some carat gold jewellery golds: part II nickel containing white gold alloys[J]. Gold Bulletin,11(4):128-131.

NORMANDEAU G, ROETERINK R, 1994. White golds: a question of compromises conventional material properties compared to alternative formulations[J]. Gold Bulletin,27(3):70-86.

NORMANDEAU G,1992. White golds: a review of commercial material characteristics & alloy design alternatives[J]. Gold Bulletin,25(3):94-103.

RAPSON W S,1990. The metallurgy of the colored carat gold alloys[J]. Gold Bulletin,23(4): 125-133.

ROBERTS E F I, CLARKE K M, 1979. The color characteristics of gold alloys[J]. Gold Bulletin,12(1):9-19.

ROTHERAM P,1999. White golds—meeting the demands of international legislation[J]. Gold Technology,27(11):34-40.

RUSHFORTH R,2000. Don't let nickle get under your skin - the European experience[C]// The Santa Fe Symposium on Jewelry Manufacturing Technology 2000. Albuquerque New Mexico,USA:Met-Chem Research Publishing Co.:281-302.

SUSZ C P, LINKER M H,1980. 18 carat white gold jewellery alloys[J]. Gold Bulletin,(13): 15-20.

YUAN J P,LI W,WANG C,2012. Nickel release of 10 K white gold alloy for jewelry[J]. Rare Metal Materials and Engineering,41(6):947-951.

第四章 饰用银及其合金材料

银具有诱人的白色光泽,较高的化学稳定性和收藏观赏价值,深受人们(特别是妇女)的青睐,因此有"女人的金属"之美称,广泛用作首饰、装饰品、银器、餐具、敬贺礼品、奖章和纪念币。银首饰在发展中国家有广阔的市场,银餐具备受家庭欢迎。银质纪念币设计精美,发行量少,具有保值增值功能,深受钱币收藏家和钱币投资者的青睐。

第一节 银的基本性质

一、银的物理性质

银为元素周期表第 5 周期 I_B 族元素,元素符号 Ag,原子序数 47,相对原子质量 107.870。银对可见光的反射率很高,在 380~780nm 的波长范围内,银的反射率达 92%~96%,是所有金属元素中最高的,显著高于其余贵金属元素(图 4-1)。因此,银呈现明亮的白色。

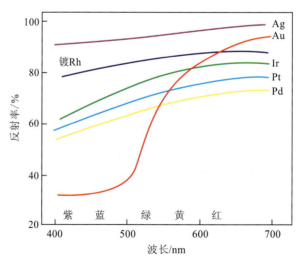

图 4-1 贵金属元素对可见光的反射率对比

银的主要物理性质见表4-1。常温下银的密度为10.49g/cm³，随着温度升高，银的密度下降，至银即将熔化时，密度降为9.35g/cm³。银是所有金属中导电性和导热性最好的金属，这对于3D打印和激光焊接来说增加了难度，因为作用于局部的热量会很快传导到周围，不易聚热。

表4-1 银的主要物理性质及指标值（据宁远涛等，2013）

物理性质	指标值	物理性质	指标值
颜色坐标	$L^*=95.8, a^*=-0.7, b^*=5.3$	线膨胀系数（0~100℃）	19.2×10^{-6}/℃
密度（20℃）	10.49g/cm³	电阻率（25℃）	$1.59\times10^{-6}\Omega\cdot cm$
熔点	961.78℃	比热容（25℃）	25.41J/(mol·K)
沸点	2177℃	熔化热	11.30kJ/mol
蒸气压（熔化）	0.38Pa	汽化热	284.6kJ/mol
导热系数（25℃）	433W/(m·K)	德拜温度 θ_D	215K
热扩散系数（0℃）	1.75m²/s	磁化率	-0.15×10^{-6}cm³/g

二、银的化学性质

银的化学性质不活泼，化学稳定性比铁、铜等金属好，在常温下不与氧、氢、惰性气体和有机气体等发生反应，即使在高温下也不与氢、惰性气体反应，容易发生腐蚀变色。

银对硫具有很强的亲和势，在含 H_2S、SO_2、COS（羰基硫）等有害物质的大气及含硫化物的水溶液中，易发生腐蚀，在其表面生成难溶于水的黑色 Ag_2S 等化合物，且腐蚀行为多数具有电化学特性。银在空气中陈放时，其表面会逐渐生成黑色的 Ag_2S 导致首饰晦暗变色。银的这一特性，严重地影响了它作为贵金属的价值。在空气中加热时，Ag_2S 可分解成金属银和 SO_2。

在常温下，银溶于硝酸和浓硫酸，但不溶于盐酸和稀硫酸，加热时溶于盐酸、硫酸、硝酸和王水。银和黄金一样易与王水和饱和含氯的相加酸起反应，不同的是银形成 AgCl 沉淀，用此法可以分离黄金和白银。

与金一样，银在碱性溶液和熔融碱金属中都有良好的耐蚀性能，是熔融 NaOH 和 KOH 的常用坩埚材料。

常温下，银能与卤素缓慢地化合，但在加热条件下银能极快地与卤素反应生成卤化银。银溶于空气饱和的某些络合剂（如 I_A 族碱金属和 II_A 族碱土金属的氰化物、含氧的氰化物溶液、含 Fe^{3+} 的酸性硫脲溶液等）中，形成稳定络合物（表4-2）。

表 4-2 银在各种腐蚀介质中的行为(据宁远涛等,2013)

腐蚀介质	介质状态	温度	几乎不腐蚀	轻微腐蚀	中等腐蚀	严重腐蚀
硫酸	98%	18℃			√	
		100℃			√	
硝酸	0.1mol/L	室温		√		
	70%	室温				√
	发烟(>90%)	室温				√
盐酸	36%	18℃			√	
		100℃				√
氢氟酸	40%	室温			√	
王水	75%HCl+25%HNO₃	室温				√
硫化氢	潮湿	室温				√
磷酸	>90%	室温~100℃	√			
氯	干氯	室温			√	
	湿氯	室温				√
柠檬酸		室温~100℃	√			
水银		室温				√
氯化铁溶液		室温				√
氢氧化钠溶液		室温	√			
氨水		室温	√			
氰化钾溶液		室温~100℃				√
熔融氢氧化钠		350℃	√			
熔融过氧化钠		350℃	√			
熔融硫酸钠		350℃				√

银可与多种物质形成化合物,且在化合物中以一价离子形态存在,如 $AgNO_3$、Ag_2O、$AgCl$、$AgBr$、$AgCN$、Ag_2SO_4 等。$AgNO_3$ 常用作无氰镀银的主盐,是银离子来源。硝酸银溶液由于含有大量银离子,故氧化性较强,见光易分解,可使蛋白质凝固,并对皮肤有一定腐蚀性,应保存在棕色瓶内。Ag_2O 是一种黑棕色粉末,热稳定性差,受热后就分解为银和氧。$AgCl$ 不溶于水,易溶于 KCN、$NaCN$ 等,悬浮在稀硫酸中的 $AgCl$ 极易被负电性的金属(如锌、铁等)还原成银,这一简单方法被广泛用于精

炼银。AgBr 的性质类似于 AgCl，溶于氨盐、硫代硫酸盐、亚硫酸盐和氰化物溶液，易还原成金属银。卤化银的感光性能是最重要的性质，在光的作用下，它们分解成银和游离卤素。利用卤化银的这一性质来生产照相胶片、相纸和感化膜。

三、力学性质

纯银的主要力学性能见表 4-3。纯银的质地非常软，有良好的柔韧性和延展性，延展性仅次于金，能压成薄片，拉成细丝；1g 银可拉成 1800m 长的细丝，可轧成厚度为 $10\mu m$ 的银箔。但是当银中含有少量的 As、Sb、Bi、Pb 等杂质元素时就会变脆，延展性明显下降，其中 Pb 的作用最明显。

表 4-3 退火态纯银的主要力学性能

力学性能	指标值	力学性能	指标值
布氏硬度 HB/(N/mm^2)	25	断面收缩率/%	80~95
抗拉强度/MPa	140~160	弹性模量 E/GPa	82
屈服强度/MPa	20~25	切变模量 G/GPa	28
延伸率/%	40~50	压缩模量 B/GPa	101.8

纯银通过冷加工可以获得强化（图 4-2），加工率对银的力学性能产生影响，退火态纯银的一次加工率可达 99%，随着加工率的增大，银的硬度、抗拉强度和比例极限均上升，延伸率快速下降，且加工硬化的速率呈现先快后慢的规律。但是，由于纯银

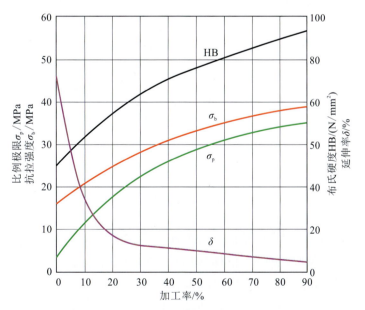

图 4-2 加工率对银的力学性能的影响

（据杨如增等，2002）

的层错能低,其加工硬化的效果并不显著,加工后的强度和硬度仍然很低,难以满足镶嵌首饰的强度要求。

加工硬化态的银经退火处理,其力学性能快速改变。随着退火温度升高,不同加工率下纯银的硬度逐渐降低,但降低的速率并不一致。当加工率低于50%时,退火温度在200℃时,硬度下降最快;而当加工率高于70%时,退火温度在100℃时硬度下降最快(图4-3)。

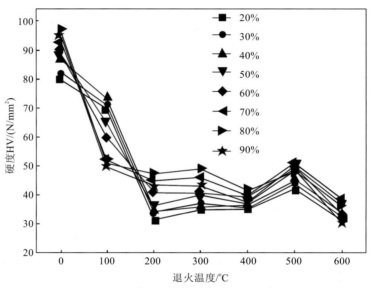

图4-3 不同加工率下纯银硬度随退火温度的变化曲线
(据马小龙等,2015)

加工态的纯银还有一个特点,就是它容易发生"自然时效软化",即加工后的型材或产品在自然放置过程中其强度、硬度逐渐降低,这对于首饰的佩戴使用是不利的。纯银自然时效的软化实际上是发生了恢复甚至产生再结晶组织导致的。研究表明,冷变形后纯银强度的变化与材料纯度、变形量、时效温度和放置时间有关,多晶体纯银甚至在低于20℃也会产生自然时效软化,其软化速率取决于变形量和纯银中的杂质含量;加工变形量的大小对时效软化影响也极大,纯度为99.999%的银经99%变形后,在20℃保持10h便开始软化,而经过50%变形在20℃可保持100h后才开始软化。

四、工艺性能

银的熔点较低,采用火焰加热、感应加热、电阻加热等方式均可以熔炼,但是银在熔炼时,通常出现金属喷溅现象,俗称"银雨",容易造成较大的损耗。在大气或真空度较差的环境中熔炼银,银的挥发性较高,且在氧化性气氛下比还原性气氛下更高。

银在铸造时容易出现析出性气孔缺陷,其形成原理与银的性质密切相关。根据铸件成形理论,析出型气孔产生的主要原因是在凝固过程中,金属液内气体溶解度随着温度的下降而降低,导致气体过饱和析出、长大,形成气泡,未能及时排出而形成气孔。银铸件的气孔与熔融金属液吸收的氧气有关,从 Ag－O 二元相图(图 4－4)可以看出,当饱和氧的银熔体凝固时,在银熔点(961.78℃)以下约 951℃才开始凝固,而在约 931℃时凝固完成。

表 4－4 是在 1atm 的氧气氛中,氧以原子形式溶解在银中的溶解度情况。刚高于熔点的熔融银液中氧的溶解度最大,约为 3200×10^{-6},达到其自身体积的 21 倍。随着温度的升高,银液的过热度增加,氧的溶解度下降。

当银液发生凝固时,氧在固态银中的溶解度显著降低。氧在 931℃的固态银中,溶解度达到最大,约为 60×10^{-6}。随着温度下降,氧在固态银中的溶解度迅速降低,在室温下银几乎不能吸收氧。氧的溶解度除与温度有关之外,还与氧的分压有关。随着氧分压增高,溶解度增大,银与氧的反应也发生变化。

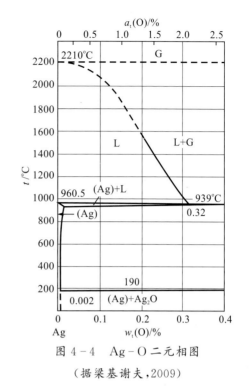

图 4－4　Ag－O 二元相图

(据梁基谢夫,2009)

注:G 代表气相;(Ag)+L 代表固液两相区,其中,(Ag)代表银基固溶体,L 代表液相。

表 4－4　氧在银中的溶解度(1atm)

温度/℃		200	400	600	800	973	1024	1075	1125
氧含量	$\times10^{-6}$	0.03	1.4	10.6	38.1	3050	2950	2770	2640
	mm^3/g	—	—	—	—	2135	2056	1939	1849

在凝固过程中,溶解在银液中的 O、N、H 等被排斥到固液界面前沿,超过其饱和溶解度后将释放出来。气孔的形成,分为形核和长大两个阶段。形核要克服大气压力、金属静压力、表面张力的附加压力等的综合作用,只有析出气体的压力大于以上外部压力的总值,才能形成气泡核心。气泡进一步长大,当气泡足够大时,它受到的浮力也增大,使之上浮脱离。当气泡与固相表面的润湿角 $\theta>90°$ 时,则易脱落;当 $\theta<90°$ 时,则不易脱落。若凝固过程中枝晶生长速度大于上浮速度,则生长的枝晶将气泡完全封闭,包裹在其中形成气孔。

银的质地柔软,适合采用手造方式制作首饰,传统银首饰制作中大量采用纯银制作花丝、编织首饰,也常借助锤打、錾刻等工艺,在首饰表面形成装饰图案。现代首饰生产中也广泛利用轧压、拉拔、冲压、油压等冷加工工艺来加工银首饰,利用纯银的优良延展性,也经常通过旋压、深冲、深拉等工艺来制作银碗、银杯等工艺品。

第二节　白银首饰的成色与分类

一、白银首饰的纯度标记

国家标准《首饰　贵金属纯度的规定及命名方法》(GB 11887—2012)中规定,对于银首饰,采用纯度千分数和银、Ag 或 S(S 为英文 silver 的缩写)的组合来表示其纯度,例如,含银 92.5% 的银首饰,其纯度标识可用 925 银、925Ag、925S 或 S925 来表示。对于纯度不低于 99% 的银首饰,纯度标识为足银、990 银、990Ag 或 S990,以往市场上普遍称谓的千足银(含银量不低于 99.9%),统一标识为足银,如需体现其标称银含量,在备案的企业标准基础上,可在标签的其他位置(不得在饰品名称的前后)明示银含量,且明示银含量的字体不得超过产品的饰品名称字体大小。

二、白银首饰的成色分类

银广泛用于首饰、工艺品等装饰品的制作,根据银的成色,可分成高成色首饰银和普通成色首饰银(色银)两类。

1. 高成色首饰银

顾名思义,高成色首饰银是指成色高的白银,又可细分为:

(1)纯银。理论上含银量应为 100%。但是,如"金无足赤"一样,银亦无足银,即使以现今科学技术水平,要冶炼出成色为 100% 的银也是很难的,只能是接近这一成色值。纯银又称纹银,这是因银在熔化、冶炼、冷凝的过程中,表层会凝结成奇特的花纹而得名。作为首饰材料而言,过分追求银的纯度既无必要也不实际。因此,行业内一般将成色不低于 99.6% 的银归为纯银,并将含银量不低于 99.9% 的银称为千足银。乾隆年间流行的所谓"十成足纹银",经科学化验,成色仅为 93.5%。

(2)足银。国家标准规定足银的含银量须不低于 990‰。足银过去常作为流通交易使用的标准银,可作为财产抵押、公司财团的银根、贸易交换的兑换物等。

纯银与足银由于成色较高,因此质地柔软,一般只用于不镶宝的素银首饰,以具有传统风格的银饰最为常见。

2. 普通成色首饰银(色银)

色银是在纯银或足银中加入少量的其他金属,形成质地比较坚硬的普通成色首饰银。色银一般以 Ag-Cu 合金为基础,因铜的物理、化学性质与银相似,可以使色银富有韧性,并保持较好的延展性,同时部分合金元素能够在一定程度上抑制空气对银首饰的晦暗作用。因此,许多色银首饰的表面色泽较之纯银与足银更不易改变。色银主要有以下类别:

(1)980 银。表示含银 98%,纯度标识为 980S。这种色银较之纯银和足银质地稍硬,多用于制作保值性首饰。过去我国一些地方,如北京、上海、广州等,曾将 980 银称为足银。

(2) 958银。表示含银95.8%,这是12世纪英国的第二个标准首饰银合金,称为布里塔尼亚银。硬度较低,不适合镶嵌宝石。

(3) 925银。表示含银92.5%,只以Cu为合金元素时即著名的"斯特林银(sterling sliver)",这是12世纪英国第一个标准首饰银合金,一直沿用至今,已有800多年历史,现已被世界各国广泛接受和使用。这种色银既有一定的硬度,又有一定的韧性,比较适宜制作戒指、项链、胸针、发夹等首饰,而且利于镶嵌宝石。

(4) 900银。含银量为90%,强度、硬度较好,原设计主要用于制作银币,故又称为货币银,后也用于制作首饰。

(5) 800银(潮银)。表示含银量80%,这种色银硬度大、弹性好,适宜制作手铃、领夹等首饰。

色银还有成色更低的种类,如700银、600银、500银等。需要特别指出的是,银的化学性质没有黄金稳定,特别是暴露在空气中易晦暗而失去光泽,所以在贵金属首饰中地位一直不高,属于低档贵金属首饰,比铂金和黄金的价值低。

第三节　纯银与银的合金化

一、饰用纯银

中国传统手工银饰文化也有数千年的历史,传统银饰主要采用锤锻、模压、花丝、錾刻等手造工艺,要求材质柔软易成形,因此材质基本以足银为主,造型图案以枝蔓、花叶、瑞兽、吉祥文字等为主要题材。这种传统工艺文化传承至今,并仍有一定的市场(图4-5)。

首饰企业在生产银饰时,一般购入纯银粒或者纯银锭作为原材料(图4-6、

图4-5　传统儿童足银手镯

图4-6　纯银粒

图 4-7 纯银锭

图 4-7）。为保证足银产品的成色，需从原材料品级这个源头抓起，按化学成分纯银分为 3 个牌号：IC-Ag99.99、IC-Ag99.95 和 IC-Ag99.90。行业标准《银粒》（YS/T 856—2012）规定了银粒的规格要求，银粒的粒径为 1～15mm，化学成分须满足国标对银锭的要求。国家标准《银锭》（GB/T 4135—2016）对这 3 个牌号纯银锭的化学成分和杂质元素含量做了明确规定，如表 4-5 所示。

表 4-5 纯银锭的化学成分要求

牌号	$w_t(Ag)$ ($\geqslant$)/%	杂质含量(w_t;$\leqslant$)/%								
		Cu	Pb	Fe	Sb	Se	Te	Bi	Pd	杂质总和
IC-Ag99.99	99.99	0.0025	0.001	0.001	0.001	0.0005	0.0008	0.0008	0.001	0.01
IC-Ag99.95	99.95	0.0250	0.015	0.002	0.002	—	—	0.001	—	0.05
IC-Ag99.90	99.90	0.0500	0.025	0.002	—	—	—	0.002	—	0.10

如前所述，传统纯银首饰的强度、硬度非常低，即使对它进行冷加工，由于银属于低层错能金属，其加工硬化的水平也并不高，而且处于加工硬化态的纯银还容易发生自然时效软化，在日常佩戴时很容易变形磨损；由于强度低，也不适合镶嵌宝石，难以制作出具有立体感效果的造型；此外纯银在空气中还容易晦暗变色。

为改进纯银材质的不足，需要利用合金化或特殊的加工工艺对它进行改性，使改性后的材料既满足相应的首饰成色标准，又具有较好的物理、化学、力学和工艺等方面的综合性能。

二、微合金化银

业界利用微合金化的方法开发了抗自然时效软化和抗晦暗变色的千足银，或利用特殊的加工工艺制作高硬度千足银首饰。

1. 微合金化千足银

研究发现，在纯银中添加微量合金元素，可以提高纯银的强度和加工硬化率，在一定程度上抑制回复过程，提高再结晶温度，改善合金的加工硬化特性和抗自然时效软化性能。例如，在纯度为 99.96% 的纯银中添加微量稀土元素（Y、La、Ce），发现添加量低于 0.11% 银钇固溶态银合金，比纯银具有较好的耐腐蚀性能和较高的抗时效软化能力，适合用作银饰品材料（图 4-8）。

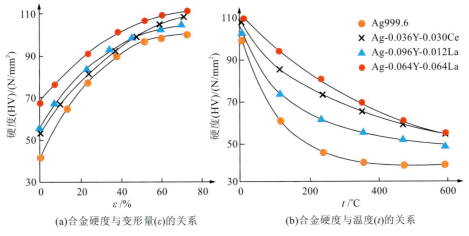

(a) 合金硬度与变形量(ε)的关系　　(b) 合金硬度与温度(t)的关系

图4-8　纯银合金硬度变化曲线

（据王继周等，2001）

再如，在普通纯银中添加0.01%的Mn，加工率为97%时，Mn微合金化纯银的抗拉强度达340MPa，硬度达HV103，在25℃可保持365d稳定不变，而普通纯银不到30d，其强度、硬度就基本恢复到形变前的水平（图4-9）。这是由于在纯银中添加微

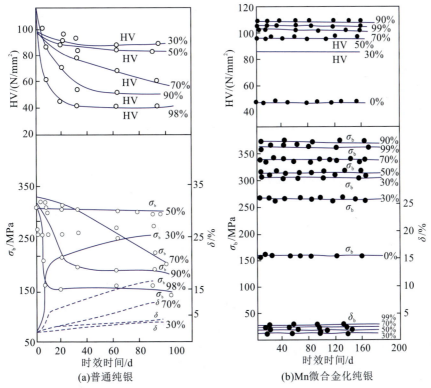

(a) 普通纯银　　(b) Mn微合金化纯银

图4-9　时效时间与力学性能的关系

（据杨富陶等，2002）

σ_b. 抗拉强度；δ. 延伸率；HV. 显微维氏硬度；○ 普通纯银；● Mn微合金化纯银

量 Mn,能有效细化银的晶粒,晶界增多,变形抗力增大,起到强化和稳定机械性能的作用。

2. 电铸硬千足银

电铸硬千足银工艺是一种基于电化学沉积原理的首饰成型工艺,通过对电铸液配方以及 pH 值、工作温度、有机光亮剂含量和搅动速度等工艺参数进行改良,从而改善银的内部结构,获得接近纳米晶的致密组织,显著提高银的强度和硬度,是一种对传统白银首饰的突破和创新。

电铸硬千足银的银含量不低于 99.9%,满足千足银的成色标准,但是其硬度是普通千足银首饰的 3 倍以上,

图 4-10 电铸硬千足银镶嵌吊坠
(引自杨鹉等,2019)

与 925 银的硬度相当,显著提高纯银首饰的抗变形磨损性能,可以满足镶嵌宝石要求,而且由于首饰内部中空,在同等质量下其体积是普通纯银首饰的 4 倍,可以塑造立体生动的造型,产品的立体效果好,具有集纯银成色、925 银硬度、传统银饰 1/3 重等于一体的特点(图 4-10)。

三、饰用银合金系

微合金化银的强度性能在很大程度上要借助冷形变硬化来获得,但是首饰一旦经焊接、抛光等过程中受热,其硬度很快降低,难以满足生产和使用要求。因此,通过合金化适当降低银的成色,以获得综合性能良好的银合金,是银首饰市场的主要途径,其中以含银 92.5% 的银合金应用最为广泛。理论上,能固溶于银中的元素都能产生强化作用,但是不同性质的合金元素,产生强化作用的程度不同,而且许多元素在银中有严重的晶界偏析倾向,在微合金化强化银时其加入量很少,可作为有益的合金元素,但是一旦其含量超过固溶极限,就会引起银的脆化。目前,银合金常用的合金化元素主要有 Cu、Zn、Pd、Pt、Sn、In、Si、Ge 等。

1. Ag-Cu 合金

Ag-Cu 二元合金相图见图 4-11。Ag-Cu 合金为共晶型合金,共晶点的含铜量为 28.1%,在 779℃ 发生共晶反应。铜在银中的最大固溶度为 8.8%,在此范围内,随着铜含量增加,合金的熔点下降,直到降至合金的共晶温度,因此铜加入银中,改善了银的铸造性能。Ag-Cu 合金在凝固后,形成互不相溶的富银固溶体和富铜固溶体,使合金的强度明显提高,将固溶态的 Ag-Cu 合金在低温下进行时效处理,可进一步产生沉淀强化作用。因此,铜能使银产生较明显的强化效果,并提高其再结晶温度。

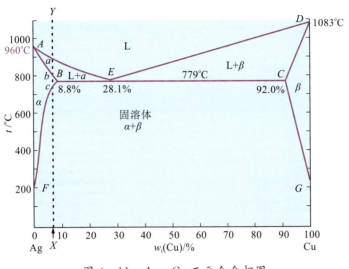

图 4-11 Ag-Cu 二元合金相图

(据 Mark Grimwade,2000b)

注:960℃代表纯银的熔点;1083℃代表纯铜的熔点;8.8%为铜在银中的最大固溶度;28.1%为共晶点的含铜量;779℃为共晶温度,92.0%指银在铜中的最大固溶度为(100%-92.0%=)8.0%;点 A—点 E 代表液相线;α 为银基固溶体;β 为铜基固溶体;G 代表在平衡条件下银在铜中的固溶度下降至 0 时的温度。

Ag-Cu 合金的主要力学性能见表 4-6。随着 Cu 含量的增加,Ag-Cu 合金的强度和硬度提高,而延伸率则相应下降。

表 4-6 Ag-Cu 合金的主要力学性能(据杨如增等,2002)

合金牌号	硬度 HB/(N/mm^2)		抗拉强度/MPa		延伸率/%	
	退火态	加工态	退火态	加工态	退火态	加工态
95%Ag-5%Cu	50	119	240	450	43	5
92.5%Ag-7.5%Cu	57	118	260	470	41	4
90%Ag-10%Cu	64	125	270	450	35	4
87.5%Ag-12.5%Cu	70	127	260	—	38	4
80%Ag-20%Cu	79	134	310	500	35	4
75%Ag-25%Cu	82	135	320	540	33	4

Cu 添加到银内后,对其颜色产生一定影响,随着 Cu 含量增加,Ag-Cu 合金对可见光的反射率逐渐降低(图 4-12),合金的颜色逐渐由银白色向浅粉色、粉红色乃至红色转变。

Cu 是 Ag 中最常用的合金元素,传统色银就是以 Cu 为合金元素的二元合金,主要成色包括 980 银、925 银、900 银和 800 银等。当前市场上的饰品银合金,也基本上

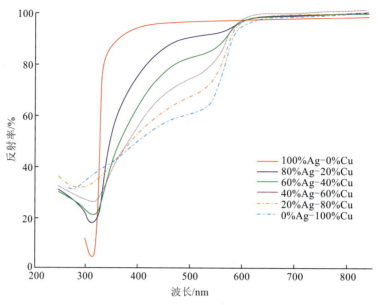

图 4-12　Ag-Cu 合金的反射率与成分的关系

（据 Roberts et al.,1979）

是以 Ag-Cu 合金为基本合金。铜虽然可以改善银的强度、硬度和铸造性能,但是并不能改善银的抗晦暗变色性能,而且由于合金为两相结构,在腐蚀环境中存在腐蚀微电池效应,耐蚀性比单相银固溶体更差。

2. Ag-Pd 合金

研究表明,向银中添加一定量的贵金属,是改善银的抗晦暗变色性能的有效途径。Pd 是银中优先选择的贵金属元素,图 4-13 为 Ag-Pd 二元合金相图。

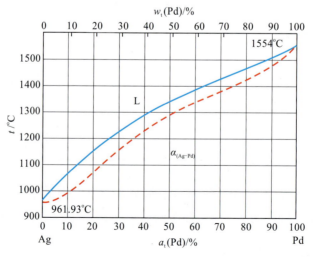

图 4-13　Ag-Pd 二元合金相图

（据梁基谢夫,2009）

Ag-Pd合金在液相和固相均无限互溶,形成连续固溶体,因此钯对银的强化作用一般,如表4-7所示。通过冷变形可以在一定程度上提高Ag-Pd合金的强度和硬度,但是仍不能完全满足镶嵌首饰的强度要求,需要再添加其他合金元素进一步强化。

表4-7 退火态Ag-Pd合金的主要性能(部分据宁远涛,2005)

合金牌号	熔化温度/℃	密度/(g/cm³)	硬度HV/(N/mm²)	抗拉强度/MPa	导热系数/[W/(cm·K)]
95%Ag-5%Pd	980~1020	10.5	28	170	2.20
90%Ag-10%Pd	1000~1060	10.6	35	210	1.42
80%Ag-20%Pd	1070~1150	10.7	45	260	0.92

钯有效改善了银的抗硫化晦暗性能,随着钯含量的提高,银的硫化晦暗变色倾向显著下降,不过合金的熔点随之升高,结晶间隔也加大,而且钯在熔化时容易吸气,增加了熔炼铸造难度,需要在真空或惰性气体保护下熔炼。

由于钯的价格一路高涨,加入钯会显著提高银合金的成本,因此近年来钯在银中的应用大大减少,已有的使用也是以少量添加为主。

第四节 斯特林银及其改性

斯特林是英文sterling的音译,源自12世纪德国铸币师的名字Easterlings,他于英国亨利二世时期将先进的银币及银合金制备技术带到英国,制造了由92.5%Ag和7.5%Cu组成的银合金,该合金得到广泛应用,成为12世纪英国第一品牌银合金。为纪念这位铸币师,该合金被命名为sterling silver,即斯特林银。斯特林银最初专指92.5%Ag-7.5%Cu合金,后来合金化范围有所扩大,成为所有925银的泛称。斯特林银自12世纪以来它就广泛应用于银器和银首饰品上,一直被作为标准级合金,是历史最悠久的饰品银合金。

一、斯特林银的特点

1. 力学性能

根据图4-11,斯特林银合金成分对应XY虚线,它与相界线的交点分别为A、B、C,在点B至点C的范围内为单一固溶体,低于点C之后缓慢冷却,将从固溶体中沉淀析出富铜的固溶体相。将斯特林银加热到800℃进行固溶处理后,得到单一固溶体,可以使合金具有很好的延展性和加工性。从表4-6可以看出,斯特林银的固溶态强度、硬度都显著高于纯银。将固溶态斯特林银进行冷加工,可以获得较好的加工硬化效果(图4-14)。

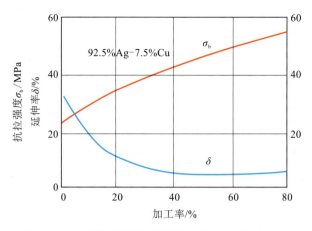

图 4-14 斯特林银的力学性能与加工率的关系
（据杨如增等，2002）

斯特林银合金的突出特点是具有很好的时效硬化特性，可以通过时效处理来改变硬度（图 4-15）。固溶态的斯特林银在 200~300℃ 进行时效处理，当时效温度为 200℃ 时，获得的硬度最高，接近 HV160，与 18K 黄金合金相当，不过需要较长的时效时间才能达到此峰值；随着时效温度提高，合金获得峰值硬度的时间大大缩短，但是峰值硬度也相应下降，当时效温度达到 300℃ 时，时效硬化的效果已明显降低。

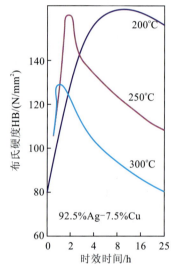

图 4-15 固溶态斯特林银的时效硬化曲线
（据宁远涛等，2013）

2. 熔铸特性

斯特林银的液相线温度为 898℃，合金的熔点低，适合采用石墨坩埚熔炼和石膏型精密铸造工艺。

不过，斯特林银在熔融状态下会大量吸收氧，这个性质给熔炼和铸造带来了问题，它使得合金在高温下容易挥发或在高温冷却过程中因产生喷溅而造成大量损耗。对斯特林银而言，在没有足够的脱氧剂的情况下，如果熔炼时不加保护，容易积聚氧，使铜氧化，首饰铸件容易产生气孔、氧化夹杂物等缺陷。铸件中的氧化铜会引起两类问题：①整个铸件会出现氧化铜夹杂，当夹杂靠近表面时形成硬点，凸出在抛光表面上；②在缩孔附近产生的氧化铜夹杂表现为抛光面上的杂色云状点，这些点很深，难以抛除干净。如果斯特林银熔体长时间不加保护或严重过热，铜会严重氧化，形成黏稠的液面，降低金属液的流动性，使铸件的一些细小部位充型不完整，且往往在欠浇铸部位附近表面呈现红色。另外，斯特林银的结晶间隔较大，达到90℃，液相和固相成分差别大，倾向于糊状凝固，树枝晶较严重，而流动性较低，形成缩松的倾向大。

为防止在斯特林银液中积累氧，关键是熔炼或铸造过程中尽量避免金属液接触大气，因此应注意以下事项。

（1）电炉熔炼时采用真空保护，或使用氩气或氮气等惰性气体保护，它们能将熔炼室内的氧气排除，减少金属液的氧化吸气。

（2）采用火枪熔炼时，应将火焰调成还原性的黄色火焰，并使火焰覆盖整个液面，以防金属液吸气氧化。电炉熔炼时，有时也可在坩埚口加还原性火焰覆盖金属液。

（3）在金属液面撒碎木炭或无水硼酸，它们漂浮在银液表面，可从两个方面保护银液：①在金属液与空气之间形成屏障；②还原氧化铜。这种方法不适用于离心铸造机，但在手工操作的吸铸机上使用效果很好。

（4）在上述方法中，加强浇注过程中金属液的保护也很重要。特别是采用吸铸机浇注时，由于是在抽真空条件下的手工浇注，有必要保护金属液流，通常利用还原性火焰，石膏型一放入就打开火焰，火焰要覆盖铸型浇口，这样可以除掉型内的空气。

3. 抛光"红斑"现象

斯特林银在抛光时表面常形成暗红色斑纹，严重影响抛光面的光亮度和美观，而且也影响电镀层的结合。这种现象在经过退火、焊接等热加工的产品表面更严重。

将斯特林银块在700℃加热1.5h后，在显微镜下观察其氧化情况，发现合金不仅在表面形成了一个氧化层，还在次表面形成了内氧化带（图4-16）。

斯特林银属于Ag-Cu合金，当合金在高温下接触空气中的氧气时，在温度超过400 K后，仅发生Cu的选择氧化。当试样浸入稀硫酸时，可以将表层的氧化铜除去。因此，当试样轻度抛光后，又可呈现银白色。但是试样经过进一步抛光后，在抛光表面又出现了暗红斑块，损坏了抛光银表面的反光性能（图4-17），说明该处还存在Cu的氧化产物。

图4-16 斯特林银在700℃加热1.5h后的断面氧化情况（100×）

铜在高温下接触空气中的氧气，如进行热轧、退火或焊接等热加工，工件表面的铜首先氧化为红色的Cu_2O，再进一步氧化转变成黑色的CuO。铜的氧化不仅局限于银合金的表面，而是可能渗入到一定深度（图4-18）。按照合金高温氧化动力学的理论，当O_2与Cu同时扩散时，在内氧化区内必然出现Cu_2O沉淀相的富集和内氧化前沿未发生内氧化的合金出现Cu的贫化。Ag在高温下具有很强的吸收氧和将氧输送到金属内部的能力，因而氧的扩

图 4-17 斯特林银抛光后的表面红斑

散占优势,其渗透率大大超过 Cu 的渗透率。因此,氧可以渗入到合金表面的次层,生成内氧化物沉淀。要使次表层的氧化铜被酸浸蚀掉,必须存在从氧化物到合金表面的直接通道。斯特林银中的铜含量只有 7.5%,其组织是双相固溶体,没有形成氧化物网络,浸酸时也就没有进入到内部的直接通道,使内部的 Cu_2O 依然保留。因此,斯特林银的氧化试样抛光后表面仍呈现黑色和不规则的斑块,即所谓的"红斑"。

研究发现,斯特林银表面产生红斑的严重程度与加热温度、加热时间密切相关(图 4-19),加热温度越高、加热时间越长,表面氧化膜层越厚,内氧化层侵入到基体的深度也就越深,使得通过常规的抛光途径难以去除。

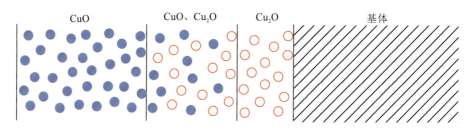

图 4-18 斯特林银表面氧化层结构示意图

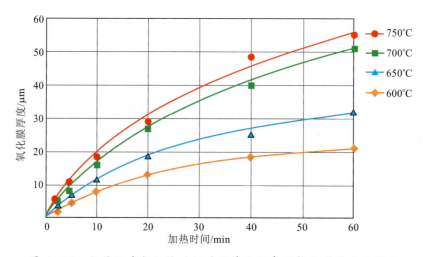

图 4-19 加热温度与加热时间对斯特林银表面氧化膜厚度的影响

4. 晦暗变色现象

银本身容易晦暗变色，斯特林银中添加的 Cu 元素，并没有改善合金容易变色的倾向，而且斯特林银合金在铸态和时效态均为两相结构，其组织由富银固溶体和富铜固溶体两个不相容的相组成，两相结构之间的电位差所形成的局部微电池反应，增加了斯特林银合金的电化学腐蚀性能，使合金的耐蚀性降低。因此，斯特林银首饰容易腐蚀变色，严重影响银饰品的外观质量。

二、合金元素对斯特林银的影响

由于斯特林银容易出现抛光红斑和晦暗变色问题，且熔铸时容易出现冶金和铸造缺陷，因此需要进行改性处理，在基本保持其良好力学性能的基础上，通过合金化使它改性，获得更好的综合性能，常用的合金元素包括 Si、Zn、Sn、Ce、Ge 等。

1. Si 对斯特林银的影响

传统的斯特林银合金，在熔炼和浇注时吸气倾向大，容易氧化，在铸件上易出现较大的气孔。在顶部由于凝固吸气而存在逸气通道，并伴随氧化夹杂物的存在，在铸件内部也存在夹杂物。斯特林银中加入少量 Si，可以有效地改善其吸气倾向和抗氧化性能，获得较好的铸造质量，铸件的气孔、夹杂物缺陷减少，抛光面质量较好。从热力学角度来说，Si 形成氧化物的吉布斯自由能值比氧化铜的自由能值要高。因此，加入适量的硅后，金属液中的硅优先与氧反应，减少了气孔缺陷。由于二氧化硅的密度小、黏度高，当其漂浮到金属液表面后可以用助熔剂将它除去。添加到斯特林银中的硅也有助于改善合金的抗氧化红斑性能和抗硫化变色性能。

随着 Si 含量增加，晶粒组织将逐渐变得粗大，恶化表面抛光效果，导致表面出现"橘皮"效应。当硅含量超过一定值后，合金的脆性显著增加，在加工过程中容易导致裂纹。

2. Zn 对斯特林银的影响

Zn 可以降低斯特林银的熔点，增加熔体的流动性，减少缩松缺陷，使铸态组织更致密，但是对晶粒度没有明显影响。Zn 作为氧活性元素，添加到斯特林银中，在金属液中优先与氧反应，能够起到减少金属液吸气氧化的作用。但是锌含量过高时，容易使金属液的氧化夹杂物含量增加。

Zn 与 Ag 的原子尺寸差为 7.76%，Cu 与 Ag 的原子尺寸差为 11.50%，Zn 对于 Ag 的强化作用不如 Cu。Zn 加入斯特林银中部分取代 Cu 后，会降低斯特林银的铸态硬度和退火态硬度，当 Zn 含量超过 3.36% 后，斯特林银的铸态硬度只有 HV50 左右，难以满足首饰镶嵌和耐磨性的要求。Zn 对合金的加工性能有不利影响，会降低合金的塑性，过高的 Zn 含量将使合金在加工中产生分层、鳞纹、开裂等问题。

Zn 的电极电位较 Ag、Cu 要低，在斯特林银表面会自发形成钝化膜，减缓电化学腐蚀，并改善合金的抗硫化变色性能和抗氧化性能。随着 Zn 含量的增加，斯特林银的氧化膜厚度逐渐减小，但是当 Zn 含量超过 3.5% 后，会使斯特林银容易产生氧化夹杂物，对其抗电化学腐蚀和抗硫化变色性能不利。

3. Sn 对斯特林银的影响

Sn 添加到斯特林银中，可以降低合金熔点，增加熔体的流动性，减少合金的缩松，得到更致密的铸态组织。少量 Sn 还可使合金组织细化，但是当 Sn 含量超过 2% 以后，合金的组织又出现了比较明显的粗化，形成了比较粗大的树枝晶，并且出现了缩松和偏析。

在斯特林银合金中，Sn 部分取代 Cu 后，总体上提高了合金的铸态初始硬度，随着 Sn 含量的增加，合金的硬度先上升后降低，Sn 含量接近 1% 时，硬度达到最高值，但是合金的延展性受到较大影响，在冷加工时可能产生裂纹。

Sn 也是一种氧活性元素，一定量的 Sn 可以使合金表面形成致密的氧化物膜，起到保护基体的作用。Sn 可以改善斯特林银的抗电化学腐蚀性能。随着 Sn 含量的增加，合金的抗电化学腐蚀性能提高，当 Sn 含量超过 2% 时，合金的抗硫化变色效果和抗氧化效果明显。

4. Ce 对斯特林银的影响

稀土元素 Ce 添加到斯特林银中，对其组织会产生较大影响。Ce 可有效净化金属液、降低气体含量。Ce 含量低于 0.05% 时可细化晶粒组织，这主要是由于 Ce 在金属液凝固过程中起到晶粒细化剂的作用，使合金的缩松程度降低，致密度得以改善；在退火时，Ce 也可以阻碍晶界迁移，从而保持细小的晶粒组织。

微量 Ce 可以改善斯特林银的力学性能，提高其强度和硬度，提高延展性，并改善合金的加工硬化效果。当 Ce 含量进一步提高时，容易在晶界发生偏聚，恶化合金的加工性能，并使合金容易产生氧化夹杂物。

添加微量 Ce 后，斯特林银的抗电化学腐蚀、抗氧化红斑和抗硫化变色性能都能得到很大改善。当 Ce 含量超过 0.075% 时，斯特林银的耐腐蚀性能会有所下降。

5. Ge 对斯特林银的影响

Ge 添加到斯特林银中，当其含量在 0.2%～0.8% 之间时，斯特林银的铸态硬度较高，加工硬化性能、抗电化学腐蚀性能和抗变色性能都比斯特林银有所改善，体现了较好的综合性能。Ge 含量过低时，斯特林银的性能改善不明显；而当其含量过高时，容易引起合金的晶粒粗化，导致合金综合性能的下降。

第五节 银的变色与防护

银及其合金材料广泛应用于饰品行业，它有一个显著的特点，即容易发生晦暗变色。银合金发生变色后，表面的光泽度大大下降，不仅严重影响饰品的外观质量，也增加了合金加工过程的难度。

一、银变色的原因

纯银的化学电位为+0.799V,相对氢的标准电位而言是比较高的,属于不活泼金属,通常条件下和酸、碱均不起化学反应,仅和强氧化性的浓酸(如浓硝酸、热的浓硫酸)反应。但是银首饰在佩戴一段时间,甚至是在收纳盒内放置一定时间都会逐渐变色,传统的斯特林银更是容易变色。银变色的原因,归纳起来大致有以下几种。

1. 银的硫化变色

银及其合金在含 H_2S、SO_2 和 COS 等腐蚀介质的环境中易腐蚀变色。银对 H_2S 气体非常敏感,当大气中 H_2S 含量达到 $0.2×10^{-9}$(体积分数)时,就足以对银腐蚀,生成黑色 Ag_2S,即:

$$4Ag + 2H_2S + O_2 = 2Ag_2S + 2H_2O$$

银在 H_2S 气氛中的硫化变色速率遵循瓦格内扩散动力学机制,且当 H_2S 含量增加或 H_2S 与 NO_2、O_3 等其他气体共存时,银的硫化变色速率加剧。空气中的 SO_2 也会转变为 S^{2-} 而形成 Ag_2S,引起银变色,SO_2 敏感程度不如 H_2S,但当 SO_2 与 NO_2、O_3 等其他气体共存时,硫化变色速率也会加剧。

银对含氧的硫化物溶液很敏感,将银浸入不含氧的 Na_2S 溶液中,变色较慢,但是如取出试样让银表面附着的硫化钠溶液与氧接触时,则银试样很快就出现明显的变色,在空气中暴露的时间越长,变色也越严重,颜色变化的循序为:银白→黄→棕→蓝。这是由于 Ag 的标准电极电位(0.779V)比 O 的 1.229V 低。当含氧时,Ag 在热力学上是不稳定的,先被 O_2 氧化成 Ag^+,然后 Ag^+ 与 S^{2-} 结合生成难溶于水的 Ag_2S。硫化物的浓度越高,变色越严重。银在含氧的 Na_2S 水溶液中的化学反应为:

$$4Ag + 2H_2O + O_2 + 2S^{2-} = 2Ag_2S↓ + 4OH^-$$

Ag-Cu 系合金因 Cu 比 Ag 更易硫化生成黑色 Cu_2S,因此,比纯银更易变色。

2. 在潮湿环境下的电化学腐蚀

在潮湿环境下,银表面状态的不均匀性(合金成分的不均匀或物理状态如内应力、表面光洁度等的不均匀),会造成水膜下方金属表面不同区域的电位不同,使各区域间产生电位差。两个邻近的、电位不同的区域连接在一起,有水膜作为电解液传送离子,金属作为传送电子的导体,形成电的循环,这样就产生了一个短路电池的作用,在金属表面形成许多的腐蚀微电池。斯特林银的铸态组织一般为富银固溶体和富铜固溶体组成的两相组织,在潮湿环境下,富铜固溶体相成为腐蚀微电池的阳极,使合金容易发生腐蚀而导致变色。成色较高的银,由于杂质的影响也会产生电化学腐蚀,在含盐的潮湿环境中,银表面常转化为氯化银(角银),即类似泥土状的灰褐色的黏附物。

3. 紫外光对银变色的影响

光作为外加能源,可以促进金属离子化,因而可以加速银与腐蚀介质的反应,即加速银的变色反应。用不同波长的光照射镀银层的表面,结果如表 4-8 所示,可见镀银层吸收紫外光后易引起变色,照射光波长致变色的能力随着波长的变小而增大。

表 4-8 照射光波长和照射时间对镀银层变色的影响(据祝鸿范等,2001)

照射光波长/nm	照射时间/h				
	6	12	18	24	48
253.7	不变	局部黄斑	黄棕	棕黑	全黑
365.0	不变	不变	不变	黄	—
日光	不变	不变	不变	局部黄斑	—

根据 X 射线光电子能谱和俄歇能谱分析结果,镀银层在紫外光照射后,其表面颜色的变化和对应的银化合物主要由 Ag_2O、AgO、$AgCl$ 等组成。

二、防银变色的途径

针对银及其合金变色的问题,国内外就如何提高银的抗变色性能方面做了不少研究。从促进抗变色的基本途径看,可以归结为两大类:对银合金表面进行改性处理和开发抗变色的银合金。

1. 防银变色的表面改性技术

表面改性是采用化学或物理的方法在银饰品表面形成惰性膜,使银基体与环境中的腐蚀性介质隔离,阻断光照、氧化剂、腐蚀介质和银的反应,避免变色过程的发生。根据形成膜的不同,表面改性有电镀、浸渍、化学钝化、电偶钝化、电解钝化、有机吸附钝化、树脂涂层、自组装膜等几大类。

电镀铑是斯特林银首饰应用最广泛的表面改性方法。通过在首饰表面镀覆铑的薄膜,可以获得光亮似镜的外观效果,而且铑镀层的硬度高,化学稳定性好,可以提高银首饰的耐磨性能和抗变色性能,但是限于生产成本和表面光亮效果,首饰表面镀铑层通常非常薄,在佩戴使用时容易被磨损而失去保护作用。

采用化学钝化或电化学钝化法可在银表面形成无机钝化膜。铬酸盐钝化是银工艺饰品常用的一种化学钝化方法,它通过在含有六价铬化合物的酸性或碱性溶液中生成氧化银和铬酸银膜层。电化学钝化是利用阴极还原原理,在银表面生成铬酸银、铬酸铬、碱式铬酸银、碱式铬酸铬等物质组成的膜层。这些膜层具有较好的钝化效果,能降低合金表面自由能,起到防变色的作用,同时对银工艺品外观没有明显影响,但是存在膜层不致密、机械稳定性能较差、结构复杂、棱角部位难以覆膜、对环境有影响等问题。

运用浸、喷、涂等方式在银表面形成有机保护膜可提高银的抗变色性能,国内外在这方面进行了较多的研究。苯并三氮唑、四氮唑和各种含硫化合物可在银上形成配合物膜,同时还加入一些水溶性聚合物做成膜剂,但获得的膜层不够致密,防变色效果不理想。部分保护剂为以石蜡和长链季铵盐为基础的油溶性防变色剂,可在银表面形成固体润滑层,有较好的防变色效果,但其耐溶液腐蚀能力较差,用热的汽油作溶剂时危险性很大,而且表面涂覆一层蜡后,合金的光亮度和反射性会大大降低。银合金表面喷涂丙烯酸清漆、聚氨酯清漆及有机硅透明清漆等,可提高银抗变色能力,但涂层也要有足够的厚度才具有一定的防变色效果,这也会对银工艺饰品的外观造成影响。

传统保护剂在银工艺饰品空隙部位的防护功效不佳,而烷基硫醇类、有机硅烷类、席夫碱类等分子自组装体系在银饰表面形成的保护膜,具有膜层结构致密、均匀性好、不受基体表面形状的影响、不含金属杂质、不影响基体外观等特点,表现出优良的防银变色能力,成为防银工艺饰品变色表面处理中有应用前景的工艺之一。

总体而言,表面改性工艺具有成本低、工艺简单实用、有一定的抗变色性能等特点,但由于生成的膜较薄,一旦划破,露出的银基底仍会接触腐蚀介质而变色。

2. 整体合金化的抗变色银合金

尽管早在1927年美国国家标准局通过研究后就提出:除非与其他贵金属元素合金化外,没有别的方法可以完全防止银的硫化反应的发生。为了抑制银形成硫化物,需与40%钯、70%金或60%铂形成合金。但是不可否认,通过合金化来提高银合金的抗变色性能,仍是一个必要、有效的方法。迄今世界许多国家仍在围绕开发新型抗变色银合金而不懈努力,取得了一些研究成果。以形成银合金抗变色能力的主要合金元素分类,可粗略分为三大类。

(1)贵金属类合金化。在所有贵金属元素中,银的化学性质相对活泼,在银中添加化学电位更高的 Au、Pd、Pt 等贵金属元素,可以提高银合金的电极电位,改善其抗变色性能。例如,在斯特林银中添加5%的Pd,明显提高了银合金的抗变色性能,在氯或氨气氛中保持10d后没有显著变色或腐蚀,合金的延伸率介于15%～26%,可以采用常规铸造方法和机械成型方法进行生产。再如含铂的系列抗变色银合金,当Pt含量为1%时,抗变色能力为斯特林银的3倍以上;含Pt3.5%时,其抗变色能力为斯特林银的6倍以上;含Pt5%时,抗变色能力为斯特林银的8倍以上。含铂的银合金可以显著细化晶粒;增加硬度之余,合金还具有优异的塑性;增加合金的光亮度,接近铂金的颜色;防止出现红斑。贵金属类合金化抗变色银显著增加了材料成本,市场应用较少。

(2)稀土类金属合金化。许多研究表明,在银或银合金中添加微量稀土元素,有助于改善合金的抗硫化变色性能,应用最广泛的稀土元素有 Y、Ce、La 等。例如,在纯银中加入稀土元素,当稀土含量低于0.11%时,可以表现出比纯银更优良的抗硫化变色性能,稀土元素的加入,细化了冷变形再结晶组织的晶粒,经过破碎、再聚集所形成的分散的银稀土化合物第二相有效地强化了银合金,并提高合金的热稳定性,展示了较高的抗时效软化能力。国内开发的抗变色银中,多数选择了稀土元素作为合金化元素之一。

(3)其他氧活性元素合金化。通过向 Ag-Cu 合金中添加 Zn、Si、Sn、In、Ge 等氧活性元素，可以改善银合金的抗硫化、氧化变色性能，也是目前市面上最普遍的一类抗变色银合金，意大利、美国、德国等先后开发了多种抗变色银合金补口，抗硫化变色的效果可达到斯特林银的 5 倍以上。其抗变色的原理：这些元素属于氧活性元素，其氧化物的自由能比铜的氧化物都低，与氧亲和力更强，可以形成更稳定的氧化物。在产生 Ag_2S 之前，这些氧化物形成了致密的保护膜层，起到屏障作用，保护银基体。

第六节 抗变色银的性能评价与常见问题

一、抗变色银的性能评价

目前，市场上出现了各种各样的抗变色银补口材料，其性能参差不齐，需要采用合适的方法对其性能进行评价，为选择适用的补口材料提供依据。

(一)抗变色性能评价方法

抗变色性能是银合金最重要的性能指标之一，主要包括抗硫化变色和抗氧化红斑两方面，需要通过实验来测试银合金的抗变色性能。

1. 抗硫化变色性能评价方法

根据试验采用的条件和地点，分为室外试验法和实验室试验法。

1) 室外试验法

室外试验法是将银合金样品置于实际环境中，观察样品保持不变色的时间及发生变色的具体现象，以此来评价合金的抗变色性能。这种方法可以更真实地反映合金的抗变色性能，但有其自身的缺点：①获知试验结果的时间较长，如在某些环境下耐腐蚀性能好的合金甚至要数年的时间才能有结果；②结果的重现性较低。由于地区不同、时间不同，其自然环境会有一定的差别。因此，同种合金在不同地区试验，结果会有较大的差别；即使在同一地区的不同时段，试验结果也会有差异。

由于在自然环境下的试验时间较长，为了更快地得到结果，有时也会采用加快腐蚀的办法。如将合金置于电镀车间或锅炉的烟囱附近等恶劣环境中、暴露在紫外线照射的大气中进行试验，但这些方法易受环境污染及其他因素的影响，试验结果与自然腐蚀的变色接近程度、真实程度和重现程度有较大的差异，因此不宜采用。

2) 实验室试验法

根据实验室试验采用的腐蚀介质，分为液相试验和气相试验两种方法。

(1) 液相试验法。应用比较普遍的有硫化物溶液浸泡法和人工汗液浸泡法两类。前者是将试样浸泡在一定浓度的硫化钠或硫化铵溶液中，以 Tuccillo-Nielsen 法比较通用。它是将试样固定于转轮上，以 1r/min 的速度周期性地浸入浓度为 0.5% 或

2%的 Na_2S 溶液中,它可以有效检测银合金在有氧的硫化钠溶液作用下的抗变色性能。后者是根据相关标准配制人工汗液,将试样浸泡在一定 pH 值和一定温度的汗液中,通常 pH 值为 6.5 左右,温度为 30℃ 或 37℃。溶液浸泡试验时,需要保持溶液温度的稳定,试样和对比样要在同等条件下进行试验。对比试样浸泡不同时间后的颜色变化,借助测色仪可以准确测定试样的变色程度。

(2)气相试验法。采用气相试验法检验银合金和银镀层的抗变色性能已很普遍,并形成了国际标准和国内标准。气相试验可以在静态气体或流态气体中进行。气体中含有可引起银合金材料变色的物质,如 H_2S、SO_2、Cl_2、NO_2 等,可以是单气体,也可以是两种以上的混合气体;气体可以是输入的,也可以是利用化学反应产生的。常见的气相试验方法主要有:

A. H_2S 试验法。采用 H_2S 进行加速腐蚀试验的方法,广泛用于电子行业的电子元件、电接触材料的抗变色评定,也有多个国际标准和国家标准,这些标准中既有采用高浓度 H_2S 气氛的,也有采用低浓度的。而在首饰行业的抗变色性能研究中,还没有一个专门的试验标准,因此做法五花八门,有借鉴电子行业标准进行试验的,也有自行选择试验条件的。典型的试验方法为 Thioactamide(TAA)法,这是测定银首饰的一个严格标准,对应的国际标准为 *Metallic Coatings—Thioacetamide corrosion test (TAA test)* (BS EN ISO 4538—1995)。我国的《电工电子产品环境试验方法》(GB/T 2423)系列标准中规定了电工电子产品的环境试验方法,其中,《环境试验 第 2 部分:试验方法 试验 Kd:接触点和连接件的硫化氢试验》(GB/T 2423.20—2014)也是一个较严格的针对 H_2S 的试验方法。由于 H_2S 气氛浓度较高,有些银合金表面容易变色,腐蚀膜层易疏松剥落,会在一定程度上影响结果的精度和重现性。不同类别的银合金经 H_2S 腐蚀 3h 后的变色情况对比如图 4-20 所示,其中 H_2S 浓度为 $13×10^{-6}$,相对湿度为 75%,温度为 30℃。

图 4-20 不同类型银合金在 H_2S 气氛中的变色情况对比

B. SO_2 试验法。SO_2 可加快银合金的腐蚀,典型的方法有《金属和其他无机覆盖层 通常凝露条件下的二氧化硫腐蚀试验》(GB 9789—2008),其方法是利用一定容积、可加热的密闭有机玻璃试验箱,通入一定浓度的 SO_2 气体,以 3 个周期(非连续暴露)进行检验。采用单一的 SO_2 气体进行腐蚀试验,试验周期较长,试样间腐蚀结果评定有一定难度。

C. 混合气体试验法。该方法的腐蚀产物比较接近实际状况,试验结果相对稳定。该方法在一个特制的试验内进行,湿度为 75%,温度为 25℃,H_2S 的浓度为 0.8mg/L,SO_2 的浓度为 3mg/L,每小时更新 3 次。日本发明了一种混合气体加速腐蚀法,用于试验电子设备银合金的腐蚀状况,由空气、H_2S 和 NO_2 组成,其中 H_2S 为导致变色的主要因素,NO_2 作为加快银与 H_2S 反应的催化剂,使两者可以在更短的时间内形成腐蚀产物。

2. 抗氧化红斑性能评价方法

通常有两种方法来评价银合金抗氧化红斑的性能。①将试样放在电炉内加热,控制炉内的气氛、加热温度和保温时间,然后截取试样在显微镜下观察断面氧化膜情况(图 4-21)。将试样进行打磨抛光,观察抛光面的红斑情况。这种方法可以稳定控制试验条件,试验精度较好。②用火枪加热试样到一定温度后,停止加热,让试样自然冷却到室温,再重复上述操作若干次,截取试样观察断面氧化膜情况,抛光观察试样表面红斑情况,这种方法带有较大的人为因素。

图 4-21 不同 925 银合金在 700℃加热 1.5h 后的氧化膜厚度对比

(二)工艺性能评价

用于制作首饰的银合金不仅要具有较好的抗硫化变色和抗氧化红斑性能,还需要具有良好的机械性能和工艺性能,这在补口开发中往往存在矛盾。某些合金元素对抗变色性能有利,但是其含量达到一定程度后可能给合金的铸造性能、加工性能等带来负面影响,使合金的综合性能下降;而有些合金元素可改善银的机械性能,但是又不利于其抗变色性能。因此,选择抗变色银合金时,不仅要评价其抗变色性能,还要充分考虑合金对不同加工工艺的性能要求。例如,熔炼方式对合金的抗氧化性能有差异,同种合金采用火枪熔炼、大气下感应加热熔炼、在保护性气氛或在真空下熔炼,其结果是不一样的;又如首饰生产有采用铸造方法的、有采用冲压方法的、有采用焊接方法的等,每种方法对合金的工艺性能要求的侧重点不一样,需要分别从铸造性能、冷加工性能、焊接性能等方面进行评价,并充分考虑合金的工艺可操作性,避免工艺范围过窄可能带来的操作问题。

(三)安全性与性价比评价

用于首饰的银合金需满足安全性要求,有毒有害杂质元素的含量不能超出国家标准,且要从性价比来评价银合金的综合性能与材料成本之间的匹配。

二、饰用抗变色银的常见问题

目前,市场上首饰用抗变色银存在的问题,主要包括在以下几个方面。

1. 抗变色性能不足的问题

首饰企业在洽谈有关银首饰业务时,客户最直接的一个问题就是银首饰可以保持多久不变色,许多客户要求至少保持1年不变色,可是企业对这方面的保证是很乏力的。这其中除了使用环境、保管方式的影响外,很大程度上是合金本身的抗变色性能并不突出。采用Pd、Pt等贵金属元素的银合金有较好的抗变色性能,但是相对昂贵的价格使许多企业望而止步,因为很多时候客户并不会指定使用这类合金,并为之付出额外的费用。而市场上占据绝对主导的是采用氧活性元素合金化的抗变色银合金,理论上这类元素形成的致密氧化膜应该能阻止内部金属继续硫化和氧化,从而改善银合金的抗硫化、氧化变色性能。但是需要指出的是,基体合金的组织结构、合金元素在基体的分布状况、表面氧化膜的结构和力学性能等都会显著影响氧化膜的结构,如果形成的合金氧化膜存在分布不均、疏松粗大、存在微裂纹等情况,则不会起到很有效的保护作用。也就是说,不同合金采用不同的成分配比时,得到的抗变色结果有差别,即使同一个合金生产商,采用相同的合金配方,如果企业生产过程中不能严格执行规定的熔炼铸造工艺规范,得到的结果也可能发生变化。

2. 硬度不足的问题

许多企业都反映,抗变色银合金的硬度比斯特林银低了很多,比较容易变形,满足不了制版、弹力件等的要求。事实确实如此,对于以Pd、Pt贵金属元素提高抗变色性能的银合金,由于它们与银的晶体结构相似,且具有很高的固溶度,因此强化效果差,初始硬度普遍较低;对于其他元素合金化的抗变色银合金,普遍以Zn作为主要合金元素,强化效果也不好。因此,大部分抗变色银合金的铸态硬度都较低,通常不到HV60,这对于有一定强度要求的首饰产品,硬度是明显不足的。虽然合金通过形变加工可以提高硬度,但是对于绝大部分镶嵌首饰,只能采用铸造工艺生产,不适合用形变的方法来处理。当然,有些合金可以通过时效处理来改善硬度,但是在实际生产中往往得不到使用或使用不当,因为首饰制作是涉及多工序的工艺过程,在制模阶段、镶嵌宝石阶段、甚至抛光阶段,都可能对工件进行焊接或加热,通常都是操作人员用火焰加热,加热温度、加热时间、冷却速度都较随意,一般较难达到合金供应商期望的效果;另外,当首饰已镶嵌宝石后,不再适合用时效处理方法来提高硬度,因为高温下淬火很容易损坏宝石。

因此,从实际应用的角度,需要设法提高合金的铸态和退火态硬度。从中国的资源优势来看,稀土元素应是一个值得考虑的选择。

3. 铸造方面的问题

绝大部分首饰是通过铸造成型的,且相当多的首饰企业都建立了自己的铸造部门。企业一般只从合金供应商购买补口,再购进纯银料配制所需的银合金。在铸造生产过程中,许多企业经常被气孔、砂眼、缩松、夹杂物、裂纹等多种铸造问题困扰,影响了生产的正常秩序,增加了生产成本。

以 Cu 为主要合金元素的斯特林银,如熔炼时不加以保护,首饰铸件容易产生气孔、氧化夹杂物等缺陷,增加了金属液的黏度,在金属液流前端形成的氧化膜使表面张力提高,使充型阻力增加,影响成型性能。而形成的气孔、夹杂物等缺陷,会显著增加后续的抛光难度。

以 Pd、Pt 等贵金属元素为主的银合金,提高了合金的熔点,产生气孔的可能性增大,因为首饰主要采用石膏铸型,而石膏的热稳定性不好,合金的熔点越高,石膏产生热分解引起铸件气孔的可能性也就越大。

不同的抗变色银合金加入的氧活性元素种类和含量不同,表现出不同的铸造性能。Si 的氧化物密度低,黏度高,容易漂浮到金属液表面并借助熔剂将之除去,对流动性和充填性能较有利。但是,Si 量过多时,容易带来热裂和抛光方面的问题;Zn、Sn 的氧化物去除较困难,对含有大量低熔点的氧活性元素(如 Zn、Sn、In 等)的银合金,采用火枪熔炼时很容易产生挥发份和氧化夹杂物,采用感应加热时也容易因过热而导致同样的问题。少量稀土加入可以改善充填性,但是如果稀土量增加到一定程度,形成的稀土氧化物会增加金属液的黏度,抵消了稀土的净化作用,反而会影响铸造性能。

在上述问题中,气孔问题是最突出的问题之一。气孔的产生与银合金本身的性质有很大关系。如前所述,银有一个典型的特性,即在熔融状态下会大量吸收氧,使金属液在高温下容易喷溅造成大量损耗,而在铸造凝固过程中,金属液内气体溶解度随着温度的下降而降低,导致气体过饱和析出、变大,形成气泡,未能及时排出而形成气孔(图 4-22)。

从气孔的形成机理可知,要减少或避免气孔缺陷,主要通过两个途径:①尽量减少进入金属液中的气体量;②采取措施将金属液中的气体在浇注前释放出来。

图 4-22 925 银首饰上的气孔缺陷

(1) 减少进入金属液中的气体。首先,要控制炉料的质量。炉料要干燥洁净,不潮湿,无油污。外购的纯银料有颗粒、条锭、板块等形式,以颗粒最为常见。由于颗粒是金属液滴在水中激冷形成的,颗粒有时是空心的,甚至内部还包裹水,这样的料在熔炼时会带入大量的气体,必须彻底烘干或预熔成锭后使用。炉料表面有油污或其他有机杂质时,也会引入气体,特别是在回用冲压首饰的边角料时常黏附油污,应该先除油清洗干净,彻底烘干后使用。在配料时,要合理控制新料与回用料的比例,炉料每熔炼铸造一次,就会被污染一次,包括吸气、与石膏铸型反应、残留夹杂物等,因此配料时要控制回用料的量,一般应控制在50%以内。

其次,熔炼时要采取有效的保护措施。不同企业的生产条件有差别,采取的熔炼手段也有所不同,常见的熔炼方式有煤气-氧气火焰、乙炔-氧气火焰、高频感应炉、中频感应炉等。在大气中敞开熔炼时,金属液不可避免会吸收气体,液面越大,接触时间越长,吸气的倾向越大,主要是空气中的氧气,当采用火焰熔炼时,也包括氧化性火焰带入的氧。为此,在熔炼过程中要尽量采取保护措施减少吸气量。如果在大气下熔炼银,可用碎木炭、石墨片或脱水硼砂覆盖,如采用火焰熔炼,应调节到呈橙黄色的还原性火焰,熔炼时间也不宜太长。工厂有条件时,优先采用真空感应熔炼,也可在低真空回充保护气体的条件下熔化,即先将熔炼室抽真空,再回充氮气或氩气作为保护气体,随后加热熔化。氮气较便宜,但是它在银中有一定的溶解度,也存在引发气孔的风险;氩气价格高些,但它对银更稳定,应优先采用。

(2) 促使金属液中的气体在浇注前释放出来。大气条件下熔融银液难免吸气,为避免析出型气孔的产生,浇注前应对金属液进行脱气处理,使溶解在银液中的气体尽可能多地释放出来。可采取两种做法:

A. 利用浮游气泡脱气。利用透气塞向金属液底部吹入细小密集的氩气泡,它不会与金属液发生反应而成为浮游气泡。气泡对于溶解在金属液中的气体而言,是一种真空空间,因此溶解气体会扩散到浮游气泡中,成为分子态气体而随同气泡上浮。当浮游气泡浮出金属液面,气泡中的气体逸入大气,就达到了降低金属液含气量的目的。

B. 利用冷凝法脱气。将银液缓冷至凝固温度,大部分溶解的氧及其他气体由于温度降低,溶解度随之减少而析出,达到脱气的目的。然后再迅速加热至浇注温度,进行浇注。对于炉料质量不佳、含气量高的银液,可以多次冷凝和重熔以改善其质量。

4. 冷加工方面的问题

银首饰生产过程中,常见的冷变形加工工艺有冷体积模锻(如冷镦、冷挤压、压印等)、板料冲压(如拉伸、落料、切边、冲孔等)和材料轧制(如冷轧、轧轮成型等),在加工过程中常遇到如下问题。

(1) 型材表面砂眼。型材表面质量既取决于铸锭的表面质量,也与轧辊的表面质量密切相关。当轧辊表面有划痕或局部损坏时,会复制到型材表面;当轧辊表面沉积

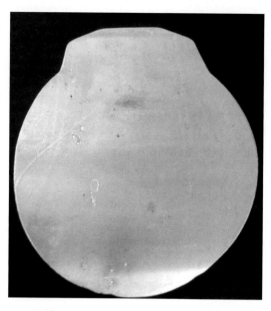

图 4-23 纯银轧压后表面的砂眼

了灰尘或者其他杂物时,会被压入型材表面,恶化型材的表面质量(图4-23)。因此,生产过程中要经常擦拭轧辊表面,防止灰尘和其他杂质沉积后擦伤轧辊或轧入带材表面。轧辊不用时要盖好,以保护表面。终产品轧辊的直径要小、高度抛光或电镀处理,以达到镜面效果。

(2)退火缺陷。包括起泡、晶粒异常长大和退火不完全3类。

A. 起泡。板材、带材表面起泡是由铸锭内的气孔或退火时铸锭与大气反应引起的。气泡受热时,压力增大,将包裹在气泡表面的金属胀开而形成起泡现象(图4-24)。一般可以通过控制铸造或退火条件来避免此问题。例如,加强熔炼过程中的脱氧,减少金属液溶氧量和氧化,控制退火温度,避免使用富氢的退火气氛,等等。

B. 晶粒异常长大。当退火温度过高或高温下退火时间过长,银会产生明显的晶粒长大现象(图4-25)。过分粗大的晶粒不仅影响力学性能,也严重影响工艺饰品的表面质量。因此,退火时应根据型材的尺寸和质量,合理制定退火工艺。

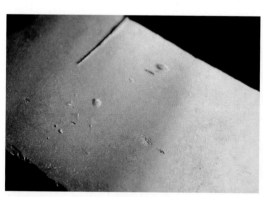

图 4-24 银型材退火后表面出现的气泡

图 4-25 银退火不当导致晶粒异常长大

C. 退火不完全。不同的银合金材料,再结晶温度不同,如果出现退火温度过低,一次装炉量过大,或者采用火枪不均匀加热退火时,可能出现退火不完全的情况,这时型材内会保留残留应力,影响后续的加工,甚至导致裂纹等缺陷。

5. 抛光方面的问题

首饰品对表面质量有较高要求,绝大部分首饰都要经过抛光,以达到表面光亮似镜的程度。抗变色银合金抛光经常遇到几个典型的问题,如橘皮表面、凹陷、划痕、彗星尾等。当合金的晶粒粗大时,容易形成橘皮表面;当合金存在缩孔气孔缺陷时,容易形成抛光凹陷问题;当合金晶粒组织内出现高硬度偏析相或夹杂物时,容易形成抛光划痕、彗星尾等问题。

为获得良好的表面抛光效果,除要求正确执行抛光操作工艺外,合金本身的性质也有重要影响。晶粒细化、改善铸造性能,是改善抛光性能的主要途径。

参 考 文 献

薄海瑞,袁军平,马春宇,2013.Ce 对 925 银组织和性能的影响[J].特种铸造及有色合金,33(4):586-590.

薄海瑞,袁军平,周永恒,2011.饰用银合金的开发及应用现状[J].铸造技术,32(3):400-404.

薄海瑞,袁军平,周永恒,等,2011.Zn 对斯特林银组织和性能的影响[J].特种铸造及有色合金,31(7):680-684.

薄海瑞,袁军平,周永恒,等,2011.锡对斯特林银组织和性能的影响[J].材料热处理技术,40(24):4-8.

何纯孝,罗雁波,李亚楠,等,2001.贵金属二元合金相图研究的新进展和展望[J].贵金属,22(2):49-60.

黄云光,王昶,袁军平,2010.首饰制作工艺[M].武汉:中国地质大学出版社.

雷卓,白晓军,向雄志,等,2006.饰品用银合金的研究进展[J].材料导报,20(Ⅵ):434-436.

梁基谢夫,2009.金属二元系相图手册[M].郭青蔚,等译.北京:化学工业出版社.

马小龙,赵涛,余建军,等,2015.加工率及退火温度对纯 Ag 硬度的影响[J].热加工工艺,44(24):204-207.

宁远涛,宁奕楠,杨倩,2013.贵金属珠宝饰品材料学[M].北京:冶金工业出版社.

宁远涛,文飞,赵怀志,等,1998.高纯 Ag 和 Ag-RE 合金的回复与再结晶[J].贵金属,19(4):4-10.

宁远涛,赵怀志,2005.银[M].长沙:中南大学出版社.

全国电工电子产品环境条件与环境试验标准化技术委员会,2014.环境试验 第 2 部分:试验方法 试验 Kd:接触点和连接件的硫化氢试验:GB/T 2423.20—2014[S].北京:中国标准出版社.

全国金属与非金属覆盖层标准化技术委员会,2008.金属和其他无机覆盖层 通常凝露条件下的二氧化硫腐蚀试验:GB/T 9789—2008[S].北京:中国标准出版社.

全国首饰标准化技术委员会,2012.首饰 贵金属纯度的规定及命名方法:GB 11887—2012[S].北京:中国标准出版社.

全国有色金属标准化技术委员会,2016.银锭:GB/T 4135—2016[S].北京:中国标准出版社.

申柯娅,2010.分子自组装技术在防银表面变色中的研究与应用前景[J].腐蚀与防护,31(11):882-885.

王继周,石路,王力军,等,2001.稀土在银饰品材料中作用的研究[J].稀土,22(5):26-30.

杨富陶,周世平,李季,等,2002.微量 Mn 对纯银的性能影响[J].贵金属,23(4):29-32.

杨如增,廖宗廷,2002.首饰贵金属材料及工艺学[M].上海:同济大学出版社.

杨鹏,王浩杰,张帆,等,2019.电铸硬银首饰工艺的现状与发展[J].贵金属,40(S1):58-61.

袁军平,郭文显,马春宇,等,2011.原子层沉积技术在银工艺饰品抗变色中的应用[J].电镀与涂饰,30(2):37-40.

袁军平,申柯娅,2005.抗变色银合金研究概述[J].番禺职业技术学院学报,4(2):36-38.

袁军平,王昶,2006.硅影响银合金组织研究和探讨[J].番禺职业技术学院学报,5(2):25-28.

袁军平,王昶,申柯娅,2006.硅对银合金铸造性能的影响[J].铸造技术,27(9):914-917.

袁军平,王昶,申柯娅,2007.斯特林银形成红斑的机理探讨[J].特种铸造及有色合金,27(6):475-476.

袁军平,王昶,申柯娅,等,2006.银合金抗变色试验及其评价方法述评[J].宝石和宝石学杂志,8(3):36-39.

袁军平,王昶,申柯娅,等,2008.抗氧化变色银合金的成分设计[J].特种铸造及有色合金,28(5):406-408.

袁军平,肖冬临,王昶,等,2006.改善银首饰铸造质量的措施[J].铸造技术,27(8):777-779.

中华人民共和国工业和信息化部,2013.银粒:YS/T 856—2012[S].北京:中国标准出版社.

周全法,周品,王玲玲,等,2015.贵金属深加工及其应用[M].2版.北京:化学工业出版社.

祝鸿范,周浩,蔡兰坤,等,2001.银器文物的变色原因及防变色缓蚀剂的筛选[J].文物保护与考古科学,13(1):15-20.

BSI,1995. Metallic coatings—Thioacetamide corrosion test(TAA test):BS EN ISO 4538—1995[S/OL].[2020-04-20]. http://www.doc888.com/p-2502898197633.html.

GRIMWADE M,2000b. A plain man's guide to alloy phase diagrams:their use in jewellery manufacture—part Ⅱ[J]. Gold Technology(3):3-15.

ROBERTS E F I,CLARKE K M,1979. The color characteristics of gold alloys[J]. Gold Bulletin,12(1):9-19.

YANG Q Q,XIONG W H,YANG Z,et al.,2010. Corrosion and tarnish behaviour of 925Ag75Cu and 925Ag40Cu35Zn alloys in synthetic sweat and H_2S atmosphere[J]. Rare Metal Materials and Engineering,39(4):578-581.

第五章 饰用铂族金属及其合金材料

铂族金属元素包括钌(Ru)、锇(Os)、铑(Rh)、铱(Ir)、钯(Pd)、铂(Pt)6种金属元素。在铂族元素矿物中,这6种元素彼此之间通常构成范围广泛的类质同象现象,其中同时还有铁、钴、镍等类质同象混入物的出现。常用于首饰的铂族金属主要是铂、钯、铑和少量的铱。

尽管铂族金属发现较晚,但它们具有独特的物理、化学性质,现已广泛应用于汽车、石油、化工、通信、国防和航天等现代工业、尖端科技领域,被誉为"先驱材料"。在首饰行业,铂族金属中作为基体元素应用于首饰品的主要有Pt和Pd两种,Ir和Ru有时作为合金化元素应用于首饰合金上,Rh则主要用作首饰表面的镀层金属,Os在首饰行业则基本没有应用。尽管铂族金属首饰量远不及黄金和白银,但是它们以优异的物理、化学性质在全球贵金属首饰领域兴起,现已成为继汽车制造领域之外的大份额终端用途领域。

第一节 铂族金属的物理化学性质

一、铂族金属的物理性质

铂族金属中,钌(Ru)、铑(Rh)、钯(Pd)位于第5周期的Ⅷ$_B$族,锇(Os)、铱(Ir)、铂(Pt)位于第6周期的Ⅷ$_B$族,均属于过渡族金属。

铂族金属的主要物理性质见表5-1。铂的密度比金的高,约为银的2倍,有明显的坠重感。钯的密度比银高一些,但是比金的密度小很多。铂族金属对可见光全波段的反射率较高,且随着波长的增加反射率平滑增加,因此铂族金属基本呈现银白色。在同一周期的铂族元素,随着原子序数的增加,金属的熔点降低。铂、钯的熔点都大大高于金和银,给熔炼铸造带来困难。铂族金属的导热系数低于金和银,以铂为例,在室温(300K)时,其导热系数不到金的1/4,因此尽管熔化铂合金所需要的热量高,但由于其导热系数低,在加热时热量不易扩散,使得采用激光焊接铂首饰所需的激光功率反而比金、银都低,这对于铂合金饰品的装配与激光焊接是十分有益的。铂族金属具有顺磁性,本身不吸磁,但是Pt、Pd等贵金属元素与Fe、Co等元素合金化后,可呈现一定的磁性。

表 5-1 铂族金属的主要物理性质指标(据杨如增等,2002;宁远涛等,2013)

物理性质指标	铂族金属					
	钌	铑	钯	锇	铱	铂
原子序数	44	45	46	76	77	78
相对原子量	101.07	102.905	106.4	190.2	192.22	195.078
晶体结构	密排六方	面心立方	面心立方	密排六方	面心立方	面心立方
密度(20℃)/(g/cm^3)	12.37	12.42	12.01	22.59	22.56	21.45
颜色	蓝白色	银白色	钢白色	蓝白色	银白色	锡白色
熔点/℃	2333	1966	1555	3127	2448	1 768.1
沸点/℃	4077	3900	2990	5027	4577	3876
熔化热/(kJ/mol)	39.0	27.3	16.6	70.0	41.3	22.11
蒸发热(1×10^{5}Pa)/(kJ/mol)	649	558	377	788	670	565
比热容(1×10^{5}Pa,25℃)/[J/(mol·K)]	24.05	24.90	26.0	24.69	25.09	25.65
导热系数(0℃)/[W/(m·K)]	119	153	75.1	88	148	71.7
电阻率(25℃)/(μΩ·cm)	7.37	4.78	10.55	9.13	5.07	10.42
热膨胀系数(20℃)/(×10^{-6}/℃)	9.1	8.3	11.77	6.1	6.8	8.93

Pt、Pd 等铂族元素有吸附气体的性质,特别是吸附 H。Pt、Pd 吸附 H 的能力与其物质状态有关,铂黑最高能吸附相当于自身体积 502 倍的 H,且由于铂黑的制作工艺的差别导致吸氢量有很大波动,而海绵铂金仅能吸附 49.3 倍的 H。钯能吸附相当于自身体积 2800 倍的 H,并形成钯-氢固溶体,其密度、导电率、强度等均下降,但是在加热的状态下氢又可被释放出来。

二、铂族金属的化学性质

铂族金属具有极好的抗氧化性和抗腐蚀性,但铂族元素之间的抗氧化性和抗腐蚀是有差别的,且差异还很大。

1. 抗氧化性

在室温干燥大气中,铂族金属有较好的抗氧化性能,但是它们之间的抗氧化性能差别较大,与氧的亲和力呈现 Pt<Pd<Rh<Ir<Ru<Os 的顺序。铂族金属在空气中加热时,表面会生成氧化膜,影响首饰表面质量,进一步升高温度时氧化膜将分解还原成金属,此时首饰表面又将恢复金属光泽。

铂与氧作用生成 PtO、Pt$_2$O$_3$ 和 PtO$_2$。在氧化性气氛中,0.8MPa 压力下,加热铂粉到 430℃,会使铂氧化生成 PtO。

钯在350～790℃与氧作用生成PdO,但它在高温下不稳定,会发生分解,进一步加热至870℃以上时,则PdO完全还原成金属钯。PdO_2呈暗红色,是强氧化剂。在室温下会缓慢失去氧,在200℃以下,分解为PdO和O_2。

铱和铑在600～1000℃时表面形成氧化膜。

2. 耐腐蚀性

在常温下,铂的抗腐蚀能力很强,在冷态时盐酸、硝酸、硫酸以及有机酸都不与铂起作用,加热时硫对铂略起作用。但是王水无论在冷、热状态下都能溶解铂。熔融碱或熔融氧化剂也能腐蚀铂。在温度加热到100℃时,并处于氧化条件下,各类卤氢酸或卤化物起到络合剂的作用,铂会被络合而溶解。在350～600℃下铂与氯反应形成氯化铂,形成氯化铂后可进一步加热使它还原。熔融的碱能腐蚀铂。在高温下,碳会溶解在铂中,溶解度随温度升高而增加,降温时碳析出,使铂的性能变脆,称为"碳中毒"。因此熔炼铂时,不能采用石墨坩埚,通常用刚玉或氧化锆坩埚,并在真空或惰性气体保护下进行。在铂中加入铑和铱,可以提高其抗腐蚀性能。

钯是铂族金属中抗腐蚀性最弱的。硝酸能溶解钯,热硫酸、熔融硫酸氢钾也能溶解钯。特别是存在氢化物络合物(如王水)时,钯就更容易腐蚀溶解。在灼热的温度下,钯与氯作用形成氯化钯。钯与王水、盐酸反应形成氯钯酸或氯亚钯酸,往氯亚钯酸添加过量的氨时,可得到四氯氨化物溶液,在溶液中加入盐酸,可以析出亮黄色细小结晶沉淀二氯化二氨络钯,将它煅烧后即分解为金属钯,这一性质可用于钯与其他铂族金属的回收分离。钯与硫反应生成硫化钯,与硒、碲生成硒(碲)化钯。钯采用石墨坩埚熔炼时同样会产生碳中毒,导致其性能变脆。当钯中含其他铂族元素时,钯的抗腐蚀能力将增强。

铑、铱是铂族金属中化学性质最稳定的金属,热王水也不容易使它们溶解。可是熔融的碱金属过氧化合物和碱能氧化铑和铱,氧化后的铑和铱易被络合剂溶解,熔融的硫酸盐也能溶解铑。铱与氯作用时,不同温度下有不同氯化铱产物,在水溶液中氯化会析出氯铱酸,它在铂族金属的精炼中有很大价值,被用于铱和其他铂族金属的回收和分离。

铂族金属在部分腐蚀介质中的腐蚀行为见表5-2。

表5-2 铂族金属的抗腐蚀性特征表(据卢宜源等,2006)

腐蚀介质		铂族金属					
		铂	钯	铑	铱	锇	钌
浓H_2SO_4		/	/	/	/	/	/
HNO_3	70%,室温	/	强	/	/	一般	/
	70%,100℃	/	强	/	/	强	/

续表 5-2

腐蚀介质		铂族金属					
		铂	钯	铑	铱	锇	钌
王水	室温	强	强	/	/	强	/
	煮沸	强	强	/	/	强	/
HCl	36%,室温	/	/	/	/	/	/
	36%,煮沸	轻	轻	/	/	一般	/
Cl_2	干	轻	一般	/	/	/	/
	湿	轻	强	/	/	一般	/
NaClO 溶液	室温	/	一般	轻	/	强	强
	100℃	/	强	/	/	/	/
$FeCl_3$ 溶液	室温	—	一般	/	/	一般	/
	100℃	—	强	/	/	/	/
熔融 Na_2SO_4		轻	一般	一般	/	轻	轻
熔融 NaOH		轻	轻	轻	轻	一般	一般
熔融 Na_2O_2		强	强	轻	一般	强	一般
熔融 $NaNO_3$		/	一般	/	/	强	/
熔融 Na_2CO_4		轻	轻	轻	轻	轻	轻

注:/表示不腐蚀;轻表示轻腐蚀;一般表示腐蚀;强表示强烈腐蚀;—表示原文献中无此项数据。

第二节 饰用铂及其合金材料

一、铂金首饰

1. 铂金首饰发展历史

铂金是一种非常稀少的贵金属,由于铂金的稀有性、稳定性和特殊性,以及夺目的银白金属光泽,其价值在很多时期比黄金还要昂贵。人类利用铂的历史非常久远,据考古发现距今 3000 年前的古埃及时代,人们就已经开始利用铂金,但是从科学角度认识这种贵金属材料却只有 200 多年的历史。从历史上看,贵金属的运用都是从工艺品、首饰、宗教饰物、器皿制作开始的。铂金以自然状态存在于自然界中的并不多见,而且铂在地壳中的分布也非常稀少,加上其难溶性和稳定性,给铂金的采矿、选矿、冶炼和提纯带来了很大困难。铂金的高熔点造成加工十分困难,尤其用原始方法制作加工则更加不易。由此可知,古代制作加工的铂金制品不是很多,留下来的则更少。

据资料统计，1980年世界上制作铂金首饰耗费的铂金大约为15t，到1995年增加到了58t，其中日本是世界上最喜爱铂金首饰的国家，铂金消费量最大。中国于20世纪二三十年代有了铂工艺品的加工，但由于我国消费者历来钟爱黄金首饰品，20世纪90年代之前一般很少涉及铂首饰品的制造。随着对外开放和经济发展及人民生活水平的提高，也由于时尚和铂首饰制造商的推动，促使中国首饰产业向铂首饰方向发展，至2000年，中国已经超越日本成为世界第一铂首饰消费国。此后，中国对铂金首饰需求快速增长，2012—2015年的需求高峰时期，每年铂金首饰需求量为55～60t，占全球总需求量的70%左右，是全球最大的铂金首饰需求国，在全球铂首饰市场占据主导和支配地位。

2. 铂金首饰特点

铂金首饰因它特有的质感、美感和韵律感而赢得世人喜爱。铂金首饰不仅可表现出首饰整体的典雅大方，而且还可以呈现出某种富有艺术品位的神秘气氛。这也是铂金首饰多在具有一定艺术修养和较高文化水平的社会阶层中流行的主要原因。

铂金色泽柔和、淡雅华贵，象征纯洁与高尚。因此人们常把它与钻石一起镶成婚礼戒指，作为爱情信物，以示爱情的纯真与地久天长。透明无色、光芒四射的钻石镶嵌在银辉闪烁的铂金托架上，晶莹的钻石与洁白的铂金交相辉映，更显出钻石的洁白无瑕和雍容华贵。

铂金首饰又可分为不镶宝石的纯铂金首饰和镶宝石的铂金首饰两类。纯铂金质地柔软，在制作铂金首饰时，由于受到材料强度的限制，通常制作成不镶宝石的纯铂金首饰。常见的款式主要包括戒指、项链、耳饰和胸饰等。

3. 铂金首饰的纯度标识

市场流行的铂金首饰可分为两大类：一是纯铂金饰品，又称高纯色铂金，理论成色应为1000‰，其成色通常采用质量千分数表示，但实际上，金无足赤，铂亦无足铂，实际的纯铂金成色总是低于这一数值；另一类是铂金合金饰品，它是在纯铂金中加入铱、钯、铜等其他金属构成的合金，用于提高纯铂金的硬度和韧性。

由于地域和首饰文化的差异，各国（地区）制定的市场纯度标准也不一样。

日本、中国香港：允许的铂金纯度为1000、950、900和850四种，并允许误差为0.5%。

美国：铂金含量高于95%的饰品，允许打"Pt"（Platinum或Plat）的印记；铂金含量在75%～95%之间的饰品，必须打上铂族金属的印记，如"铱铂"（IR-10-PAT），表示含铱10%的合金。铂金含量在50%～75%之间的饰品，必须打上所含铂族金属的含量及名称，如"585铂""365钯"（"585PAT""365PALL"）。

欧洲：大部分国家要求采用950纯度，其中少部分国家允许铱量当铂量计算。德国允许有其他纯度的标准。

我国的国家标准《首饰 贵金属纯度的规定及命名方法》（GB 11887—2012）中规定，950铂的含铂量千分数不低于950，且打上950铂印记（"PLATINA"或"Pt950"）；

足铂为含铂量千分数不低于990，且打上足铂印记或按实际含量打印记。

二、纯铂

1. 力学性能

纯铂质地柔软，延展性好，具有良好的加工性能，能轧压成所需的片状及拉成所需的丝条，1g纯铂可以拉出约2km的细丝。纯铂韧性较好，可以制作出柔韧的网状铂金首饰，这是纯金、银等其他贵金属难以做到的。

纯铂在退火态下的抗拉强度和屈服强度比纯金和纯银的高，但是其比强度（强度与质量之比）仍较低，容易变形，多用于制作不镶珠宝玉石的素身饰品，如戒指、项链、耳环等。

纯铂的主要力学性能见表5-3。

表5-3　纯铂的主要力学性能（据杨如增等，2002；宁远涛等，2013）

力学性能	退火态	加工态(60%)
硬度 HV/(N/mm^2)	39～42	90～95
抗拉强度/MPa	130～160	300～350
屈服强度/MPa	70～110	—
延伸率/%	40～50	1～3

由于纯铂硬度低，用于制成的首饰在日常佩戴中，容易因磕碰、摩擦等作用而出现凹坑、划痕、磨毛等问题，需要对其进行强化处理。

2. 工艺性能

铂的熔点很高，熔模铸造时温度一般在1900℃以上，给熔炼铸造带来很大困难。在高温下，碳会溶解在铂中，溶解度随温度升高而增加，降温时碳析出，使铂的性能变脆，称为碳中毒。因此熔炼铂时，不能采用石墨坩埚，通常用刚玉或氧化锆坩埚，并在真空或惰性气体保护下熔炼。铂可与P、S、Si等元素形成低熔点共晶，导致材料的脆性断裂。

铂的表面张力是金的1.5倍，其导热系数是金的1/3，在同等过热度下的黏度明显高于金（图5-1）。表面张力和黏度高使金属液顺利充型更困难，尤其是细小件；导热系数低导致金属液温度、成分不均匀，特别是当金属液与铸型温差大时。实际生产中，常借助离心铸造或真空吸铸来提供额外的充型动力，改善充填性能。在铸造时，常规的石膏模型材料热稳定性较差，在高温铂金液的作用下将发生严重的热分解反应，导致铸件产生气孔、砂眼等缺陷，因此必须采用磷酸盐作黏结剂的铸粉材料。

纯铂退火态硬度低，加工硬化率高于金和银，但它也属于低层错能金属，因而加工硬化率也不高，具有很好的延展性和冷加工性能，可以进行轧压、拉拔、锻压等各种

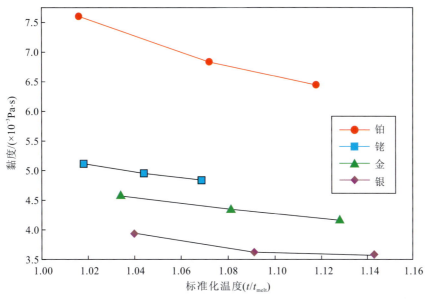

图 5-1 不同贵金属的黏度

（据 Klotz et al.，2010）

冷变形加工，可拉成很细的丝，轧成很薄的铂箔。

二、铂合金

为提高铂金材料的强度和硬度，使之能满足镶嵌首饰的要求，需要对其进行强化。用于铂合金化的金属元素有很多，不同合金元素对铂的强化效果有较大差别，同种合金元素的加入量不同，其强化效果也有不同程度的变化（图 5-2）。

常用于首饰铂合金的金属元素，主要有 Ir、Cu、Co、Ru、Pd 等，它们的二元合金可直接应用于首饰生产，也可以它们为基础合金系构成三元或多元合金，优化铂合金的综合性能。

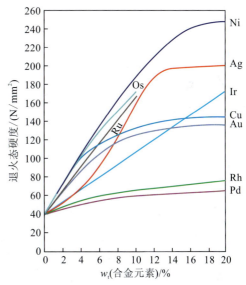

图 5-2 合金元素对铂的强化效果

（据 Biggs et al.，2005）

（一）二元合金系

1. Pt-Ir 合金

在纯铂金中加入少量铱，冶炼成的合金称为 Pt-Ir 合金。由图 5-3 可知，该合金在高温下为连续固溶体，当铱超过 7at％时，从高温冷却到 975～700℃会发生固相分解。

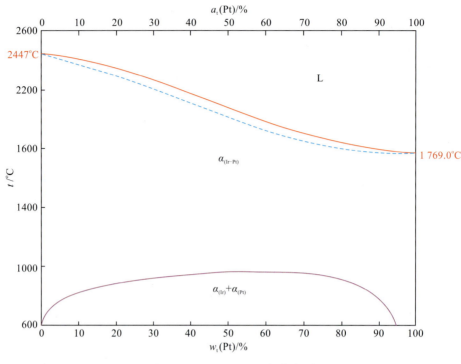

图 5-3　Pt-Ir 二元合金相图

Ir 是 Pt 的有效强化剂,随铱量的增加,Pt-Ir 合金的强度和硬度可显著提高,但 Ir 含量＞30％时合金加工困难(图 5-4)。

Pt-Ir 合金呈银白色,具强金属光泽,是所有铂金合金中最白最亮的。加铱后提高了铂金的抗化学腐蚀能力,90％Pt-10％Ir 合金的化学腐蚀速度仅为纯铂的 58％。合金具有挥发性,Ir 在空气中加热时的挥发损失比 Pt 大许多倍,在 1227℃,Ir 的挥发性比 Pt 大 100 倍,含 Ir 高于 5％的合金在空气中加热时就会氧化,在 700℃ 以上,会使合金表层变成蓝色。在 1200℃ 以上,蓝色表层会消失。

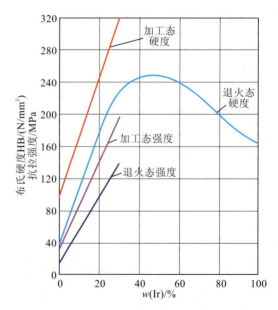

图 5-4　Pt-Ir 合金的抗拉强度和硬度

Ir 含量较低的 Pt-Ir 合金具有较好的铸造性能,随着 Ir 含量的增加,合金的熔点提高,铸件常出现树枝晶或内偏析,合金性能均匀性变差。

根据铱和铂的含量不同,Pt-Ir 合金主要包括 95％Pt-5％Ir、90％Pt-10％Ir 和

85%Pt-15%Ir 三种牌号,它们的主要性能见表 5-4。Pt-Ir 合金是重要的铂金首饰材料之一,尤其在美国广泛使用。近年来在日本和德国也采用 Pt950Ir50 合金制作首饰。

表 5-4 不同成色铂铱合金的主要性能(部分据宁远涛等,2013)

牌号	熔点/℃	密度/(g/cm³)	硬度 HB/(N/mm²)		抗拉强度/MPa		延伸率/%		颜色坐标		
			退火态	加工态	退火态	加工态	退火态	加工态	L^*	a^*	b^*
95%Pt-5%Ir	1795	21.49	90	140	275	485	32	2.0	84.7	-0.2	4.2
90%Pt-10%Ir	1800	21.53	130	185	380	620	27	2.5	85.5	-0.1	4.7
85%Pt-15%Ir	1820	21.57	160	230	515	825	24	2.5	—	—	—

95%Pt-5%Ir 硬度低,铸造缩松倾向小,但流动性较差,晶粒尺寸较粗,不容易抛光。适合手造、冲压等成型工艺,由于硬度低且有较高的韧性,机械加工性能不好,容易黏刀。该合金可作为铸造、手造、冲压等通用首饰合金。

90%Pt-10%Ir 是中等硬度的合金,采用多数的制作工艺都可以加工。该合金在熔融状态下不会形成氧化膜,有利于细小部位铸造成型,可作为铸造、手造、冲压等通用首饰合金。

2. Pt-Cu 合金

如图 5-5 所示,Pt-Cu 合金在高温下为连续固溶体,在较低温度时(<825℃)会析出 $PtCu_3$、$PtCu$ 等有序相,产生时效强化,硬度增加。研究发现,铸态 95%Pt-

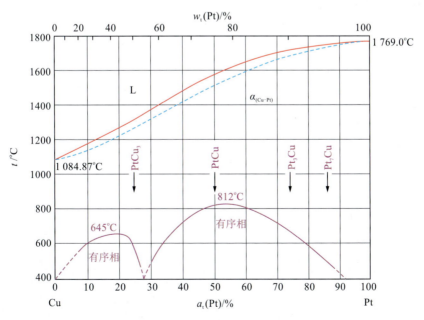

图 5-5 Pt-Cu 二元合金相图

(据梁基谢夫,2009)

5%Cu合金在100～400℃进行热处理,合金的硬度会进一步增加,这是因为出现了Pt_7Cu超晶格结构,部分合金出现了有序转变,产生有序硬化效应,硬度增加。

Cu是铂金的中等强化元素,其产生的硬化作用与处理方式有关。固溶态的Pt-Cu合金进行低温时效处理,硬化效应不明显,但对固溶态合金冷变形后再在300～500℃进行时效处理,则有硬化效应。

Pt-Cu合金在大气中加热,因铜组元选择性氧化形成氧化铜膜层,导致合金容易氧化变色。因此,应在保护性气氛或真空环境中进行熔炼和热处理。

Pt-Cu合金硬度适中,可铸造,常作为通用合金使用。用作饰品的Pt-Cu合金一般3%～5% Cu,含铜量大于5%时,合金的铸造性能变差。95%Pt-5%Cu合金的主要性能见表5-5。以Pt-Cu合金系为基础,合金含4%～6%的Cu,另加入其他合金元素,如Co、Ni、Pd等。

表5-5 95%Pt-5%Cu合金的主要性能

熔点/℃	密度/(g/cm³)	硬度 HV/(N/mm²)			抗拉强度/MPa		延伸率/%	
		固溶态	退火态(800℃)	加工态(90%)	退火态	加工态(90%)	退火态(800℃)	加工态(90%)
1750	20.05	90	150	240	310～410	720～920	27～45	1～3

3. Pt-Co合金

如图5-6所示,Pt-Co合金在温度高于825℃时形成无限固溶体,其晶体结构

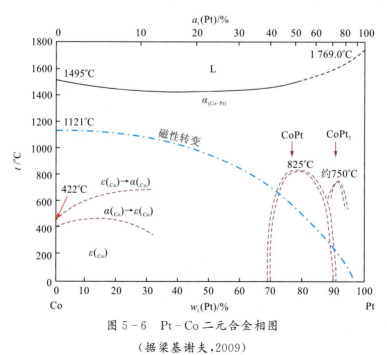

图5-6 Pt-Co二元合金相图

(据梁基谢夫,2009)

为面心立方。低于此温度时,根据成分的不同,合金会出现$CoPt_3$和$CoPt$有序相,在不同的温度区间发生无序相→有序相的转变,产生有序硬化效应。Pt-Co合金的硬度与热处理过程有很大关系。

与Pt-Ir合金和Pt-Ru合金相比,Pt-Co合金的熔点较低,可以在更低的温度下铸造,且其熔体的黏度相对其他铂合金要低些(图5-7)。因此,Pt-Co合金的流动性比其他合金的都好,不会有大的吸气倾向,缩松倾向更小,可以铸造有精细纹饰的首饰件。

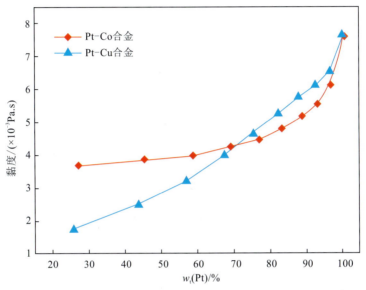

图5-7 Pt-Co合金与Pt-Cu合金的黏度对比
(据Klotz et al.,2010)

Pt-Co合金的铸件表面会有一定程度的氧化,表面呈现浅灰蓝色,将工件蘸硼酸后再加热到橘黄色温度可以消除这种蓝色。Pt-Co合金有较高的耐腐蚀性能,常温下无机酸和碱不腐蚀,在热的浓硫酸中也不会被腐蚀。随着Co含量的增加,合金的抗氧化性和耐腐蚀性下降,铸件出现氧化夹杂物缺陷的概率增大。因此,该合金用于首饰制造时,Co含量一般不超过10%,以95%Pt-5%Co合金(表5-6)最常见。

表5-6 95%Pt-5%Co合金的主要性能

熔点/℃	密度/(g/cm^3)	硬度 HV/(N/mm^2)		抗拉强度/MPa		颜色坐标		
		退火态	加工态	退火态	加工态	L^*	a^*	b^*
1765	20.8	135	270	275	475	86.6	0.5	4.5

95%Pt-5%Co合金在热处理或焊接时表面有轻微氧化,需要注意保护,焊接后要在硼酸酒精保护下冷却,呈现亮橙色,可以蘸酸清除。注意在焊接前不要用硼酸保

护,因为在高温下硼酸变成污染物。该合金用氧气乙炔炬不容易焊接,尽可能采用水焊机或激光。

95%Pt－5%Co合金在一定温度以下存在磁性转变,显示轻微的磁性,加工时要特别注意,不能用磁铁来分离Pt－Co屑和锯条粉末。

95%Pt－5%Co合金具有良好的铸造性能,Co作为添加剂加入Pt可以有效地提高合金的硬度,使之具有较好的机械性能,容易抛光,适合用作手造、冲压和机械加工。合金最终呈现微弱的淡蓝色,与钻石特别搭,在欧洲与北美被广泛用作饰品。

4. Pt－Ru合金

铂的晶体结构为密排六方结构,本身是脆的,难以加工。将钌添加到铂中,可以在富Pt端形成广阔固溶体(图5－8),因此该合金无时效强化作用。但是钌有一定的固溶强化效果,而且它是一个晶粒细化剂,加入后可以使合金的组织细化,故Pt－Ru合金具有较好的强度和硬度。95%Pt－5%Ru合金的主要性能见表5－7。钌提高了合金的熔点,Pt－Ru合金呈银白色。

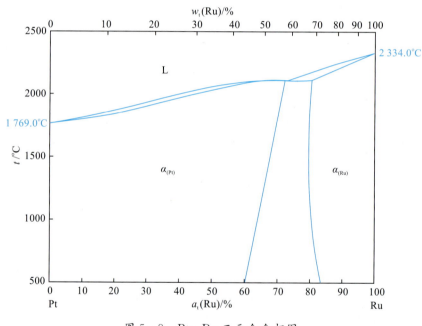

图5－8 Pt－Ru二元合金相图

(据Okamoto et al.,2008)

表5－7 95%Pt－5%Ru合金的主要性能

熔点/℃	密度/(g/cm³)	硬度 HV/(N/mm²)		抗拉强度/MPa		延伸率/%	颜色坐标		
		退火态	加工态	退火态	加工态	退火态	L^*	a^*	b^*
1795	20.67	125～135	230	415	760	25	84.2	0	4.1

Pt-Ru 合金退火后的硬度约 HV130,加工硬化速率稳定,最后可以达到约 HV230。合金的抗拉强度也较高,这使得 Pt-Ru 合金有较好的加工和抛光性能,用 Pt-Ru 管材制作戒指就较好。Pt-Ru 合金也可以用于铸造,但是与其他铂金合金相比,它不是最适合铸造的,金属液吸气倾向大,特别是与氧的亲和性好,铸件容易出现气孔和夹杂物等缺陷;金属液流动充填性较差,使饰品的细小部位不容易成型,枝晶间显微缩松较严重,晶粒尺寸分布不均匀,表面柱状晶较粗大。提高浇注温度和铸型温度有助于改善充填性能,但必须采用耐火度好的铸粉。不推荐采用氧炔焰熔炼,因为形成的氧化钌 RuO_2 烟气是有毒的。

Pt-Ru 合金是美国常用的铂金合金,最初是为手造开发的,属于通用型合金,以 95%Pt-5%Ru 最常见,有较好的加工性能,广泛地用于婚庆首饰制造,在美国市场深受欢迎。在瑞士,该合金也通常用于手表制造。

5. Pt-Pd 合金

如图 5-9 所示,Pt-Pd 合金在高温时为连续固溶体,在 770℃以下缓冷发生相分解,形成富 Pt 相和富 Pd 相两个不相溶固溶体。

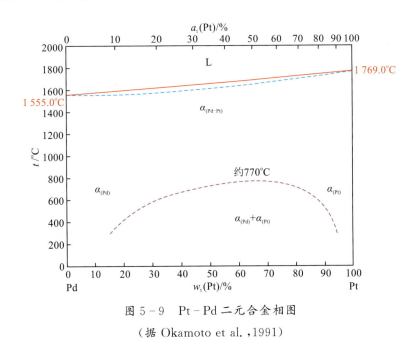

图 5-9 Pt-Pd 二元合金相图

(据 Okamoto et al.,1991)

Pt-Pd 合金退火态硬度很低,具有良好的加工性能。随着 Pd 含量提高,合金的硬度和强度初始时得到较快增加,达到峰值后,Pd 含量再增加,硬度和强度反而下降(图 5-10)。

Pt-Pd 合金具有高的抗腐蚀和抗氧化特性,但随着 Pd 含量的增加,其耐蚀性和抗氧化性略有下降。Pt-Pd 合金的铸造性能一般,这是由于 Pd 很容易吸收气体,在大气中铸造时容易在铸件中形成针孔,需在保护气氛中铸造。Pt-Pd 合金常用成色

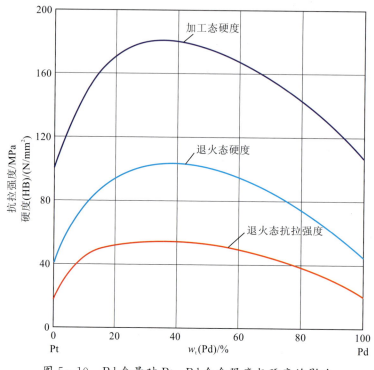

图 5-10　Pd 含量对 Pt-Pd 合金强度与硬度的影响
（据 Biggs et al.，2005）

有 95％Pt-5％Pd、90％Pt-10％Pd 和 85％Pt-15％Pd 三种，它们的特点及应用范围如下。

(1) 95％Pt-5％Pd 合金：在日本、中国香港和欧洲应用广泛，可用于精细件的铸造。退火态硬度约 HV70，密度 20.98g/cm^3，熔点 1765℃。

(2) 90％Pt-10％Pd 合金：在日本、中国香港优先作为通用合金，可以铸造、熔焊、钎焊，在亚洲是应用最广的铂合金之一。颜色呈灰白色，表面一般要镀铑。退火态硬度约 HV80，加工态硬度约 HV140，与 95％Pt-5％Ir 合金相近。密度 20.51g/cm^3，熔点 1755℃，铸造流动性较好，铸件常出现缩松缺陷。

(3) 85％Pt-15％Pd 合金：在日本和中国香港用来加工链子，退火态硬度约 HV90，延展性好。密度 20.03g/cm^3，熔点 1750℃。

总之，不同合金元素组成的二元铂合金，它们的性能存在一定的差别，在首饰生产中，针对不同加工工艺也有不同的适应性，详见表 5-8。

(二) 三元或多元铂合金

在许多应用中，二元铂合金的硬度尚不足，工艺性能也不够好，产品生产和使用过程中容易出现问题，因此发展了许多基于二元合金的三元或多元铂合金，如 Pt-Pd-Me 合金系、Pt-Ir-Me 合金系、Pt-Ru-Me 合金系、Pt-Co-Cu 合金系等。以 Pt-Pd-Me 合金系为例，这是在 Pt-Pd 二元合金的基础上，添加 1 种或几种其他的合金元素构成的铂合金。由于 Pt-Pd 合金的硬度很低,铸造性能也一般,通过在其中添加 Cu、Co、Ru 等元素,可以有效改善合金的综合性能。

表 5-8 常见铂合金系的应用场合

合金类型	熔焊	钎焊	油压	冲压	精密铸造	锤打	镶嵌	制链	配件	扣件
Pt-Co 合金	●	●	●	●	●●●	●●	●●	●●	●	●
Pt-Cu 合金	●●●	●●●	●●●	●●●	●●	●●	●●	●●	●	●●●
Pt-Pd 合金	●●	●●	●●	●●	●	●●	●●●	●●●	●●	●●
Pt-Rh 合金	●●	●●	●●	●●	●	●	●●	●●	●	●●
Pt-Ru 合金	●●	●	●●	●●	●	●	●●	●●	●●	●
Pt-Ir 合金	●●●	●●	●●	●●	●	●●	●	●●●	●●	●●●
Pt-W 合金	●●●	●●●	●●●	●●●	●	●	●	●●	●●	●●

注:●●●表示推荐;●●表示可满足;●表示有困难。

1. Pt-Pd-Cu 合金

在 Pt-Pd 合金中添加少量 Cu,可以提高硬度和耐磨性,并降低合金成本。Cu 含量过高会影响合金的颜色、耐蚀性和抗氧化性,在铸造、热处理、焊接等操作时表面容易氧化变暗。故一般控制 Cu 加入量为 3%~5%,此时合金的颜色基本不受铜的影响,在热加工时表面形成的氧化铜膜层可浸渍于稀硫酸中消除。Pt-Pd-Cu 合金的加工性能和硬度得到改善,且随着铜含量的增加,合金的硬度增加,特别是加工态使用时,可用于制作硬饰件,如项链、手镯、胸针、耳环、坠饰等,产品相对容易抛光。Pt-Pd-Cu 合金的铸造性能一般,在大气下铸造易吸气氧化,合金相对较脆,需要在惰性气氛或真空环境下铸造。该合金在中国和日本应用较广。

2. Pt-Pd-Ru 合金

在 Pt-Pd 合金中添加 Ru,可以提高合金硬度和耐磨性,在一定程度上改善铸造性能,合金的抗腐蚀性较好。合金的延展性较好,可用作通用合金,用于不同的成型加工工艺。

3. Pt-Pd-Co 合金

添加 Co 可以改善 Pt-Pd 合金的铸造性能和加工性能,提高合金的硬度、强度以及与耐磨性,并使合金的加工硬化速率提高(图 5-11)。在 Pt900 中添加 5% 的 Co 后,合金的加工硬化水平明显高于 90%Pt-10%Pd 合金和 90%Pt-10%Ir 合金,并且也明显高于 18K 黄金。因此,Pt-Pd-Co 合金常以加工态制作硬饰品。由于 Co 容易氧化,在大气中退火或焊接时合金表面易形成氧化钴膜,因此合金中添加的 Co 含量一般在 5% 以内。Pt-Pd-Co 合金可作为通用合金,既可以铸造,也可以冷加工。

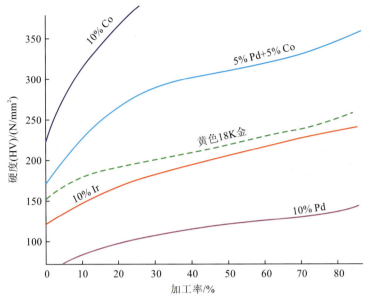

图 5-11 不同合金的加工硬化水平对比

（据李大德，1998）

不同合金元素、不同成色的三元铂合金，其主要性能及应用见表 5-9。

表 5-9 三元铂合金的主要性能及应用（修改自宁远涛，2004）

合金	熔点/℃	密度/(g/cm³)	退火态硬度 HV/(N/mm²)	退火态抗拉强度/MPa	应用	主要应用地
90%Pt-7%Pd-3%Cu	1740	20.7	100	300~320	一般应用、加工件	日本、中国
90%Pt-5%Pd-5%Cu	1730	20.5	120	340~360	加工件	日本、中国
85%Pt-10%Pd-5%Cu	1750	20.3	130	350~370	加工件	日本
95%Pt-7%Pd-3%Co	1740	20.4	125	350~370	一般应用	日本、中国
85%Pt-10%Pd-5%Co	1710	19.9	145	500~520	铸件、加工件	日本
85%Pt-12%Pd-3%Co	1730	20.1	135	370~390	铸件、加工件	日本
80%Pt-15%Pd-5%Co	1730	19.9	150	—	硬饰件	日本
95%Pt-3%Co-2%Cu	1765	20.4	115	370	铸件、加工件	中国

三、铂合金首饰生产中的常见问题

由于铂合金材料的特殊属性，铂金首饰铸造具有熔炼温度高、保持液态时间短、金属液容易被污染的特点，容易产生铸造缺陷；铂金首饰的硬度较低，韧性高，其生产难度要远大于金、银首饰。

1. 熔炼坩埚

铂金的熔点高,对熔炼坩埚的耐热度、热稳定性、化学活性等有很高的要求。为保证冶金质量和生产稳定性,熔炼铂金的坩埚应具有如下性能。

(1) 高熔点和耐火度。能承受铂金液的高温,不发生熔融和软化变形。

(2) 良好的抗热震性。能承受感应加热熔炼铸造时的快速加热和冷却交替变化,不出现热震开裂。

(3) 良好的化学惰性。在高温下具有较强的抗金属液侵蚀能力,不与金属液发生化学反应,不会被金属液侵蚀冲刷穿孔。

(4) 足够的机械强度。能承受金属炉料投料冲击和离心浇注的外力作用,不易出现开裂剥落。

石墨坩埚常用于有色金属熔炼,也是金银合金熔炼时的优选坩埚材料。但是,由于铂金在熔融状态下能大量溶解碳,而在凝固时,碳以纤维状或片状石墨形态析出在晶界上,导致铂金的脆性断裂,故铂金不适合采用石墨坩埚熔炼,只能选择氧化物坩埚。

氧化物坩埚的材质范围较宽,但是并非每种氧化物坩埚均适合熔炼铂金。如氧化铝、氧化锆、氧化镁等材质,它们均具有很高的熔融温度(氧化铝2050℃,氧化镁2800℃,氧化锆2680℃),是常用的坩埚材料,但是其抗热震性很差,应用于铂金首饰铸造时很容易出现破裂而过早失效。

目前铂金首饰铸造时,基本采用石英坩埚。石英坩埚具有较好的抗热震性,基本可以承受感应加热浇注时的骤冷骤热,但是它也具有一个比较突出的问题,其耐火度不足以承受铂金熔炼时的高温。随着使用次数的增加,坩埚侧壁和坩埚底的壁厚不断减薄,有效容积增大。同时,坩埚熔炼区的外径略有缩小(图5-12)。特别是当原材料没有经预合金化处理,而直接在坩埚内熔炼时,为促进成分均匀往往采取更高的熔化温度和更长的熔炼时间,导致坩埚发生熔蚀的概率增加,恶化金属液的冶金质量。表5-10是坩埚在使用不同次数后的尺寸及体积。因此,当前的石英坩埚不能很好地满足高质量铂金首饰的铸造要求,需要开发在抗热震性和耐火度之间匹配更佳的坩埚材料。

表 5-10 石英坩埚熔炼铂金后的壁厚及有效容积变化

熔炼炉次/次	渣线处侧壁厚度/mm	坩埚底厚/mm	熔炼区外径变化/mm	有效容积/mL
0	8.1	12.9	0	35.85
4	7.0	11.6	0.14	36.94
10	4.6	9.1	0.44	39.48

2. 铸型材料

铂金铸造温度高,金属液相对密度大,且常采用离心浇注的方式,采用的铸型材

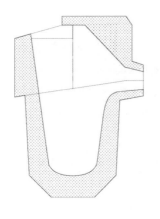
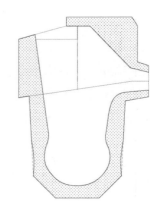

图 5-12 石英坩埚熔炼区多次使用后的尺寸变化示意图

料须满足耐热度高、热稳定性好、与金属液不容易反应、铸型强度高、有一定的透气性等性能要求。金银首饰精密铸造,基本采用石膏型铸型材料,这种铸型材料的使用非常方便,浆料可在短时间内凝结固化,在铸造后也可以方便地进行清理。但是,铂金首饰铸造时,却不适合使用石膏铸型材料,因为石膏的热稳定性较差,在 1200℃ 就会发生热分解,并且石膏铸型的强度较低,而铂金铸造时金属液浇注温度往往在 1850℃ 以上,如采用石膏铸型材料,铸件将产生严重的气孔、砂眼等缺陷。

为此,铂金铸造时要采用磷酸盐、硅溶胶等作为黏结剂的铸型材料,它们的高温强度比石膏铸型高得多,热稳定较好,有利于获得表面质量较好的铸件。但是,这些铸型材料混制的浆料,不像石膏铸粉浆料可以在短时间内自行凝结,而需要使浆料缓慢脱水才能获得初步的湿强度,否则在焙烧时铸型容易开裂而导致铸件出现披缝、砂眼等缺陷(图 5-13)。磷酸盐、硅溶胶黏结铸型的强度很高,退让性差,对于铸态塑性较差的铂合金,容易引起裂纹。铸型残留强度很高,铸件清理困难。

图 5-13 铂金铸树上出现的披缝缺陷

3. 铸造缺陷

铂金首饰铸造时很容易出现气孔、缩松、夹杂物等铸造缺陷。图 5-14 是 Pt950 铂金戒指铸件上出现了气孔缺陷。气孔的出现与合金性质、熔炼铸造工艺有很大关系,铂合金有较强的吸气倾向,当合金处于大气下或真空度不足的气氛中进行熔炼时,高温金属液就容易吸收气体,金属液温度越高,吸气越严重,而当金属液浇注到铸型内时,金属液瞬间降温,气体在金属液中的溶解度急剧下降,溶解不了的气体发生析出,当析出的气体来不及排除,就会被滞留在铸件表面或内部形成气孔。铂合金的熔化温度高,都存在一定的吸气倾向,但是不同类型的合金,吸气倾向有一定差别,在同等过热度的条件下,Pt-Pd合金的吸气倾向一般比其他合金要大些。如果铸件经常出现气孔,可优先选择吸气倾向小一些的合金,并在熔炼时加强保护,减少吸气。

图 5-14　Pt950 戒指铸造时出现的气孔缺陷

图 5-15 是 Pt900 戒指铸造时出现的显微缩松缺陷,这是在铂金首饰铸造时普遍遇到的难题。缩松缺陷显著恶化了首饰表面的抛光质量,严重的缩松还会影响首

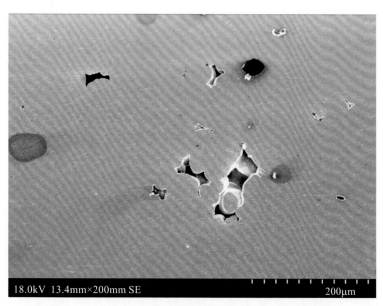

图 5-15　Pt900 戒指铸造时出现的显微缩松缺陷

饰的机械性能。其原因在于铂金合金的熔点很高,且金属液的黏度较高,流动阻力大。金属液浇注到铸型后会快速降温,保持液体的时间短,当铸件发生凝固收缩时,如果金属液难以克服沿程阻力到达需要补缩的区域,最终就会在铸件留下缩松。结晶间隔越宽的铂合金,凝固时形成的枝晶就越发达,金属液凝固过程中就越容易被隔离成孤立的小液区,当这些液区发生凝固收缩时,难以得到外界金属液的补充而形成显微缩松。因此,铂金首饰铸件容易出现缩松缺陷,铸造时应优先选择流动性更好、结晶间隔更小的铂合金,并且其浇道尺寸一般要比金银首饰更大。

4. 铂金抛光

铂金首饰生产中,表面抛光难是一个十分普遍的问题,这与铂金的性质密切相关。国内铂金镶嵌首饰以 Pt950 应用最广,材料的硬度较低,而铸造成型的坯件通常致密度不够,存在气孔、缩松等缺陷,使得抛光时很容易产生划痕,而抛光后表面因为硬度低,容易碰凹磨花。

因此,生产中应通过固溶强化、细晶强化、时效强化、形变强化等途径,设法提高铂合金的硬度,并采取措施改进首饰坯件质量,提高坯件的致密度。在打磨过程中要正确判断表面缺陷状况,选择合适的纠正措施,要用越来越细的砂纸对表面反复进行打磨,直到最后的划痕非常细小,好像看不见一样。在抛光时要避免产生过热,否则抛光介质容易黏附在工件表面,与下一道更细的抛光介质混杂在一起,引起交叉污染。

第三节　饰用钯及其合金材料

一、钯金首饰

1. 钯金首饰发展历史

作为一种稀有的白色贵金属,钯金在首饰方面的运用,其实早于 20 世纪 40 年代就已经出现了。在"二战"期间,铂金因为被政府作为战略性储备而停止民间的使用,一些知名珠宝品牌,例如美国的蒂芙尼,就曾经选用钯金代替铂金进行首饰制作。在战后,钯金却并没有在首饰业中广泛使用起来。究其原因,虽然当时铂金的价格还在相对能接受的范围之内,但钯金的特殊物理性质增加了其制作过程的难度。正因如此,钯金在首饰制作中仍一直扮演着"绿叶"的角色。在日本和中国早期的铂金首饰中,其中的配料或俗称补口,用的就是钯金,所以钯金在首饰业中的应用是有的。钯金真正广泛应用于首饰,起源于中国。在 2003 年末,当铂金价位持高的时候,我国就开始大力推广利用钯金制作首饰,钯金首饰快速成为珠宝首饰市场的新宠,很多珠宝店都开设了钯金首饰专柜,钯金首饰市场得到了迅猛发展,而中国成为全球最大的钯金首饰消费国。与此同时,美国、日本以及欧洲等也分别发展了钯金首饰,众多国际著名珠宝商、时尚顶尖首饰设计师普遍看好钯金首饰的广阔发展前景。国际知名品牌也开始聚焦钯金首饰,并充分利用钯金特有的璀璨光泽及可塑性强的特点,创造出一件又一件极富现代感和时尚特色的首饰。然而,与铂金首饰相比,钯金的化学性质稳定性相对较差,钯金首饰在佩戴一段时间后会变得晦暗,此外钯金首饰的密度小,会有轻飘飘的感觉,质感较差;而加工难度比铂金大,熔炼时容易飞溅,损耗量大,产品容易出现气孔、断裂、焊接变色等问题,对各个环节都有很高的要求,普通金铺和首饰加工厂的技术水平难以加工钯金,因此大多数金铺都不愿回收钯金首饰。这使得国内的钯金首饰市场在经历了短暂的辉煌后遭遇了发展瓶颈,特别是近年来,钯金的价格因环保市场需求激增而一路暴涨,价格大幅超过铂金,更是阻碍了钯金首饰的发展。

2. 钯金首饰的纯度标识

纯钯金首饰是最高成色的钯金首饰,理论成色应为1000‰。纯钯金材料质地柔软,一般只能制作不镶珠宝玉石的素金首饰,如戒指、项链、耳环等。如要镶嵌珠宝玉石,则需在钯金中加入少量铱、钌、铜等其他金属,提高纯钯金的硬度和韧性。因此,大多数钯金饰品都是用钯合金制作的,按成色可分为高成色钯金和低成色钯金,高成色钯金的钯含量通常在80%以上,其中以含钯95%的合金最常用;低成色钯金的钯含量通常不超过50%。

为保证每件首饰中钯的纯度,每件钯金饰品上,必须打上Pd纯度标识。世界上大多数国家都以质量千分数来表示钯合金首饰的成色,如Pd850、Pd900、Pd950、Pd990等,它们分别代表饰品中Pd的纯度为850‰、900‰、950‰和990‰。

二、钯合金首饰材料

(一)纯钯

钯对可见光的平均反射率约为62.8%,比银、铂都低,呈灰白色。钯的耐腐蚀性能是所有铂族金属中最低的,但还是优于银。在常温大气环境下,钯呈现较好的耐腐蚀性和抗晦暗性。钯的密度为$12.02g/cm^3$,属轻贵金属,与金、铂相比,同等体积的钯首饰质量更轻,同等质量的钯首饰则看起来有更大的体积。

纯钯在退火态下,硬度约为HV42,抗拉强度约为190MPa,延伸率为35%~40%,具有较好的加工性能,形变量为50%时,硬度提高到HV110,抗拉强度约350MPa。钯的加工硬化速率比铂高。

(二)饰用钯合金

由于纯钯的强度和硬度低,用于制作首饰很容易变形磨损。因此,实际生产中经常需要对它进行强化处理。高成色钯合金只能含有少量或微量合金化元素,它们应具有高硬化或高强化效应。不同合金元素对钯的强化效果差别较大(图5-16),其中硬化和强化效果较好的元素有Ru、Ni、Ir、Cu等。

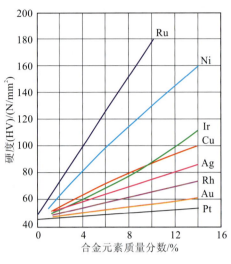

图 5-16 合金元素对钯的强化效果
（据宁远涛等，2013）

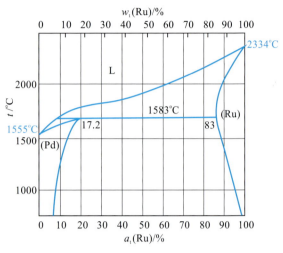

图 5-17 Pd-Ru 二元合金相图
（据梁基谢夫，2009）

1. Pd-Ru 合金

Pd-Ru 二元合金相图如图 5-17 所示。该合金属于包晶系合金，钌在钯中的最大固溶度为 $17.2\%(a_t)$，包晶反应温度为 $1583℃$。Pd-Ru 合金在高温时为单一固溶体，随着温度降低，钌在钯中的固溶度下降，在某温度下析出富钌相，对合金产生强化作用。

在常用的合金元素中，钌对钯的强化作用最强，且合金具有较高的加工硬化率。随 Ru 含量的增加，固溶态 Pd-Ru 合金的硬度和强度明显增加，合金的加工硬化率增大。含较低钌的 Pd-Ru 合金具有良好的加工性能，但是当钌含量超过 $12\%(w_t)$ 后，合金的加工性能恶化，因此用作饰品的 Pd-Ru 合金，含钌量一般较低，以 95%Pd-5%Ru 最为常见，该合金的性能见表 5-11。钌的加入可以提高钯对可见光的反射率，使其显得更白亮；钌还可以提高钯的抗腐蚀性。

表 5-11 95%Pd-5%Ru 合金的主要性能

熔点/℃	密度/(g/cm³)	颜色	硬度 HV/(N/mm²)			抗拉强度/MPa	
			固溶态	固溶时效态	加工态(50%)	固溶态	加工态(50%)
1590	12	银白色	100	160	180	420	650

95%Pd-5%Ru 可以加工成型材，再通过冲压、机械加工等方式制作首饰或其他装饰品；也可以用熔模铸造的方法直接铸造成首饰坯件，再经执模镶嵌成为饰品。

2. Pd-Cu 合金

Pd-Cu 二元合金相图如图 5-18 所示。合金在高温区为连续固溶体，温度降低到598℃以下,在钯含量降低的成分范围内,Pd-Cu合金出现有序化转变,形成不同的有序相,提高了合金的硬度。由于铜含量达到一定程度后将影响合金颜色及耐腐蚀性能,因此饰用Pd-Cu合金的铜含量一般在10%以内,此成分远离有序化转变区,合金组织基本为单一固溶体相,铜与钯均为面心立方结构,两者的原子半径差距不大,因此铜在钯中的强化作用不是很明显。

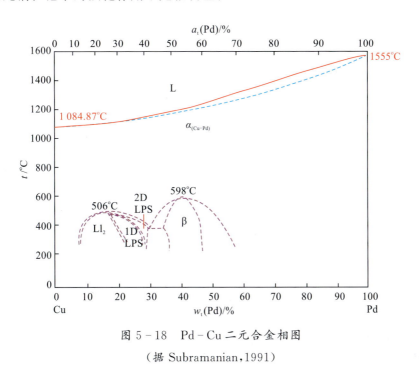

图5-18 Pd-Cu二元合金相图

(据Subramanian,1991)

注:$L1_2$代表Cu_3Pd型有序相;β代表CuPd型有序相;1D LPS代表一维反相畴结构;2D LPS代表二维反相畴结构;506℃代表$L1_2$有序相转变的起始温度;598℃代表β有序相转变的起始温度

在Pd-Cu合金系中,95%Pd-5%Cu合金应用最广,其主要性能见表5-12。

表5-12 95%Pd-5%Cu合金的主要性能(据宁远涛等,2013)

熔点/℃	密度/ (g/cm^3)	颜色	硬度HV/(N/mm^2)		抗拉强度/MPa		延伸率/%
			固溶态	加工态(75%)	固溶态	加工态(75%)	固溶态
1490	11.4	银白色	60	160	250	550	30

95%Pd-5%Cu合金的熔点比Pd-Ru合金低,而且其结晶温度范围很小,对铸造性能有利。不过,由于钯本身的吸气倾向大,铸造时还是容易出现气孔等缺陷。

由于Pd-Cu合金的硬度较低,在其基础上添加适量的硬化效应较高的合金化元素Ni、Ga、In,可以进一步提高合金的硬度。

95%Pd-5%Cu合金可以加工型材制作饰品,也可采用熔模铸造工艺制作饰品。二元合金可以制作素金饰品,含有强化元素的三元或多元合金可用于制作镶嵌饰品。

3. Pd-Ga 合金

Pd-Ga 二元合金相图如图 5-19 所示。其完整的相图尚未建立,但推测 Ga 含量较少时,凝固形成连续固溶体,随着温度下降,镓在钯中的固溶度下降,析出沉淀相,起到沉淀强化作用。当镓含量达到一定程度后,凝固时形成一系列的中间相,合金变得硬而脆。因此在实用的 Pd-Ga 合金系中,镓含量通常不超过 5%,其产生的强化作用明显超过铜,具有较高的硬化效应。

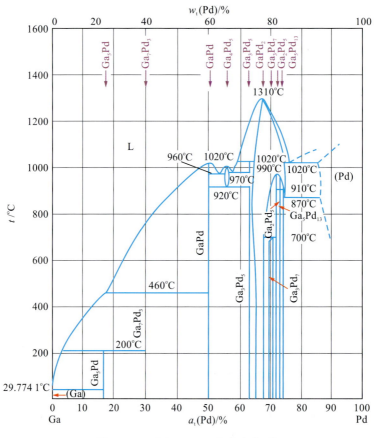

图 5-19 Pd-Ga 二元合金相图

(据梁基谢夫,2009)

镓的熔点极低,它添加入钯后也降低了合金的熔点,95%Pd-5%Ga 合金熔化温度低于 95%Pd-5%Cu 合金,但是 Pd-Ga 合金的结晶间隔大于后者。镓的沸点很高,但是它在大气下容易氧化,因此熔炼和铸造时需要采用真空或惰性气体保护。95%Pd-5%Ga 可作为通用合金,能通过加工型材或熔模铸造制作饰品,因强度较高可以制作镶嵌饰品。

生产中为进一步改善合金的性能,在 Pd-Ga 合金的基础上,添加 In、Ag 等其他合金元素,如美国 Hoover & Strong 公司开发了 95%Pd-5%Ga/Ag 合金,其退火态硬度为 HV125,结晶间隔只有 30℃,意大利 Legor 公司开发了 95%Pd-5%Ga/In 合金,退火态硬度为 HV103,结晶温度间隔为 50℃,这些合金具有较好的铸造性能,铸件质量相对较好,且合金的回用性也不错。

4. Pd-Ag 合金

Ag-Pd 二元合金相图如图 4-13 所示。该合金在液相和固相均无限互溶,形成连续固溶体。将 Ag 添入 Pd 中,降低了合金的熔点,并提高了合金的白度和亮度。

Pd-Ag 合金具有较好的铸造性能,对首饰生产比较有利。从图 5-16 可以看出,银对钯具有一定的硬化作用,但是效果不突出。对于成色较高的钯首饰而言,Pd-Ag 合金的强度和硬度难以满足生产要求。因此在该合金基础上添加 Ru、Ni、Cu、Ga、In 等其他合金元素,开发了强度性能更好的三元或多元合金。

苏联曾在 Pd-Ag 合金中添加少量 Ni 以强化合金,开发了 85%Pd-13%Ag-2%Ni 合金,该合金为单相固溶体,熔点约 1450℃,退火态硬度约 HB100,合金具有较好的抗腐蚀性和化学稳定性,加工性能良好。

在 Pd-Ag 合金基础上添加 Cu,可在一定程度上提高合金的硬度,但是对于成色较高的钯合金,Ag 和 Cu 的联合强化效果也是有限的(图 5-20)。

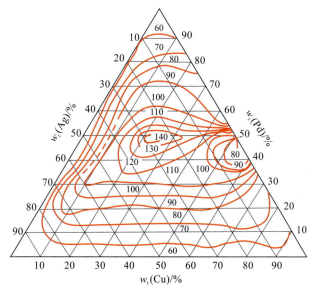

图 5-20　Pd-Ag-Cu 合金的退火态硬度等高线分布图

(据杨如增等,2002)

在 Pd-Ag 合金基础上添加 Ga 可明显改善合金的强度,且随着 Ga 含量的增加,合金的强度、硬度提高。德国 Heimerle & Meule 公司开发了成色为 Pd585 的 Ag290RuW 合金,退火态硬度可达 HV170,熔化温度范围为 1166～1245℃,可用于首饰铸造。

三、钯金首饰的常见问题

1. 晦暗变色问题

钯金首饰在佩戴一段时间后，表面常变得晦暗。这是由钯金本身的属性所决定的，Pd 的化学稳定性相对较差，其 d 电子层未充满，易吸附有机气体，吸附的有机物在 Pd 的催化作用下，芳香族化合物转变为脂肪族化合物或复杂的混合物，表面会形成暗褐色有机聚合物薄膜，呈现所谓的"褐粉效应"。要改善钯首饰的抗晦暗性能，从材料和工艺的角度，需要在 Pd 中添加能增强抗有机物污染能力的合金元素，如 Ag、Au、Cu、Ni、Sn 等。另外，钯合金本身的白度是不够的，通常要在表面电镀铑，需要改进镀铑工艺，提高镀层的使用寿命。而在使用时也要注意减少环境中有机物污染源，尽量不在含甲苯、乙醚、苯酚等有机物或气氛中使用或存放。

2. 铸造工艺问题

大部分镶嵌首饰需要通过铸造成型，而钯金首饰的铸造难度大大超过金、银首饰。这与钯合金的性质有关，主要表现为以下几个方面：

(1) 钯合金熔炼时不能采用石墨坩埚，因为它也会出现与铂金一样的"碳中毒"问题，只能采用石英、镁砂等陶瓷坩埚。

(2) 钯合金的熔体有很强的吸气倾向，熔炼时金属液易飞溅，损耗高，对铸造设备和熔铸工艺均有较高要求。

(3) 钯合金的熔点较高，铸造温度基本都在 1400℃以上，高成色的钯金铸造温度甚至达到 1700℃，因此，如使用常规的石膏铸型将引起严重的反应，必须使用以磷酸盐等为黏结剂的陶瓷铸型。

3. 钯金首饰的维修及回收问题

钯金首饰的工艺难度较大，产品难免存在各种各样的问题，在使用过程中这些问题可能暴露出来，如出现变色、暴露孔洞缺陷、出现裂纹或断裂等，而首饰市场尚未形成完善的售后维修保养服务渠道，普通的金铺或首饰工厂在遇到钯金首饰维修或回收需求时，多数限于硬件条件和工艺技术而难以承接，无疑会给钯金首饰消费者带来困扰。

参 考 文 献

何纯孝,马光辰,王文娜,等,1983.贵金属合金相图[M].北京:冶金工业出版社.
李大德,1998.简述铂金(Pt)首饰的制作工艺(下)[J].珠宝科技(4):55-60.
梁基谢夫,2009.金属二元系相图手册[M].郭青蔚,等译.北京:化学工业出版社.
卢宜源,宾万达,2006.贵金属冶金学[M].长沙:中南大学出版社.
宁远涛,宁奕楠,杨倩,2013.贵金属珠宝饰品材料学[M].北京:冶金工业出版社.
宁远涛,2004.铂合金饰品材料[J].贵金属,25(4):67-72.

全国首饰标准化技术委员会,2013. 首饰 贵金属纯度的规定及命名方法:GB 11887—2012[S]. 北京:中国标准出版社.

杨如增,廖宗廷,2002. 首饰贵金属材料及工艺学[M]. 上海:同济大学出版社.

张大伟,魏燕,汪俊,等,2018. 铂饰品材料的强化研究进展[J]. 贵金属,39(4):83-89.

BIGGS T,TAYLOR S S,VAN DER LINGEN E,2005. The hardening of platinum alloys for potential jewellery application[J]. Platinum Metals Review,49(1):2-15.

KLOTZ U E,DRAGO T,2010. The role of process parameters in platinum casting[C]//The Santa Fe symposium on Jewelry Manufacturing Technology 2010. Albuquerque, New Mexico,USA:Met-Chem Research Publishing Co.:286-325.

OKAMOTO H,1991. Pt-Pd(Platinum-palladium)[J]. Journal of Phase Equilibria and Diffusion,12(5):617-618.

OKAMOTO H,2008. Pt-Ru(Platinum-Ruthenium)[J]. Journal of Phase Equilibria and Diffusion,29(5):471.

SUBRANMANIAN P R,Laughlin D E,1991. Cu-Pd(Copper-Palladium)[J]. Journal of Phase Equilibria,12(2):231-243.

第六章 贵金属首饰成色的检测方法

第一节 贵金属首饰成色检测的原则

对贵金属首饰的成色进行检测，古代即已有之，先民们主要依据五官的感知，凭着已有的经验进行检测，以判断贵金属首饰的成色。例如，用眼睛观察其色泽，用手掂其质量，用牙咬感知其硬度等。当然，这其中也包含了一定的科学道理。但是，随着科学技术的发展，科学检测仪器的不断发明和更新，在贵金属首饰成色检测这一具有悠久历史的领域，已经引入了一些现代的科学检测仪器，尤其在商业检测方面更是如此。

现代的贵金属首饰成色检测技术是以科学仪器检测为基础的，具有测定准确、时间短、成本低、操作简便等特点，并朝着更快速、更简便、更准确的方向发展。随着科学技术的不断进步，贵金属首饰成色检测技术和方法将更趋完善。

在贵金属首饰成色检测过程中，一般必须遵循以下3个方面的原则。

(1)应尽可能地做到无损检测。因此，在选择检测方法上，应尽可能地选择对贵金属首饰外观没有损伤的检测方法，如实在无法避免，则必须征得委托方的同意或授权。

(2)检测应保持一定的精度。也就是说，其检测的精度应在相应的标准范围内。

(3)检测成本应尽可能地低。

对于贵金属首饰成色检测的具体目标，主要包括两个方面的内容：其一是鉴别贵金属首饰的真伪；其二是鉴定贵金属首饰的成色。

第二节 贵金属首饰成色常用简便检测方法

自古以来，古代人们根据贵金属的特性，摸索出了一整套鉴别贵金属成色和真伪的经验方法，正确利用这些方法可以有效、快速、定性地鉴别出贵金属首饰的真伪和成色。

一、观色泽法

古代人们认识到黄金的颜色与含量之间存在着一定的对应关系。民间有"四七不是金""七青、八黄、九紫、十赤"之说。"七青"是指含金70%，含银30%，黄金显青黄色泽；"八黄"指含金80%，含银20%，黄金显金黄色泽；"九紫"指含金90%，含银10%，黄金显紫黄色泽；"十赤"指含金量接近100%，含银极低的赤金、足金、足赤或纯金，黄金显赤黄色泽。这种传统的经验总结方法，仅对判断含银的清色金有效。

对于纯金（足金、赤金、足赤金、千足金、24K金）而言，金黄色之上还略微显露出红色调，民间所谓的"赤金"或者"足金"，其颜色就是这种纯金的颜色。对于K金（22K、18K、14K、10K、9K、8K）而言，金饰品的颜色反映了黄金的杂质种类和比例。一般来说，含银的清色金系列黄金颜色偏黄，而含铜的混色金系列颜色偏红。

根据显示的颜色判断黄金成色的高低，只能是一种定性的描述。随着现代科学技术的发展，不同成色的黄金可以显示相同的颜色，这点我们在前面已经介绍过了，用这种方法判别自然金的成色具有一定的道理。

传统工艺制作的首饰中，假银首饰多采用铝或铝合金、白铜、锡或锡合金等，通常色泽灰暗，光洁度亦差；低银首饰色微黄或灰，精致度差；高银首饰细腻光亮、洁白，光洁度较好。一般而言，当饰品为银与铜的合金时，85银呈微红色调，75银呈红黄色调，60银呈红色，50银呈黑色；当饰品为银与白铜的合金时，80银呈灰白色，50银呈黑灰色；当饰品为银与黄铜的合金时，含银量越低，首饰颜色越黄。一般颜色洁白、制作精细的首饰成色都在九成以上，颜色白中带灰带红、做工粗糙的首饰成色在八成左右，而颜色为灰黑色或浅黄红色的首饰成色则多在六成以下。需要提出的是，现代工艺制作的仿银或低银首饰，在表面电镀银或铑，其颜色、精度和表面光洁度可与真银首饰无异，则无法用眼来观测判别饰品的成色。

铂金成色和合金元素组成不同，显示的颜色也有所差别：成色较高的铂金，呈现青白微灰色；含有一定量的Cu或Au的铂金，颜色呈青白微黄色；含有较多Ag的铂金，颜色呈银白色。钯金首饰一般呈现钢白色，金属光泽较好。仿铂金或钯金首饰的材质多为白铜、镍合金、钛合金等，它们都易氧化晦暗。

二、试金石检测法

试金石法是最古老的鉴定金银真伪和成色的工具与方法，世界各文明古国都有使用试金石鉴别金银的记载。它是将被检测的饰品和金兑牌（一套已经确定成色的金牌，简称兑牌）在试金石上划出条痕，通过对比留在试金石上条痕的颜色，确定饰品真伪和成色高低的一种方法。这种检测方法，过去一直被认为是一种比较准确、可靠且快捷的检测方法。直至今天，许多金银回收铺，仍经常使用这种方法对物料进行快速鉴别，既可以检测金饰品的成色，也可用来检测银饰品的成色。

传统试金石多为黑色或灰色石头，材质一般以黑色燧石或硅质板岩为主，摩氏硬度约为6.5，质地细腻。中国新疆的古宗金铜遗址附近的暗色硅质岩卵石，戈壁滩上俗称"沙漠漆"的风成带棱的暗色硅质岩和南京的黑色雨花石等，经过磨制都可加工成为很好的试金石。金兑牌是用不同标准成色的黄金制成的细长小牌，牌上刻有该枚金牌的标准成色，一端钻有小孔，可用绳索贯穿成组，一般一组有多枚，如图6-1所示。金兑牌分类越细，覆盖的颜色越广泛，分析结果越准确。

试金石法检测黄金饰品成色，实际上是一种比色法。其方法如下：

（1）准备试金石。用清水磨洗试金石工作面，冲洗干净，吹干。在石面上用蓖麻油涂敷形成油道，长至试金石两端，宽度以20mm为宜。敷油后用洁净的绸布把浮油拭去，使油道保持很薄的

图6-1 试金石和金兑牌

一层。油层过厚时易滚油并起黑色，但如擦得过干则不易着色。油道的边缘要直、齐，与试金石的边缘平行，并与没有抹油的部分形成明显的分界，这样方便保持所磨的金道长短一致。注意手指不要接触石面，避免石面沾染灰尘和污湿潮气，尤其是口中气、手中汗，否则不易着色。

（2）磨道。用试金石磨道时一般左手握石，右手拿金，握石要拇指在上，余指在下，敷油的一侧在上面，将石横在手中握牢，稳定在桌面上不要活动。磨道时要将待测饰品或兑牌紧紧顶住石面，拿金的右手，要用腕力。磨道一般20～30mm长，3～5mm宽。实物道与兑牌道要长、宽一致，并可在实物道两侧各磨上兑牌道，以便比较色泽。如实物道的颜色与兑牌道不一致，另选兑牌再磨道观色，直到两道颜色一致。

（3）鉴别。把金在试金石上面一划，则有色有痕。人们在长期实践中，总结出一套试金石鉴别其真假与成色的经验，即所谓"平看色，斜看光，细听声"。对于只含银的清金，性软，金道呈青色，无浮色，以"平看色泽"为主，"斜看浮色"为辅；对于含银、铜的混金，磨道时有声音，有浮光，以"斜看浮色"为主，"平看色泽"为辅。在金道上采用酸液腐蚀可以增加颜色差异，突出辨别特征。所使用的酸液应能优先与贵金属材料中的贱金属和银起反应，根据合金成色的不同，使用的酸液可为硝酸、硝酸与氯化盐的混合液、硝酸与盐酸的混合液等。

试金石法检测黄金饰品成色，是通过肉眼观察比较而定，观察色泽浓淡，需要丰富实践经验，受人为影响因素较多，精度有限。加上黄金饰品种类越来越多，成分越来越复杂，金兑牌数量有限，对包金或镀金饰品难以区别等原因，随着黄金无损检测技术的不断发展，试金石法已逐渐被其他更方便、简洁、精确的方法替代。

三、掂重法

黄金的密度很大，纯金的密度达19.32g/cm³，用手掂重，感觉沉，有明显的坠手感。由于黄金的密度远大于铅、银、铜、锡、铁、锌等金属。因此，无论是黄铜（铜的密度为8.9g/cm³），还是铜基合金，或是仿黄金材料，如稀金、亚金、仿金等，还是镀金、

鎏金、包金等饰品，用手掂重，均不会如黄金的沉甸甸的感觉。掂重法对判别24K金最为有效，但对密度与金相似的钨合金的镀金或包金制品的鉴别，这种方法无效，因为用手掂重，很难感觉出两者的差异。

铂金的密度为21.45g/cm³，同体积铂金的质量是白银（白银的密度为10.49g/cm³）的2倍多，也比黄金的密度大，用手掂重更具有十分明显的坠手感。因此，采用掂重法区分铂金、黄金和白银饰品时，有这样的口诀："沉甸甸的是铂金或黄金，轻飘飘的是白银或黄铜。"

由于白银与铝和不锈钢的密度，也存在着较大的差异，也可以依据掂重法加以区别，有这样的口诀："铝质轻，银质重，铜、钢制品不轻也不重。"

四、扳延性法

弯折饰品的难易程度，也可以间接地判断黄金饰品的成色和贵金属材料的类别。纯金具有极好的延展性，这是黄金具有较高韧性和较低硬度的综合表现。白银次之，铂金较白银硬，而铜的硬度最大。金银合金稍硬，金铜合金更硬，合金的含金量越低则硬度越高。例如，纯金饰品在其开口处或搭扣处，用手轻轻扳动一下，感觉非常柔软，而仿金材料没有这种感觉。因此，纯金易弯折不易断，而成色低的金饰品，不易弯折而易断。

利用这种方法对金银饰品进行检测时，应特别注意饰品的宽度和厚度对弯折度的影响。一般情况下，饰品宽而厚，弯折时相对感觉硬一些；反之，饰品窄而薄，弯折时感觉要软一些。

五、划硬度法

贵金属饰品的硬度与含金量有着密切的关系，成色越高，硬度越低。纯金硬度很低，民间常用牙咬的方法试之，由于牙齿的硬度大于黄金，可以在黄金上留下牙印，此时黄金为高成色黄金。而仿金材料硬度大，牙咬不易留下印痕。在检测时，通常用一根硬的铜针，在饰品的背部或不显眼的位置，轻轻地刻划，留下的划痕越深，说明其含金量越高，反之则划痕不明显或较浅。需要特别注意的是，在商业检测中，用这种方法检测贵金属饰品成色，属破坏性检测，应征得委托方的同意或授权。

纯银硬度也较低，指甲可刻划。如饰品软而不韧，可能是含锡或铅；如饰品硬而不韧，则可能是铜（白铜）、铁或其他合金制品。

六、火烧法

俗话说"真金不怕火炼""烈火见真金"，黄金熔点高（1063℃），在高温下（熔点之下）可保持不熔化、不氧化、不变色。即使温度超过熔点使黄金开始熔化，但它仍能保持色泽不变。而低成色K金、仿金材料，在火中烧至通红再冷却，均会变色，甚至发黑。

铂金的熔点(1773℃)高于黄金,火烧冷却后颜色不变,而白银火烧后冷却,颜色变成奶白色、润红色或黑红色,取决于含银量的高低。

七、听声韵法

由于黄金、白银、铂金的硬度低,将足金或高成色的黄金饰品抛向空中后,其落地声音沉闷,没有杂音,也没有跳动。将饰品落于硬质水泥地上,高成色黄金或铂金饰品会发出沉闷的响声,弹力较小;成色不高的饰品、铜或不锈钢制品会发出尖而响亮的音韵,弹跳高;传统纯金有声无韵小弹力,混金有声有韵有弹力,且弹力越大、音韵越尖越长者的成色越低。不过,随着黄金首饰制造技术的进步,当前市场上出现了大批高强度硬化足金,其成色满足千足金的标准,且具有较好的弹性。

铂金的密度高于黄金,将铂金抛向空中落在地上的声音特征与黄金的类似,以此可以区分仿铂、镀铂、包铂材料饰品。

同理,足银和高成色银饰品,由于其密度大,质地柔软,落在台板上的回弹高度不高;而假银或低成色银饰品,由于其密度小,硬度大,其回弹的高度相对较高。

八、看标记法

黄金首饰生产时,都要按国际标准打上戳记,以表明成色。我国规定,对 24K 者标明"足赤""足金""赤金"或"24K"字样。18K 金则标明"18K"或"750"等字样。

我国以千分数、百分数或成数加"银"字表示,如"800 银""80 银""八成银"都表示银的成色为 80%;国际上通常以千分数加"S"或"Silver"字样表示,如"800S""800 Silver"等均表示银的成色为 80%。还有一种包银材料印鉴,国际上多用"SF"(即 silver fill 的单词首字母)表示。

国际上用千分数加"Pt""Plat"或"Platinum"字样表示铂金的成色与质地,如 950Pt 表示铂金成色为 95%;美国则仅以"Pt"或"Plat"标记,这一标记保证铂金成色在 95% 以上。

第三节 静水力学法(密度法)

一、检测原理

纯金的密度为 19.32g/cm³,如果测得某贵金属饰品的密度低于此值,可以肯定有其他金属掺入,密度的大小与黄金的成色有着密切的关系,根据密度的大小可以推算出黄金的成色,这是密度法检测贵金属首饰成色的基本原理。

饰品体积等于饰品中纯金所占体积和杂质金属所占体积之和,得到:

$$V = V_{纯} + V_{杂} \qquad (6-1)$$

式中:V——饰品体积(mL);

$V_纯$——饰品中纯金所占体积(mL);

$V_杂$——饰品中杂质所占体积(mL)。

用万分之一分析天平准确称量,得到黄金饰品的质量 m;然后用一细丝系好首饰,准确称得其在水中的质量 m'(必要时应扣除细丝的质量)。根据阿基米德原理,物体在水中所受浮力等于其排开水的质量,即:

$$m - m' = V \times \rho_水 \qquad (6-2)$$

通常水的密度为 1g/cm^3,得:

$$m - m' = V$$

将式(6-1)代入,得:

$$m - m' = V_纯 + V_杂$$

根据物体体积和质量的关系 $V = m/\rho$,得:

$$m - m' = \frac{m_纯}{\rho_纯} + \frac{m - m_纯}{\rho_杂}$$

将上式化简,再将纯金密度 $\rho_纯 = 19.32\text{g/cm}^3$ 代入,化成质量分数,得:

$$\frac{m_纯}{m} = \frac{19.32 \times [m - (m - m') \times \rho_杂]}{m \times (19.32 - \rho_杂)} \times 100\%$$

式中:m——饰品质量(g);

m'——饰品在水中的质量(g);

$m_纯$——饰品中含纯金质量(g);

$\rho_杂$——饰品中含杂质的密度(g/cm^3)。

二、$\rho_杂$ 的取值方法

用上述公式检测黄金饰品中金的含量,m 和 m' 均由分析天平实际称量所得,剩下就是确定 $\rho_杂$ 的取值。根据经验黄金饰品中主要杂质为 Ag 和 Cu,所以杂质密度是由杂质中 Ag、Cu 的相对含量决定。其中,Ag 的密度为 10.49g/cm^3,Cu 的密度为 8.90g/cm^3,所以 $\rho_杂$ 的取值范围在 $8.90 \sim 10.49$ 之间。对 $\rho_杂$ 的取值如下:

对金银系列合金(清色金):$\rho_杂 = \rho_银 = 10.49\text{g/cm}^3$

对金铜系列合金(混色金):$\rho_杂 = \rho_铜 = 8.90\text{g/cm}^3$

对金银铜系列合金(混色金):$\rho_杂 = 1/(x/\rho_银 + y/\rho_铜)$,其中 $x + y = 1$

若 $x = y = 0.5$,则 $\rho_杂 = 9.63\text{g/cm}^3$

若 $x : y = 1 : 2$,即 $x = 0.3333, y = 0.6666, \rho_杂 = 9.375$

若 $x : y = 2 : 1$,即 $x = 0.6666, y = 0.3333, \rho_杂 = 9.901$

从上述分析可知,金基合金的密度和不同种类、不同比例的杂质金属的密度是准确计算黄金饰品成色的主要因素。只有在预先知道所测样品中杂质金属的种类比例时,才能通过密度法计算所测样品的成色,这也是密度法检测的必要条件。

这里需要特别指出的是,对于纯金饰品,静水力学法可以比较准确地测定出饰品中的金含量。或者已知合金组元的元素配比时,可以通过计算的方法,根据检测到的饰品的密度值,计算出饰品中黄金的含量。但是,当合金的组元成分配比未知时,通常不能根据检测到的饰品的密度值,计算饰品中的金含量。因此,可以说在合金组元不确定的情况下,饰品的含金量与密度值之间不存在一一对应的关系。

三、密度法检测的特点

密度法是应用阿基米德原理测试首饰的密度,由金银铜合金的密度与含金量存在的函数来计算成色含量的,该法具有便捷、快速,不损坏样品,所用仪器不多,易操作等优点,能有效鉴别黄金首饰的真伪,比如确定是属于黄金首饰还是镀金、包金,以及测定纯金首饰的金含量,对于表面无缝隙的冲压件首饰,如天元戒、马鞭链等,检验准确度较高。但不能检验空心首饰,无法对高密度掺入物作出判别,如钨的密度为 19.35g/cm³,与纯金的密度十分接近,因此用这种方法很难测定。对 K 金首饰成色检验误差大,当首饰内部存在砂眼及焊接孔洞、表面存在工作液难以浸入的缝隙、含有金银以外的杂质等因素时,会给检测结果带来误差。

四、检测方法

(一)双盘天平法

1. 检测仪器

感量为 0.1mg 的天平、浸液、垫桌、细铜丝(可用头发代替)。

(1)天平。可选用机械式或电光式天平,感量 0.1mg。

(2)浸液。可以选用无水乙醇、四氯化碳、二甲苯、水或乙醇加水,用 50mL 玻璃烧杯盛装。

(3)垫桌。根据天平型号用金属板材加工的小桌子,可以放在载物盘上方,而不影响载物盘的上下移动。

(4)细铜丝。剪长度相等的细铜丝($\varphi=0.2$mm)若干,用天平称量后,选其中质量之和相等的各两段,分为两组。将其中一组的两小段一端卷成小钩,另一端彼此扭接在一起,这样两小钩既可同时挂在载物盘中钩上

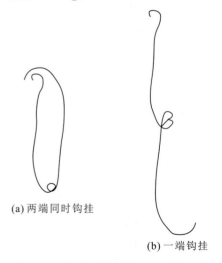

(a)两端同时钩挂

(b)一端钩挂

图 6-2 细铜丝卷制形状及其用途

[图 6-2(a)],也可将一端小钩挂在载物盘中钩上,另一端浸在浸液中[图 6-2(b)];另一组则直接放在砝码盘上。如用头发丝,则可以省去细铜丝的一切细节及加工环节,直接把拴有金首饰的头发结一个小圈,挂在载物盘的中钩上。

2. 操作步骤

(1) 检查天平零点。取下细铜丝,测定天平零点,调节螺旋使感量不大于 0.000 1g,挂上两边的细铜丝后,调节天平零点,使指针对准"0"位;如用头发,可省去调节挂铜丝后天平零点调节这一步。

(2) 测定温度校正曲线。浸液在不同温度下的密度是不同的。表 6-1 列出了乙醇、二甲苯、四氯化碳在不同温度下的密度。实际上,有机溶液的纯度、后期杂质的掺入、温度计温度与装浸液烧杯的温度差异等,都会使实测结果与表 6-1 中的数据有一定出入,有的甚至相差较大。

表 6-1 乙醇、二甲苯、四氯化碳浸液在不同温度下的密度

浸液					
乙醇		二甲苯		四氯化碳	
密度/(g/cm³)	温度/℃	密度/(g/cm³)	温度/℃	密度/(g/cm³)	温度/℃
0.837	7	0.839	6	1.630	3
0.830	16	0.829	16	1.610	13
0.829	18	0.824	22	1.599	18
0.827	19	0.819	27	1.589	23
0.821	21	0.814	32	1.579	28
0.817	26	0.809	37	1.569	33
0.810	32	0.804	42	1.559	38

(3) 将贵金属首饰洗刷干净,用无水乙醇或丙酮擦一遍,直到干燥为止。

(4) 用细铜丝或头发将金首饰挂在载物盘的中钩上,称取贵金属首饰的质量 m。

(5) 将贵金属首饰浸在浸液烧杯中,称取金首饰在浸液中的质量 m'。

(6) 计算贵金属首饰的密度 $\rho_{金} = m/(m-m') \times$ 浸液的密度。

(7) 根据密度和假定的端元金属换算成贵金属(金或银)的成色。

3. 注意事项

(1) 贵金属首饰必须干净、干燥,否则误差较大。

(2) 工作曲线要定期校正,不能一劳永逸。

(3) 贵金属首饰浸在溶液中,不要马上称量,而要先晃动一会,肉眼观察决不能有气泡,如有肉眼可见的小气泡一定要去掉。

(4) 乙醇、二甲苯、四氯化碳都有挥发性,测定要快而稳,千万不要打翻在天平中。测定结束后,要用特制的盖子盖好,或倒入专用的瓶子中,不能倒回原来的器皿中。

(5) 若有大于金密度的情况,要进行校正。

(6) 要记录贵金属首饰的名称、质量、形状、表面结构和颜色,特别是颜色和表面

结构十分重要,这样可以防止掺钨金首饰的成色误差。原始资料保留下来可以分析检测误差,以利于检测质量管理。

(二)单盘电子天平法

1. 仪器

感量为 0.000 1g 的电子单盘天平、浸液、悬挂架。

(1)电子天平。单盘,感量为 0.000 1g 或更灵敏,数字显示。

(2)浸液。同双盘法,由于无天平吊架,可以选用较大一点的烧杯来盛装。

(3)悬挂架。可以做大一点,固定在载物盘外不影响载物盘上下移动即可,高度是浸液烧杯的 1.5~2 倍;也可以不用悬挂架,空气中称量放在载物盘上,浸液中称量用手提着,或在天平罩上做一悬钩,将样品挂在天平罩上。

2. 操作步骤

(1)检查天平零点,按电子天平使用说明书检查。

(2)测定温度校正曲线,同双盘法。

(3)洗刷干燥贵金属首饰,同双盘法。

(4)将浸液烧杯放在载物盘上,安上悬挂架,倒入浸液,将天平调到零点。

(5)将贵金属首饰放在载物盘上,读出贵金属首饰质量 m,并记录。

(6)将贵金属首饰用头发挂在悬挂架上,浸没在浸液中,直接读出贵金属首饰空气中和浸液中的质量差值 $(m-m')$,并记录。

(7)计算贵金属首饰密度,同双盘法。

(8)换算贵金属首饰的成色,同双盘法。

3. 注意事项

(1)单盘法没有垫桌,浸液的挥发性对精度影响较大,因此调好零点后到质量测定之间的时间一定要短,测量要快而稳,尤其是夏天,更要缩短两次测量的时间间隔。

(2)载物盘要居中,浸液烧杯居中放置,否则影响测定结果。

(3)电子天平的感量一定要经过检查,数字显示系统也应用已知标样检查。

(4)倾倒浸液要小心,不要洒在电子天平的台面上。

第四节 X射线荧光光谱分析法(XRF法)

X射线荧光光谱分析法(X-ray fluorescence,XRF)是一种有效的分析手段,已在冶金、采矿、石油、环保、医学、地质、考古、刑侦、粮油、金融等部门得到广泛的应用。贵金属的 X 射线荧光光谱分析法,是国际金融组织推荐的检测方法之一。

一、X射线荧光分析的基本原理

电子探针是测定样品受激发后,发射的特征 X 射线谱线的波长(或能量)及强度。

X射线荧光分析与此完全类似,但X射线荧光分析不同于电子探针的是入射光本身就是X射线,被照射的样品吸收了初级X射线后会受激发出次级X射线。各种次级X射线就称为X射线荧光,测定这种特征谱线的波长(或能量)和强度,就能测定元素的含量。

二、X射线荧光光谱仪的结构

1948年,弗利德曼(H. Friedman)和伯克斯(L. S. Birks)制成了世界上第一台商品型的X射线荧光光谱仪。几十年来,X射线荧光光谱仪技术,得到飞速发展,以快速、灵活、精确为特点的新型号光谱仪不断出现。X射线荧光光谱仪分为两大类:一类是波长色散X射线荧光光谱仪;另一类是能量色散X射线荧光光谱仪。前者又可分为顺序式和同时式两种。

1. 顺序式波长色散X射线荧光光谱仪

顺序式波长色散X射线荧光光谱仪主要由X射线管、分光系统、探测系统和记录系统组成。仪器结构如图6-3所示。

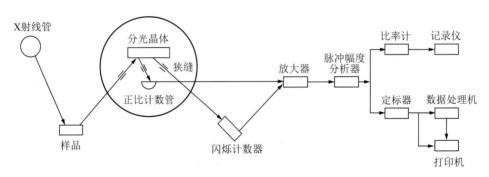

图6-3 顺序式波长色散X射线荧光光谱仪结构图

(1)X射线管。X射线管是产生X射线的器件,实际上是一种高压真空二极管,包括一个发射电子的阴极和一个接受电子的阳极(靶),电子轰击阳极靶面产生出X射线,是从X射线管窗口出射而照射到样品上的,为减少窗口对各种波长的X射线吸收,而选用轻元素材料,常用的X光管多采用铍窗口。

(2)分光系统。包括样品室、狭缝、分光晶体等几部分构成。样品室是存放样品的场所,它包括样品托盘、样品盒、样品座、样品旋转机构等部件,样品可以是固体(块、板、棒、粉末等),也可以是液体。狭缝又叫准直器、棱柱光栅,从样品中产生的各元素的特征X射线是发散的,准直器的作用在于截取发散的X射线,使之变成平等的射线束,投射到分光晶体或探测器窗口上。分光晶体的作用,是将不同波长的谱线分开或者叫色散。色散的基本原理是利用晶体的衍射现象,使不同波长的特征谱线分开,以便从中选择被测元素的特征X射线进行测定。

(3)探测系统。它的作用在于接收X射线,并把它转换成能够测量或者可供观察的信号,例如可见光、电脉冲信号等,然后通过电子电路进行测量。现代 X 射线荧光光谱仪常用的探测器有闪烁计数器、正比计数器、半导体探测器等几种。

闪烁计数器:是常用的计数器,它对短波 X 射线有较高的探测效率,对较重元素探测效率可接近 100%,一般用来探测波长小于 3Å 的 X 射线。它由闪烁体、光电倍增管和高压电源等几部分组成,在 X 射线分析中它的能量分辨率对重元素为 25%~30%,对较轻元素为 50%~60%。

正比计数器:分为封闭式正比计数器和流气式正比计数器两种。

正比计数器用来探测波长大于 3Å 的 X 射线,现代 X 射线光谱仪常用流气式正比计数器。为了减少对长波 X 射线的吸收,作为探测器窗口材料的镀铝聚酯薄膜很薄(常用 6μm,也有更薄的),因窗薄而不能防止漏气,以通入新鲜气体来排除空气,故采用流气式。P10 气体(90% 的氩气,10% 的甲烷气)是最广泛使用的混合气体。正比计数器的能量分辨率优于闪烁计数器。

封闭式正比计数器是将电离气体,如惰性气体、氧、氮等永久地密封起来,为了防止漏气,设有比较厚的铍窗口或云母窗口,云母窗口通常厚度为 12~15μm,其他情况与流气式正比计数器相同。

半导体探测器:主要用在能量色散谱仪方面,它的优点是探测效率和能量分辨本领都很高,大部分轻重元素特征谱的能量都能探测到。

(4)记录系统。由放大器、脉冲幅度分析器和读示 3 部分组成。放大器:包括前置放大器和线性放大器(又称主放大器)。从闪烁计数器和正比计数器输出的脉冲幅度一般为几十毫伏—几百毫伏,这样微弱的电信号不能直接计数,必须进行放大,前置放大器先放大,一般达十—几十倍,主放大器将输入信号脉冲进一步放大,所得到的脉冲幅度能满足后面的甄别电路的要求,放大倍数可达 500~1000 倍。脉冲幅度分析器:其作用是选取一定范围的脉冲幅,使分析线的脉冲从干扰和本底中分辨出来,并在一定程度上抑制干扰和降低成本,以改善分析的灵敏度和准确度。读示部分:由定标器、比率计、打印机等几部分组成。

2. 同时式自动化 X 射线荧光光谱仪(又称多道 X 射线荧光光谱仪)

它是由一系列的单道仪器组合起来的,而每一个道都有自己的晶体、准直器、探测器、放大器、波高分析器、计数定标器等,呈辐射状排列在一个公共的 X 射线管和样品周围。大部分的道是固定的,即固定元素分析谱线的 2θ 角,并配备适合该元素分析谱线的最佳元件,这种道又称固定道。目前能见到的仪器型号有 22 道、28 道、30 道等。另外一种道叫作扫描道,一台多道谱仪有 1~3 个扫描道,这种测量道具有马达传动机构,可以进行定性分析的 2θ 扫描。

多道仪器可以同时测定一个试样中的各种元素,很适合数量大的同类试样的分析。但这种仪器结构庞大,价格昂贵,应用受到一定的限制。

3. 能量色散 X 射线荧光光谱仪

波长色散 X 射线荧光光谱仪与能量色散 X 射线荧光光谱仪比较,仅仅在于对样品发出的特征 X 射线分离（色散）的方法不同，前者是用晶体进行分光，后者则常用能量分辨率较高的半导体探测器，配以多道脉冲幅度分析器来进行能量甄别分析，现代能量色散 X 光谱仪的结构示意图如图 6-4 所示。

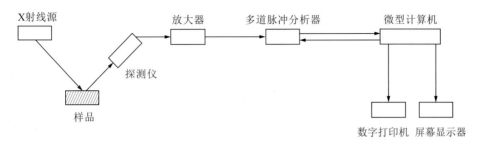

图 6-4 能量色散 X 射线荧光光谱仪结构示意图

在能量色散 X 荧光光谱仪中，X 射线源可以用 X 射线管，也可以用放射性同位素作激发源。试样发出的特征 X 射线送入半导体探测器[常用 Si(Li)探测器]检测，得到一系列的幅度与光子能量成正比的电流脉冲，将探测器的输出放大后，送入多道脉冲幅度分析器进行脉冲分析，所得到的若干种不同的脉冲幅度分布以能谱图的形式显示出来或被记录下来，只是在这种能谱图中，显示的图像是强度对脉冲幅度或者强度对光子能量的谱图。根据能谱峰的高度来测定元素的浓度（含量）。

由于多数情况下，用放射性同位素作激发源，所以这种 X 射线又称为"软"X 射线。用"软"X 射线制成的能量色散 X 射线荧光光谱仪具有轻便的特点，因为省去了一大堆与 X 射线源有关的部件和系统。

三、X 射线荧光光谱分析的特点

1. 优点

（1）分析的元素广，几乎元素周期表上的前 92 号元素都能分析。

（2）分析的元素含量范围比较宽，从十万分之几到 100% 几乎都能测，精度不亚于其他检测方法。

（3）该方法是一种无损分析方法，样品在分析过程中不会受到破坏，不会引起化学状态的改变，也不会出现试样飞散现象，同一试样可反复多次测量，符合贵金属首饰的检测需要。特适合贵金属制品的成色检测和真伪鉴定。

（4）分析速度快。测定用时与测定精密度有关，但一般都很短，2~5min 就可以测完样品中的全部待测元素。

（5）与分析样品的形态、化学结合状态无关，固态样品、液体、压块、粉末、薄膜或任意尺寸的样品均可分析。

（6）分析成本低，要求操作人员的专业背景和技术熟练程度不高。

2. 局限性

(1)非金属和介于金属和非金属之间的元素很难做到精确检测。在用基本参数法测试时,如果测试样品里含有 C、H、O 等轻元素,会出现误差。

(2)需要有代表性样品进行标准曲线绘制,分析结果的精确性是建立在标样化学分析的基础上,容易受相互元素干扰和叠加峰的影响。标准曲线模型需要不时更新,在仪器发生变化或标准样品发生变化时,标准曲线模型也要变化。

(3)放射性同位素源存在潜在的污染威胁。

(4)XRF 法对于基体不同的金饰品检测误差较大,对样品性质、均匀度也未考虑,特别是对于表面经过处理的金饰品及包金饰品无法做出正确检测。而密度法的局限性在于,一旦合金类型判断错误,将会带来较大误差甚至得出错误结论。但是如果预知其合金类型和杂质元素间的相对比例,其测定的准确度又是其他方法所不及的。因此在具体应用中,将密度法和 X 射线荧光光谱法进行联合使用,两种方法互补验证,用 X 射线荧光光谱法检测合金类型,粗测各杂质元素的相对比例,再用密度法确定其含量,是一个非常有效的途径,在首饰质检站应用广泛,但前提条件是贵金属为均匀的合金,而不是包金或镀金。

四、X 射线荧光光谱仪的定性与定量分析方法

1. 准备样品

分析前检查样品品种、印记、外观等,表面不干净的样品,要将其擦拭干净,使测量面无脏污。

除检测机构外,首饰企业生产中也大量运用 X 射线荧光光谱仪来监控物料与产品的成色,待分析样品可以是固态,也可以是水溶液,样品的状态对测定误差有影响。固态样品测试表面要洁净,无脏污。对于固态贵金属样品,要注意成分偏析产生的误差,比如在同一棵金树上铸造的首饰铸件,处于金树的不同位置,它们的成色受到偏析的影响可能有一定差别;化学组成相同,热处理过程不同的样品,得到的计数率也不同。对于成分不均匀的贵金属试样,要重熔使之均匀,快速冷却后轧成片材或取其断口;对表面不平的样品要打磨平整;对于粉末样品,要研磨至 300~400 目,然后压成圆片,也可以放入样品槽中测定。对于液态样品可以滴在滤纸上,用红外灯蒸干水分后测定,也可以密封在样品槽中。

2. 定性分析,确定样品主元素和杂质元素组分

不同元素的荧光 X 射线具有各自的特定波长或能量,因此根据荧光 X 射线的波长或能量可以确定元素的组成。如果是波长色散型光谱仪,对于一定晶面间距的晶体,由检测器转动的 2θ 角可以求出 X 射线的波长 λ,从而确定元素成分。对于能量色散型光谱仪,可以由通道来判别能量,从而确定是何种元素及成分。但是如果元素含量过低或存在元素间的谱线干扰时,仍需人工鉴别。首先识别出 X 光管靶材的特

征 X 射线和强峰的伴随线,然后根据能量标注剩余谱线。在分析未知谱线时,要同时考虑到样品的来源、性质等因素,以便综合判断。

3. 选择标样,绘制校正曲线

根据定性分析结果,选择纯度等级与杂质组分基本匹配的标样。一般有如下要求:

(1)组成标准样品的元素种类与未知样相似,是相同的。

(2)标准样品中所有组分的含量必须已知。

(3)标准样品中被测元素的含量范围,要包含未知样中所有的被测元素。

(4)标准样品的状态(如粉末样品的颗粒度、固体样品的表面光洁度及被测元素的化学态等)应和未知样一致,或能够经适当的方法处理成一致。

对标样进行检测,每个标样测样不少于 3 次,重复测量后求平均值,再以各元素含量的标准值和相应平均值为参数,绘制校正曲线,求出校正曲线的线性方程。一般来说,实验室应对校正曲线定期进行验证。

4. 检测样品,计算定量分析结果

将被测样品放入样品室测试,进行定量分析。X 射线荧光光谱法进行定量分析的根据是元素的荧光 X 射线强度 I_i 与试样中该元素的含量 C_i 成正比:

$$I_i = I_s \times C_i$$

式中,I_s 为当 $C_i=100\%$ 时,该元素的荧光 X 射线的强度。

根据上式,可以采用标准曲线法、增量法、内标法等进行定量分析。但是这些方法都要使标准样品的组成与试样的组成尽可能相同或相似,否则试样的基体效应是指样品的基本化学组成和物理、化学状态的变化,对 X 射线荧光强度所造成的影响。化学组成的变化,会影响样品对一次 X 射线和 X 射线荧光的吸收,也会改变荧光增强效应。

根据校正曲线,将测量值代入校正曲线的线性方程,计算得到样品测量值的校正值。每件样品选取不少于 3 个有代表性、不同位置的测试值,通过重复测量计算其平均值。

五、影响 XRF 法检测精度的因素

XRF 是利用大量性质相近的标准物质中,元素的荧光强度与含量的关系,建立数学校正曲线后,通过对未知样品元素荧光强度的测定求取含量。要获得准确度高的检测结果,标准工作曲线的建立和计算方法的选择很重要。

1. 标准工作曲线

标准物质(标样)是建立标准工作曲线的基础,但是目前国内市售的贵金属首饰标准物质较少,而贵金属饰品的杂质种类多,仅靠市售的国家标准物质很难满足与杂质组分匹配的标准物质。这样由于基体效应,造成分析结果偏差较大。例如,在标定

仪器的金系列标准物质中,没有杂质元素种类镍,则采用X荧光光谱仪测定该类含镍的白色K金时,其检测结果必然存在误差。

在建立工作曲线对其拟合时,一定要合理选用校正元素,无论是增强、吸收,还是重叠、干扰,要结合曲线拟合后计算误差和标准样品实际测试偏差情况,判断选择的元素及方法是否真的有效。

曲线拟合时,最重要的标准是曲线上表观含量点与推荐值点的位置不能相差太大,计算出的校正系数要有正有负,这样实际测试的结果才能更接近其真实值,测量数据才真实可靠。

2. 计算方法的选择

X射线荧光光谱法,常用3种定量分析方法:直接法、差减法和归一法。

(1)直接法。是把Au的强度代入相应的强度与含量线性关系方程中计算得到Au的含量。

(2)差减法。是用总量100%直接减去杂质元素的含量,从而得到主元素含量。

(3)归一法。是假设归一含量为100%,把各元素的含量值加和并与100%相比较,多余的部分对每个元素加权计算,得出各元素含量的最终值。

当待测贵金属元素为大于75%高含量元素时,主元素含量与强度的线性关系越来越弱,直接用线性关系得到的结果趋于不准确,此时转到用杂质元素的线性关系得到相对准确的杂质元素含量,用归一法或差减法可得到更准确的主元素含量。当贵金属元素含量小于75%时,直接用Au的强度和含量的线性关系来计算,结果更准确。

第五节 火试金法(灰吹法)

火试金法,又称灰吹法,是指通过熔融、焙烧测定矿物和金属制品中贵金属组分含量的方法。火试金法不仅是古老的富集金银的手段,而且是金银分析的重要方法。国内外的地质、矿山、金银冶炼厂都将它作为最可靠的分析方法广泛应用于生产。

火试金法是国际上公认最准确的方法,已被多个国家列为国家标准,成为金含量测定的国际指定仲裁方法。我国标准《首饰 贵金属纯度的规定及命名方法》(GB 11887—2012)也指定了火试金法为测量金合金中金含量的仲裁方法。

一、火试金法的原理

称取一定质量的待分析金样,加入适量的银,包于铅箔中在高温熔融,熔化的金属铅对金银及贵金属有极大的捕收能力,可将熔融状态下暴露出来的金银完全熔解在铅中。高温熔融合金液中的铅,在空气或氧气中很容易氧化,形成熔融状的氧化铅,氧化铅与融铅的表面张力和相对密度不同,熔融铅下沉到底部形成铅扣,熔融氧化铅则与灰皿表面润湿,在毛细管作用下能被吸收在多孔性的灰皿中,而融铅的内聚力大,不被灰皿吸收。熔融的氧化铅渗入灰皿后,融铅露出新的表面又被氧化,刚生成的熔融氧化铅又被灰皿吸收。如此不断反复,直到铅全部氧化成氧化铅,并被灰皿吸收为止,实现了铅扣与熔渣的良好分离。在此过程中,其他贱金属元素也会部分或全部形成氧化物挥发,或被灰皿吸收,达到去除杂质元素、获得较纯净贵金属合粒的目的。灰吹后的合金颗粒,利用银溶于硝酸而金不溶于硝酸的性质,用硝酸把其中的银溶解掉,金被单独分离出来。经硝酸分金后称重,用随同测定的纯金标样校正后计算试料的金含量。

二、火试金法的优缺点

1. 优点

(1)火试金法应用范围广,可用于金含量在333.0‰～999.5‰之间的各种金和K金首饰金含量的测定,在首饰行业检测机构是公认的一种经典检测方法。

(2)分析结果可靠,具有较高的精密度和准确度。

(3)取样量大,代表性好,可以很大程度减小取样误差。

2. 缺点

(1)属于破坏性方法,需要对样品进行破坏取样,检测成本高。

(2)不适用于高纯金首饰的样品(金含量999.5‰以上),以及含有不溶于硝酸的杂质元素(Ir、Pt、Rh等)的样品。

(3)灰吹过程需要使用有害元素Pb作为捕收剂,对检验人员身体和环境存在安全风险。

(4)分析流程长,实验步骤多,操作复杂,对实验人员的专业技能和经验有较高要求。

三、火试金法使用的设备与器皿

1. 灰吹炉

火试金用的高温灰吹炉(俗称马弗炉)。专门用于灰吹的马弗炉,应具有使空气流通的进气口和出气口,最好能使空气预热并能使其稳定地通过,如图6-5所示,炉温能均匀地由室温加热到1100℃。

2. 分析天平

火试金分析法是质量分析法,对分析天平的要求比较严格,一般要使用感量在0.01mg以内的精密分析天平。天平和砝码

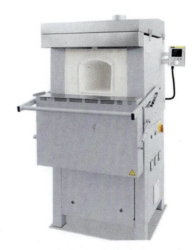

图6-5 灰吹炉

要求经常校正,根据工作量的大小,其检校周期以1个月或1个季度为宜。

3. 分金篮

不同国家分金篮的制作材质有差别,我国的试金分析室多采用铂金或不锈钢板材制作,如图6-6所示。

图6-6 分金篮

4. 轧压机

用于将合粒压成薄片,要求压轧片的厚度均匀一致,避免增大分析误差。

5. 灰皿

灰皿是灰吹铅扣时,吸收氧化铅用的多孔性耐火器皿。常用的灰皿有水泥灰皿、骨灰-水泥灰皿和镁砂灰皿(图6-7)3类。

图6-7 板状镁砂灰皿

四、火试金法的分析步骤

以金含量在333.0‰～999.5‰之间的金合金首饰为例,其含金量的分析过程主要分为预分析、称量、补银、包铅、灰吹、轧片、分金和计算结果8个步骤。

1. 预分析

常用的预分析方法有重量法和X射线荧光光谱法(XRF)。重量法进行预分析准确度较高,但时间较长。XRF法速度快,可同时预分析出样品中的杂质元素含量,但方法的误差较大。对于一般样品可采用XRF进行预分析,可了解样品的基本组成,便于后期标准样品补银、铜、镍等质量的计算。对形状不规则、XRF 分析误差较大的可采用重量法进行预分析。

2. 称量

称取 200～300mg 标准金三四份,以及相当于标准金质量的试样三四份,精确至 0.01mg。样品要剪成小块,混匀后称量,使称量更具代表性。标准金和样品的称量遵循一致性原则,比例成分尽量一致。平行标准金和平行样品间称量极差应控制在 2% 以内。

3. 补银

补银时,银金的比例至关重要,银量小于金量 2 倍时,分金将无法进行,金银比例过大易造金卷破碎。银量为金量的 2.1～2.5 倍时较合适。补银极差应控制在 1% 以内。考虑到试样中含有的贱金属总量,应在标准金中按比例加入适量的铜。

4. 包铅

将称好的标准金和试样分别用铅箔包好,卷成卷并编号。铅箔质量一般 3.5g,标准金和试样的包铅量尽量一致。铅量和样品的杂质含量成正比,铜、镍含量较高时可加大铅量。铅和试样要包紧尽量减少空隙,避免铅扣放入后空气膨胀带来的迸溅损失,如图 6-8 所示。

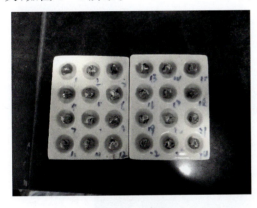

图 6-8　包铅

注:图中编号为样品编号;后同。

图 6-9　灰吹后的合粒

5. 灰吹

将铅箔包好的标准金和试样放入灰吹炉内,标准金与试样交叉排列,避免炉温不均造成误差。灰皿应预热到 920℃ 以上,避免残留有机物等挥发带来迸溅。炉温保持在 920～1000℃,在氧化性气氛中,持续加热直至样品完全熔化,时间约 25min。如采用封闭式灰吹炉,在 920～1000℃ 保温 30～40min 后,稍微打开炉门进行氧化灰吹,10～15min 后关闭炉门。

灰吹结束后,停止加热,随炉降温至 700℃ 以下取出,如图 6-9 所示,避免快速降温引起合粒的快速放氧,导致迸溅、起刺。

6. 轧片

用刷子将合粒上黏附的灰皿材料刷去,放在铁砧上砸扁(图6-10),在700℃退火。用轧压机将合粒轧成0.15～0.2mm的薄片(图6-11),再进行退火,不宜时间过长。轧片时合粒送入的方向要一致,避免样品开裂造成损失。轧片的厚度要一致,保证增值的一致性。用数字钢印打号,卷成圆筒状(图6-12)。

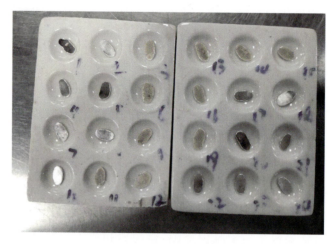

图6-10　合粒锤扁

图6-11　轧薄片

图6-12　卷成圆筒

7. 分金

利用硝酸将分金卷中的银溶出。分金前对合金卷、分金烧瓶或分金篮进行清洗，防止污染或带入氯离子。将金卷浸没在盛有 20mL 近沸硝酸的分金烧瓶中，使之始终保持在低于沸点 5℃ 接近煮沸的温度下，持续加热 15min 或加热赶走氮氧化物盐雾为止，如图 6-13 所示。将溶液缓慢倒出，用热水清洗金卷 3~5 次，再浸入硝酸煮沸和清洗。

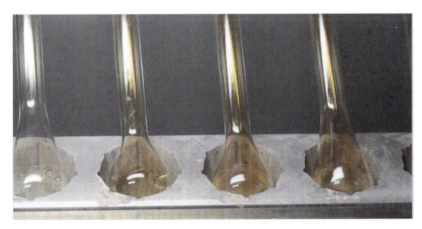

图 6-13 采用分金烧瓶和硝酸分金

（据 Paolo Battaini，2013）

将分金后的标准金与试样小心转移到瓷坩埚内，干燥，灼烧成金黄色，如图 6-14 所示。冷却后称量金卷的质量，精确至 0.01mg。

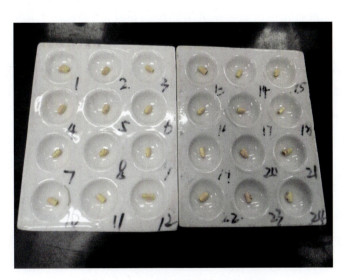

图 6-14 分金后并经灼烧的金卷

8. 计算结果

金含量 $w_t(Au)$ 按式(6-3)计算,计算结果表示到小数点后1位:

$$w_t(Au) = \frac{m_2 + \Delta}{m_1} \times 1000 \quad \text{其中}, \Delta = m_3 \times E - m_4 \qquad (6-3)$$

式中:m_1——试样质量(g);

m_2——试样分金后所得金卷的质量(g);

m_3——标准金的质量(g);

m_4——标准金分析后,所得金卷的质量(g);

E——标准金的纯度(‰)。

重复实验造成结果的偏差,对于999.0‰~999.5‰的金合金应小于0.2‰;对于小于999.0‰金合金应小于0.5‰;对于白色K金应小于1‰。

五、影响火试金法分析精度的因素

应用火试金法分析金含量时,取样量、灰吹炉类型、灰皿材质、银金质量比、灰吹温度、分金时间等条件均会对其结果产生影响,分析时需用金标样进行随同实验,并保持金标样和样品分析条件的一致性,才能得到平行性好的增值和准确可靠的结果,消除分析过程中的系统误差。

1. 取样量

K金首饰分析时一般取样量较少,这与K金首饰的合金元素含量较高有关,但过少的取样量,会直接影响到取样代表性及分析精度。对较高纯度及含镍、铜较少的首饰,可适当加大取样量来获得更好的结果。成色较低的K金,可适当地增加铅箔的量,有利于杂质的分离。标准金增值应有一定范围的控制和取舍,避免产生系统性的偏差。

2. 灰吹炉

普通马弗炉仅能满足温度需要,无法提供灰吹过程中所需要的氧化气流,降低了灰吹质量与效果。另外,它还存在一定安全隐患:为提供氧化所需氧气,灰吹阶段需将马弗炉炉门开启一定的缝隙,从而使大量氧化铅由炉门处向外逸出,造成马弗炉周边环境遭受严重铅污染,危及操作人员的身体健康。此外,长时间使用,炉膛和炉口处容易被氧化铅腐蚀损坏,炉内残留的大量铅难以及时排出,极易污染分析样品。因此,应优先选用专用灰吹炉。

3. 灰皿材质

在选用灰皿的材质和配比时,不但要考虑灰皿对铅扣中杂质元素的吸收能力和效果,还要考虑金、银在灰吹过程中的回收率。镁砂灰皿回收率较高,但存在着合粒底部黏附物不易清除,灰吹温度及终点难以判断的现象。骨灰-水泥灰皿灰吹温度及终点易于判断和掌握,灰吹后所得合粒较为纯净,敲成薄片时不易碎裂,但回收率相对稍低。

4. 银金质量比

银在火试金中有两个作用：一是萃取作用，将金从杂质中萃取出来；二是保护作用，减少测定过程中的金损耗。银加入量少会导致金损耗增加，氧化灰吹不完全，但也不是加入量越多越好。当银加入量相当于金质量 3 倍时，金损耗又增加，且金卷在分金时易碎裂。一般而言，银的加入量与样品的组成有关。灰吹时，白色 K 金合金中的镍与钯等被捕收时金也易损失，一般需要加入较多的银作为保护剂，避免金的损失。含镍不含钯的白色金合金采用火试金法分析金含量时，标准金中应加入与试样大致相当的镍，并要增加铅的加入量。对于含钯的白色金合金，标准金中应加入与试样大致相当的钯，同时增加铅的加入量。

5. 灰吹温度

以 18K 黄为例，在相同工艺条件下，当灰吹温度介于 900～1500℃ 区间时，标准金损耗量随灰吹温度的升高而增大，且呈现线性分布。灰吹温度过高时，银容易蒸发和飞溅，使分析结果误差增大；灰吹温度过低时，熔融状的氧化铅及杂质也会有结块现象，不能完全被灰皿吸收，导致分析过程无法进行。

6. 分金时间

以 18K 白为例，随着分金时间的增加，金测定结果随之降低，但是降到一定程度后，金测定结果保持不变。

第六节　电感耦合等离子发射光谱法（ICP 法）

电感耦合等离子发射光谱仪又称为 ICP 光谱仪、ICP 原子发射光谱仪，它以电感耦合高频等离子体为激发光源，利用每种元素的原子或离子发射特征光谱来判断物质的组成，进行元素的定性与定量分析。ICP 放电是一种把液体和固体的气溶胶和蒸气及常压气体变成自由原子、激发态原子和离子，或者变成分子碎片的相对简单而十分有效的方法，可以快速分析材料中各种常量元素、微量元素、痕量元素，成为同时多元素分析最有竞争力的方法之一，具有测试范围广、分析速度快、检出限低等特点，对高含量金的检测具有较高的精密度和准确度，是首饰行业检测机构测定高含量金首饰材料常用的方法。

一、ICP 法原理

ICP 法的工作原理如图 6-15 所示。

射频发生器产生的高频功率，通过感应工作线圈加到 3 层同心石英炬管上，形成高频振荡电磁场；在石英炬管的外层通入氩气，并进行高压放电产生带电粒子，带电粒子在高频电磁场中往复运动，与其他氩离子碰撞，产生更多的带电粒子，同时温度升高，最终形成氩气等离子体，温度可达 6000～8000K。待测水溶液试样通过雾化器

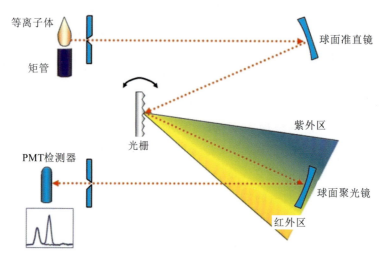

图 6-15 ICP 法的工作原理图

形成的气溶胶浸入石英炬管中心通道,在高温和惰性气体中被充分蒸发、原子化、电离激发,发射出溶液中所含元素的特征谱线;通过对等离子体光源进行采光,并利用扫描分光器进行扫描分光,将待测元素的特征谱线光强准确定位于出口狭缝处,利用光电倍增管将该谱线光强转变成光电流,再经电路处理和模数变换后,进入计算机进行数据处理。根据特征谱线的存在与否,鉴别样品中是否含有某种元素(定性分析);根据特征谱线强度确定样品中相应元素的含量(定量分析)。

二、ICP 法的优缺点

1. 优点

ICP 法的优点如下。

(1) 多元素同时检出能力。可同时检测同一个样品中的多种元素。样品一经激发,样品中各元素都各自发射出其特征谱线,可以进行分别检测而同时测定多种元素。

(2) 分析速度快。试样多数不需经过化学处理就可分析,且固体、液体试样均可直接分析,同时还可多元素同时测定,若用光电直读光谱仪,则可在几分钟内同时作几十个元素的定量测定。

(3) 选择性好。由于光谱的特征性强,所以对于一些化学性质极相似的元素的分析,具有特别重要的意义。如 Nb 和 Ta,Zr 和 Hf,十几种稀土元素的分析用其他方法都很困难,而发射光谱可以容易地将它们区分开来,并加以测定。

(4) 检出限低。一般光源的检出限为 $(0.1 \sim 10) \times 10^{-6}$,绝对值为 $(0.01 \sim 1) \times 10^{-6}$;而用电感耦合高频等离子体(ICP)光源,检出限可低至 10^{-9} 数量级。

(5)准确度较高。一般光源相对误差5%～10%,而ICP的相对误差可达1%以下。

(6)ICP光源标准曲线的线性范围宽,可达4～6个数量级,一个试样可同时进行多元素分析,又可测定高、中、低等不同含量。

(7)样品消耗少,适于整批样品的多组分测定,尤其是定性分析更显示出独特的优势。

2. 缺点

ICP法的缺点如下。

(1)影响谱线强度的因素较多,样品组分、均匀性、样品平行、酸浓度、谱线干扰、温湿度等都会影响最终的检测结果,对标准参比的组分要求较高,大多数非金属元素难以得到灵敏的光谱线。

(2)对于固体样品一般需预先转化为溶液,而这一过程往往使检出限变差;含量(浓度)较高时,准确度较差。

(3)不适用于含有Ir等不溶于王水的杂质元素的样品。

(4)需配备价格较昂贵的电感耦合等离子体发射光谱仪,工作时需要消耗大量氩气,检测成本较高。

三、ICP法使用的仪器设备和试剂

1. 仪器设备

仪器设备包括电感耦合等离子体发射光谱仪,烧杯、容量瓶等常规实验室器皿,高精密电子天平等。

2. 试剂

ICP检测用的水,水符合《分析实验室用水规格和试验方法》(GB/T 6682—2008)中规定的一级水或相当纯度的水。

ICP检测用到的化学试剂可分为两类:一类用于分解样品;另一类用于配制元素的标准溶液。试剂均要求是优级纯试剂。分析金含量时,需用到纯度不低于99.999%的高纯金样品。

四、ICP分析步骤

以金首饰的金含量分析为例,包括如下步骤。

1. 试样制备

将试样碾薄后剪成小碎片,放入烧杯中,加20mL乙醇溶液,加热煮沸5min取下,将乙醇液倾去,用超纯水反复洗涤金片3次,加20mL盐酸溶液,加热煮沸5min取下,倾去盐酸溶液,用超纯水反复洗涤金片3次,将金片放入玻璃称量瓶中,盖上瓶盖放入烘箱内,在105℃烘干,取出备用。

2. 溶液制备

(1)试样溶液。称取(1000±2.5)mg试样(精确至0.01mg),置于100mL烧杯中,加王水30mL,盖上表面皿,缓慢加热直至完全溶解,继续加热除尽氮氧化物。取下冷却后,将溶液转移至50mL容量瓶中,用王水溶液冲洗表面皿和烧杯,洗液并入容量瓶中,稀释至刻度,摇匀备用。每一件样品制备两份试样溶液。

(2)校正溶液。称取3份质量为(1000±2.5)mg高纯金样品(纯度>99.999%),溶解后得3份高纯金溶液,依以下步骤制备校正溶液。

校正溶液1:将第一份高纯金溶液转移至50mL容量瓶中,用王水溶液冲洗表面皿和烧杯,洗液并入容量瓶中,稀释至刻度,摇匀。校正溶液1被测杂质元素的浓度设为0μg/mL。

校正溶液2:将第二份高纯金溶液转移至预先盛有5mL混合标准溶液1的50mL容量瓶中,用王水溶液冲洗表面皿和烧杯,洗液并入容量瓶中,稀释至刻度,摇匀。

校正溶液3:将第三份高纯金溶液转移至预先盛有5mL混合标准溶液2的50mL容量瓶中,用王水溶液冲洗表面皿和烧杯,洗液并入容量瓶中,稀释至刻度,摇匀。

3. 测定

调整ICP光谱仪至最佳状态,如检测金合金试样可根据表6-2选择合适的分析线和背景校正。

表6-2 杂质元素推荐波长(分析线) (单位:nm)

元素	波长	其他可用波长	元素	波长	其他可用波长
Ag	328.068	338.289	Ni	352.454	231.604
Al	396.152	308.215	Pb	168.220	220.353
As	189.042	193.696	Pd	340.458	355.308
Bi	223.061	306.772	Pt	306.471	203.646
Cd	226.502	228.802	Rh	343.489	—
Co	228.616	238.892	Ru	240.272	—
Cr	267.716	283.563	Sb	206.833	217.581
Cu	324.754	327.396	Se	196.090	—
Fe	259.940	239.563	Sn	189.989	189.927
Ir	215.278	—	Te	214.281	—
Mg	279.553	280.270	Ti	334.941	—
Mn	257.610	260.569	Zn	213.856	—

测量校正溶液1、3的杂质元素谱线强度,其中校正溶液1被测杂质元素的浓度设为0μg/mL,根据测试结果绘制工作曲线;在与测量校正溶液相同条件下,分别测量两份试样溶液中杂质元素的谱线强度,由工作曲线得到试样溶液中各杂质元素的浓度。

4. 结果表示

(1)杂质元素总量的计算。试样中杂质元素总量,按式(6-4)计算:

$$\Sigma A = \frac{\Sigma C_i \times V \times 10^{-3}}{m} \tag{6-4}$$

式中:ΣA——试样中杂质元素的总量(‰);

ΣC_i——试样溶液中杂质元素的浓度总和(μg/mL);

V——试样溶液的体积(mL);

m——试样的质量(mg)。

(2)金含量的计算。试样中金含量,按式(6-5)计算:

$$w(Au) = 1000 - \Sigma A \tag{6-5}$$

式中:$w(Au)$——试样中金的含量(‰);

ΣA——试样中杂质元素的总量(‰)。

(3)重现性。平行测定两份试样中杂质元素总量的相对偏差应小于20%,如超过应重新测定。

五、ICP分析的干扰因素

ICP检测过程中不可避免存在干扰现象,如图6-16所示。依据干扰机理可分为光谱干扰和非光谱干扰两大类,而按照干扰因素的状态可分为气相干扰和凝相干扰两大类。

光谱干扰和非光谱干扰,是试样基体各组分和附随物,使已分辨开的分析信号增强或减弱的效应,其中非光谱干扰包括制样干扰、喷雾干扰、去溶干扰、挥发干扰、原子化干扰、激发干扰和电离干扰,如图6-16所示。

1. 光谱干扰

光谱干扰是由分析物信号与干扰物引起的辐射信号分辨不开产生的,是ICP光谱法中最重要、最令人头痛的问题,由于ICP的激发能力很强,几乎每一种存在于ICP中或引入ICP中的物质,都会发射出相当丰富的谱线,从而产生大量的光谱"干扰"。

光谱干扰主要分为两类:一类是谱线重叠干扰,它是由于光谱仪色散率和分辨率的不足,使某些共存元素的谱线重叠在分析上的干扰;另一类是背景干扰,它与基体成分及ICP光源本身所发射的强烈的杂散光的影响有关。对于谱线重叠干扰,采用高分辨率的分光系统,并不是意味着可以完全消除这类光谱干扰,只能认为当光谱干

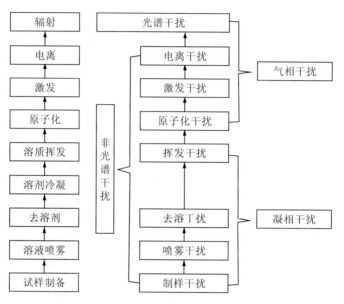

图 6-16 ICP 检测过程及相应的干扰种类

扰产生时,它们可以减轻至最小强度。因此,最常用的方法是选择另外一条干扰少的谱线作为分析线,或应用干扰因子校正法(IEC)予以校正。对于背景干扰,最有效的办法是利用现代仪器所具备的背景校正技术予以扣除。

2. 非光谱干扰

(1)物理因素的干扰。由于 ICP 光谱分析的试样为溶液状态,因此溶液的黏度、相对密度及表面张力等均对雾化过程、雾滴粒径、气溶胶的传输以及溶剂的蒸发等都有影响,而黏度又与溶液的组成、酸的浓度和种类及温度等因素相关。

当溶液中含有机溶剂时,动力黏度与表面张力均会降低,雾化效率将有所提高,同时有机试剂大部分可燃,从而提高了尾焰的温度,结果使谱线强度有所提高。此时 ICP 的功率需适当提高,以抑制有机试剂中碳化物的分子光谱的强度。

由上述所见,物理因素的干扰是存在而且应设法避免的,其中最主要的办法是使标准试液与待测试样在基体元素的组成、总盐度、有机溶剂和酸的浓度等方面都保持完全一致。目前进样系统中采用蠕动泵进样,对减轻上述物理干扰可起到一定的作用,另外采用内标校正法也可适当地补偿物理干扰的影响。基体匹配或标准加入法能有效消除物理干扰,但工作量较大。

(2)电离干扰。由于 ICP 中试样是在通道里进行蒸发、离解、电离和激发的,试样成分的变化对于高频趋肤效应的电学参数的影响很小,因而易电离元素的加入对离子线和原子线强度的影响比其他光源都要小,但实验表明这种易电离干扰效应仍对光谱分析有一定的影响。

对于垂直观察 ICP 光源,适当地选择等离子体的参数,可使电离干扰抑制到最小的程度。但对于水平观察ICP光源,这种易电离干扰相对要严重一些,目前采用的双向观察技术,能比较有效地解决这种易电离干扰。此外,保持待测的样品溶液与分析标准溶液具有大致相同的组成也是十分必要的。

(3)基体效应干扰。基体效应来源等离子体,对于任何分析线来说,这种效应与谱线激发电位有关,但由于ICP具有良好的检出能力,分析溶液可以适当稀释,使总盐量保持在1mg/mL左右,在此稀溶液中基体干扰往往是无足轻重的。当基体物质的浓度达到几毫克每毫升时,则不能对基体效应完全置之不顾。相对而言,水平观察ICP光源的基体效应要稍严重些。采用基体匹配、分离技术或标准加入法可消除或抑制基体效应。

参 考 文 献

伏荣进,曲蔚,华毅超,等,2007.ICP-AES法测定金箔的含金量[J].中国测试技术,33(3):70-72.

郭剑明,张璐,张伟桃,等,2018.K金饰品中金含量的检测方法比对[J].分析测试技术与仪器,24(4):245-249.

金泽祥,郑毅,1988.ICP发射光谱法的干扰效应[J].分析试验室,7(1):36-43.

李素青,李玉鹃,2008.火试金法测定白色金合金首饰的含金量[J].宝石和宝石学杂志,10(3):23-26.

林海山,李小玲,戴凤英,等,2012.金含量标准分析方法的现状[J].材料研究与应用,6(4):231-235.

刘海彬,刘雪松,李婷,等,2017.火试金法测定首饰中金含量影响因素分析[J].黄金,38(10):84-87.

刘远标,周烈,周志明,2015.火试金法分金起始温度的探讨[J].现代测量与实验室管理(6):3-6.

芦新根,陈永红,2018.首饰中金含量火试金测定的国内外标准方法对比[J].贵金属,39(S1):195-198.

全国化学标准化技术委员会,2008.分析实验室用水规格和试验方法:GB/T 6682—2008[S].北京:中国标准出版社.

全国金融标准化技术委员会,2009.合质金化学分析方法 第1部分:金量的测定 火试金重量法:GB/T 15249.1—2009[S].北京:中国标准出版社.

全国首饰标准化技术委员会,2019.高含量贵金属合金首饰金、铂、钯含量的测定 ICP差减法:GB/T 38145—2019[S].北京:中国标准出版社.

全国首饰标准化技术委员会,2008.贵金属合金首饰中贵金属含量的测定 ICP光谱法 第6部分:差减法:GB/T 21198.6—2007[S].北京:中国标准出版社.

全国首饰标准化技术委员会,2019.金合金首饰 金含量的测定 灰吹法(火试金法):GB/T 9288—2019[S].北京:中国标准出版社.

全国首饰标准化技术委员会,2013.首饰 贵金属纯度的规定及命名方法:GB 11887—2012

[S].北京:中国标准出版社.

全国首饰标准化技术委员会,2013.首饰贵金属含量的测定 X 射线荧光光谱法:GB/T 18043—2013[S].北京:中国标准出版社.

全国有色金属标准化技术委员会,2008.金化学分析方法 金量的测定 火试金法:GB/T 11066.1—2008[S].北京:中国标准出版社.

申晓萍,魏薇,李新岭,2018.X 射线荧光光谱法测定贵金属含量的不确定度评估方法[J].中国质量与标准导报(1):68-71.

王燕,赵敏,云天林,2016.EDX3000 型 X 射线荧光光谱分析仪测量饰品中金含量的计算方法[J].现代测量与实验室管理(1):10-12,39.

张梦杰,侯宝君,周志明,2015.不同灰吹温度对铅火试金法检测结果的影响[J].现代测量与实验室管理(4):12-14.

折书群,2001.XRF-密度校正法测定金饰品中金、银、铜[J].黄金,22(2):52-54.

周万峰,朱志雄,2016.ICP-OES 快速测定高纯度金饰品中金含量:差减法[J].贵州地质,33(2):145-147.

第七章 贵金属首饰的维护保养

贵金属首饰以贵金属作为首饰坯底材料,承载了保值增值、装饰美化、佩戴使用、象征纪念等功能。在日常佩戴使用中,首饰难免出现变形、断裂、磨损、腐蚀、变色等问题,影响其佩戴使用和装饰效果,必须通过维修保养才能恢复其功能。

第一节 贵金属首饰的变形与断裂

一、变形

首饰在佩戴使用过程中,难免受到外力的作用,当外部应力超过材料本身的屈服强度时,就会引起永久的塑性变形,导致形状发生改变。

1. 影响因素及改进措施

(1)材料的屈服强度。材料的屈服强度越低,其抵御变形的能力越差,越容易产生变形。在常见的金、银、铂等贵金属首饰材料中,纯度高的足金、足银、足铂首饰,在一般情况下其强度都很低,尤其是处于退火状态时强度更低,发生变形的倾向很大,如图7-1所示。通过添加合金元素对它们进行合金化处理,利用固溶强化、细晶强化、弥散强化等方式,可以有效提高材料的强度,从而起到改善贵金属首饰抗变形性能的作用。

图7-1 变形的足银戒指

(2)首饰壁厚。首饰壁厚是影响变形的重要因素,在同样的外力作用下,首饰的壁厚或直径越小,单位面积上承受的外力(应力)越高,越容易引起首饰的变形,特别是带有镂空花饰的高纯度首饰。例如,传统的花丝银首饰是以足银细丝为材料制成的镂空花饰,制作过程中大量借助焊接成型,抵抗变形的能力很差,稍不注意就会出现变形,如图7-2所示。

对于镶嵌首饰，为保证宝石的稳固，用于固定宝石的镶爪、镶钉或镶边，要具有一定的厚度或直径，防止它们产生变形甚至断裂而引起宝石脱落丢失。以四爪镶圆形宝石为例，轻工行业标准《贵金属首饰工艺质量评价规范》(QB/T 4189—2011)规定了镶爪直径、爪槽深度比、爪留高度比与宝石直径的关系，如表7-1所示。其中，爪槽深度比是指镶爪上开出的"V"形槽，在侧面平视镶石腰棱

图7-2 银花丝首饰易出现变形

方向观察测量，槽深度与爪直径的百分比，用 H_1 表示，如图7-3所示，$H_1=AB/AC$；爪留高度比为镶石腰棱到爪尖之间的高度与腰棱到镶石台面之间的高度的百分比，用 H_2 表示，$H_2=FE/FD$。

表7-1 四爪镶宝石的镶嵌牢固度要求

宝石直径/mm	镶爪直径/mm	爪槽深度比(H_1)	爪留高度比(H_2)
2.5～2.8	≥0.40	≤1/2	≥55%
2.9～4.1	≥0.50	≤1/2	≥55%
4.2～5.2	≥0.65	≤3/4	≥55%
5.3～6.8	≥0.75	≤3/4	≥55%
6.9～15.0	≥0.8	≤3/4	≥55%

传统足金首饰有时也会镶嵌宝石，由于足金材料的强度很低，容易出现变形而导致宝石脱落。为此，行业标准《千足金首饰 镶嵌牢度》(QB/T 4114—2010)中规定了产品类别、镶嵌方式、质量与相应的镶嵌牢度要求，如表7-2所示。其中，镶嵌牢度是指宝玉石以不同方式镶嵌在贵金属首饰上的牢固程度，用宝石与镶口脱离所需的施加于宝玉石底部的垂直方向的力表示。要满足千足金首饰镶嵌牢度要求，最基本的就是控制镶爪(边)的厚度。

尽管增加壁厚是改善首饰抗变形性能的有效途径，但是单纯增加壁厚有时也会带来一些问题，

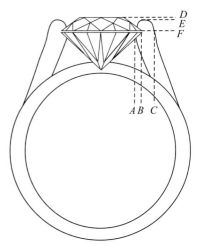

图7-3 镶爪卡槽尺寸示意图

以电铸硬千足金空心首饰为例,其总体要求就是成色足、强度高、质量轻,而随着壁厚增加,一是将导致金重增加,产品售价升高,降低市场吸引力;二是电铸件表面的清晰度降低,特别是在一些精细的纹饰部位;三是电铸件的内应力增加,会增加其脆性。

表7-2 千足金首饰镶嵌牢度的规定值

产品类别	镶嵌方式	镶嵌牢度/N
男戒	爪镶	60
	包镶	80
女戒	爪镶	20
	包镶	40
挂坠 耳钉(耳插)	爪镶	20
	包镶	30
手链	爪镶	20
	包镶	30

(3)首饰结构。不同的结构承受外力的能力不同,对于镶嵌钻石首饰,在镶口底部一般均采用掏空的结构,以减轻首饰底托质量和利于显示钻石的亮度,但是这将损害镶口的强度,特别是对于蜡镶铸造钻石的首饰,容易导致镶口变形引起掉石,如图7-4所示。为此,需要在镶口底部加设一定数量的撑档,如图7-5所示,这样既保证镶口具有足够的强度,又不至于明显影响钻石的亮度。

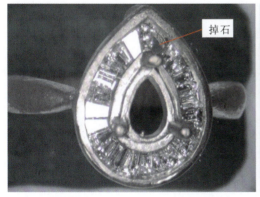
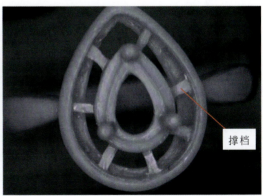

图7-4 镶口强度不足易引起掉石　　图7-5 镶口底部加设撑档

在电铸硬金首饰中,如果首饰产品表面是没有弧度的光滑平面,如图7-6(a)所示,当其面积超过1cm²时,承受外力的能力就大大下降,轻轻挤压中间就可能出现凹陷。

图7-6(b)~图7-6(d)分别是改变后的结构。图7-6(b)是在平面中央形成凹

陷,这种结构在一定程度上略微增加了承受外力的能力,但是当凹陷深宽比稍大时,可能出现在凹陷部位壁厚不足而发生破裂脱落的现象;图 7-6(c)是在平面中央形成台阶凸起,这种结构对于承受外力几乎没有益处,甚至还更容易受挤压变形;图 7-6(d)是在平面中央形成弧面凸起,这种结构大大改善了铸件承受外力的能力,壁厚也基本均匀。因此,在首饰结构设计时,必须考虑生产工艺可行性和铸件的抗变形能力,并不是所有符合美学观点的首饰都能生产出来。一般优先采用弧面结构,而且不同形状的浮凸,抗变形的能力也有区别,图 7-7 是 3 种面积相同但形状不同的表面凸起,其中,图 7-7(a)的抗变形能力就低于图 7-7(b)和图 7-7(c)。

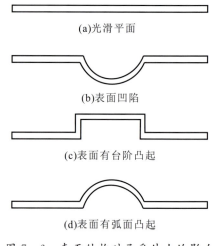

图 7-6 表面结构对承受外力的影响

(a)圆形弧面　　　　(b)梅花形弧面　　　　(c)星形弧面

图 7-7 面积相同但形状不同的 3 种表面凸起

[(a)→(c),抗变形能力增强]

许多电铸硬金首饰的底部都是平面,且面积较大,为了增加其承受外力的能力,可以在原版的底平面上打出密密麻麻的小孔,使电铸出来的金货底面也形成这样的小孔,如图 7-8 所示,这种结构可以明显改善平面的抗变形能力。当首饰外形比较大时,可采取多处镂空的办法,如图 7-9 所示,这种结构除可形成特别的装饰效果外,对抗变形性能也是有利的。

(4)首饰加工工艺。首饰采用不同的加工工艺,其最终产品的强度有很大差别。以千足金首饰为例,其铸态硬度只有 HV30 左右,退火态就更低,很容易导致产品变形。而如果采用冷形变加工成型,其强度就可以明显提高。近年来,市面上出现的硬化千足金,除了微量合金元素的强化作用外,很重要的强化是来自冷形变加工。这类产品在佩戴使用过程中,如果受到高温烘烤,其强度、硬度很快降低,容易引起变形。

图7-8 首饰底平面上打孔防止变形

图7-9 首饰表面多处镂空防止变形

(5)佩戴使用方法。首饰款式是各式各样的,结构款式简单的首饰发生变形,可以通过矫形修理来恢复形状,但并不是所有的首饰变形后都可以修理复原,一些结构复杂的首饰或者封闭的空心首饰被挤压变形后是很难被修复的,例如图7-10的封闭空心银手镯,当其表面被碰凹后几乎是做不到无损修复的。当前3D打印成型的个性化首饰越来越多,其中有不少是结构非常纤细复杂的,出现变形的概率高,例如图7-11所示的吊坠,存在多层镂空的结构,当里层的结构发生变形时,修复难度非常大。

图7-10 封闭空心银手镯

图7-11 3D打印多层镂空吊坠变形后修复难度大

因此,对于结构纤细复杂的首饰,为减少其变形,很大程度上取决于佩戴使用方法及日常的维护保养。首饰在佩戴使用过程中要非常注意,避免其受碰撞或挤压,在从事体力劳动、剧烈运动时应摘下戒指,不光是保护戒指,更是保护自己的手指。佩戴足金项链和手链时,应注意不要扣拉过猛,以免使首饰变形。

2. 变形首饰的修理

(1)戒指变形。对于足金、足银戒指,出现变形后不应随意用手去扳。当变形程度较轻微时,可找一个和戒指内径差不多的圆柱形物体,然后把戒指套在上面,在平整的桌面或者玻璃板上,用力滚动几下,这样就能恢复戒指圆圈的形状。如果是K金或银合金戒指,可以用戒指棒和橡胶锤来解决,将戒指变形的部分压在戒指棒上,用橡胶锤慢慢敲打戒指表面,边敲打、边转动,直到戒指变圆,如图7-12所示。要记住所需的戒指手寸,用戒指棒反复度量,防止由于敲打造成戒指手寸变大。如果没有戒指棒和橡胶锤,可以找一个直径略小的圆形金属套筒或圆柱体,在铁锤外面包裹软布,将戒指变形的

图7-12 用戒指棒和橡胶锤矫正戒指圈

部分朝向自己,用铁锤轻轻地敲打几下,要注意不能急于求成,要随时检查戒指的弧度,宁可多敲几下,否则很可能敲打过度,将戒指某一段敲平了或手寸变大了。如果戒指变形严重,应送到珠宝店进行售后处理,由专业技师用专业工具进行还原和修复处理。

(2)手镯变形。手镯与戒指不同,由于其体量较大,出现变形后恢复形状有一定难度,修理时要视产品材质、结构和变形程度来确定修理方式,对于宽度和壁厚较小的银手镯,可以用手或借助某些工具调整形状,注意在调整形状时,用力要轻柔,以免扭断手镯。用工具恢复形状时,最好在手镯上垫块布,再用工具整形,避免划伤手镯表面。可将线锥用绸布包好后,慢慢旋转。足金手镯,可参照银手镯的方法。如果是K金手镯变形,可套在锥形胎具上轻轻敲打。变形严重的手镯,应送到珠宝店进行专业维修。

(3)耳钉变形。变形较轻微时,可以自己动手将它矫正。应注意在矫正耳钉时,不要用力过猛,采用轻柔的力度使变形耳钉一点点地恢复原状。在矫形之前,最好是找到参照物,如直尺之类的物件,这样才能准确将变形的耳环扳直。比较严重的变形,应交给珠宝维修店的专业维修师傅进行修复。

(4)项链变形。变形较轻微时,先在扭结处检查变形部位,然后用镊子将变形处拨正,直到不扭结为止。比较严重的变形,应交给珠宝维修店的专业维修师傅进行修复。

(5)项圈变形。较轻微的变形,可将稍大的圆台形搪瓷钵反扣在桌面,用绸布盖上,将项圈放在倒扣的搪瓷钵上,对变形的地方轻轻敲打,并不断旋转变换位置。注意在接口处不可重敲,以免使空心接口变形,不易扣上。比较严重的变形,应交给珠宝维修店的专业维修师傅进行修复。

二、断裂

贵金属首饰断裂是指在外力或内应力作用下发生开裂,甚至完全断开而不能正常佩戴的严重失效问题。

1. 断裂原因

(1)链类断裂。链子是通过链扣连接在一起的柔性组件,链扣的连接强度对链子的安全使用至关重要,如果链子受到的外力超过连接强度,就可能引起链子断裂,如图 7-13 所示。链子断裂既受本身质量的影响,也受到外力因素的影响。

图 7-13 断链

链子通常是比较纤细的,而贵金属强度相比其他金属材料本就不高,单位面积能承受的力很有限。链子在佩戴过程中受到外力拉扯时,如受力过大,就可能导致断裂。

链子在加工过程中,需要经过熔炼铸造、扣链、焊接、执模、抛光或电镀等工序,这些工序的制造质量,都可能给链子断裂埋下隐患。例如,在熔炼时如金属液的冶金质量差,链扣存在夹杂物、砂眼等缺陷,就会减少链扣的有效截面积,降低链子的机械强度;扣链时如对链扣来回反复弯折,就会降低链扣的塑形;焊接时如存在虚焊、夹杂物等缺陷,就会降低焊接部位的强度;执模和抛光时如使链子被执抛得过细,也容易引起链子断裂。《贵金属首饰工艺质量评价规范》(QB/T 4189—2011)对链类产品的牢固度作出了要求,如表 7-3 所示。根据链子质量选择砝码试载,将砝码挂在首饰钩上,再将首饰单边挂在支架上,静置 1min 后如链子不断开或脱焊,则视为通过测试。

(2)玫瑰金首饰的断裂。玫瑰金是以 Cu 为主要合金元素配制的红色金合金,它在从高温冷却过程中,可能出现有序化转变,形成的有序相将降低材料的塑性。尤其是 Cu 含量高的 18K 玫瑰金,如在发生转变的敏感温度区间缓慢冷却,就容易发生有序化转变,合金将表现出很大的脆性,稍微受到外力或冲击就可能引起饰件的开裂或完全断裂,如图7-14所示。这种转变不仅在铸造冷却阶段会出现,在退火或焊接过程中,如果冷却缓慢,也可能会产生一定程度的有序化转变。因此,玫瑰金首饰的断裂原因主要在于其材料属性,除应选择合适的补口外,在对首饰热加工时,不能仅采取缓慢冷却的方式来减少热应力,而要使热应力和有序化转变的组织应力的总和减小到最低。在佩戴过程中,也要避免首饰受到大的碰撞、拉扯、弯曲等外力作用。

表7-3 链类产品的牢固度要求

链子质量 G/g	选用砝码/g
$\geqslant 2$	300
<2	200

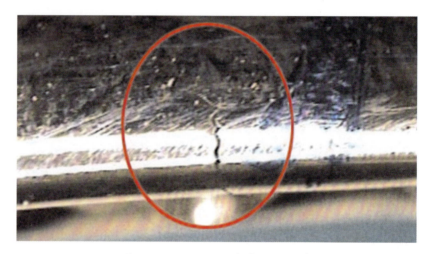

图7-14 18K玫瑰金戒指的开裂

(3)白色K金镶爪的断裂。首饰在加工过程中可能留下残余应力,而首饰在佩戴过程中,在残余应力与腐蚀环境的共同作用下,可能引起应力腐蚀。不同的首饰材料对应力腐蚀的敏感性不一样,其中以Ni作为主要漂白元素的K白金,相比其他材料更具应力腐蚀敏感性;而不同成色的K金,其应力腐蚀倾向也不同,总体而言,低成色的K金材料具有更大的应力腐蚀倾向。以9K黄金为例,将圆线试样浸泡在10%的氯化铁溶液,并对试样施加一定的应力作用,经过一定时间后,由于Cu、Zn等合金元素优先在层错、位错、晶界等部位产生电化学溶解作用,进而演化成裂纹源,应力作用使新鲜金属不断暴露在腐蚀介质中,使裂纹逐渐扩展,并最终导致试样产生沿晶断裂,其断口形貌呈现典型的脆性断裂,如图7-15所示。

如前所述,残余应力降低了合金的电极电位,使材料的耐腐蚀性下降,它与腐蚀环境的交互作用引起显露或潜在的裂纹。残余应力越高,腐蚀介质的腐蚀性越强,越有可能加剧应力腐蚀裂纹作用。因此,要有效防止首饰发生应力腐蚀裂纹,首先应选

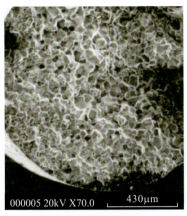

(a)低倍下的断口形貌　　　　　(b)高倍下的断口形貌

图 7-15　9K黄金在氯化铁溶液中发生应力腐蚀开裂

择应力腐蚀倾向小的材料,在生产过程中要设法消除材料的残余应力和微裂纹,在佩戴使用过程中也要注意日常维护保养,在腐蚀环境中摘下首饰,平时注意清洗和护理,避免腐蚀介质长时间在局部积聚。

2. 首饰断裂的预防与维修

在选购首饰时,要仔细查看首饰的工艺质量,尤其是项链等链类产品,要观察链子的粗细及均匀状况,确定局部是否过细,各个焊接部位是否到位,是否存在砂眼或裂纹等情况。

由于首饰通常是纤细脆弱的,正确的佩戴使用和日常保养对预防首饰断裂很重要。在佩戴首饰时要注意避免它受到猛烈的外力作用,不要用手使劲拉扯项链,以免首饰产生断裂。在从事体力劳动、洗澡或接触具有腐蚀性东西的时候,应将首饰摘下。

首饰出现断裂时,需要专门的焊接工具、设备、材料以及专业的焊接操作才能修复。将所有断裂部件收集齐,送到珠宝售后处进行专业维修。

第二节　贵金属首饰的磨损与疲劳

一、贵金属首饰的磨损

贵金属首饰磨损是指在佩戴过程中,因摩擦、碰撞等作用,而造成其外形尺寸和质量减小、表面粗糙度增加的现象。

硬度值作为衡量材料耐磨性的重要指标之一,不同首饰材料的硬度不同,耐磨性也就有很大差别,材料硬度越高,对于抵御静态或微动摩擦磨损的能力就越好。纯度高的金、银、铂等贵金属材料,其硬度通常较低,在佩戴使用过程中很容易出现划痕、碰凹、磨毛等情况,而且纯贵金属首饰为避免单调,多会在表面雕刻纹饰,长期佩戴磨损,纹饰会被磨平甚至消失,失去本来的面貌。K金、银合金等贵金属合金材料的硬度比纯贵金属有较大提升,抵抗摩擦磨损的性能也随之改善,有利于保持首饰的表面光亮度,但是在佩戴一段时间后,也不可避免会出现表面磨花的情况,如图7-16所示。特别是K白金首饰大都在表面镀铑,当首饰表面镀层局部磨损后,将与基底形成明显的颜色反差,恶化首饰的表面装饰效果。

图7-16 18K白金戒指表面被磨花的情况

因此,在日常佩戴和保管贵金属首饰时,要注意以下事项:

(1)养成常戴常摘的习惯,在做较大强度的运动或重体力活的时候,尽量不要佩戴首饰,尤其是对于硬度较低的纯贵金属首饰,否则很容易因碰击和摩擦磨损导致首饰表面受损;进厨房、睡觉前也应摘下首饰,这样才能更好地保证首饰表面光亮度。

(2)佩戴纯金首饰时,应先穿戴好衣物,最后才戴上首饰;在卸妆时,则应先摘除首饰。

(3)放置首饰时,要根据不同材料的性质分开存放,不要将首饰随意搅和在一起,因为首饰的材质不同,其硬度也不同,放在一起容易因为互相碰撞摩擦而导致首饰表面磨损。对于纯金首饰,建议用柔软的绒布包好,避免磕碰。

(4)养成对首饰进行常规检查的习惯,留意首饰是否有松动磨损的情况,发现有这种情况应及时进行维护保养,不适合修补的首饰可考虑以旧换新。

当贵金属首饰表面磨损后,需要重新抛光才能恢复原来的光亮度。硬度低的足金、足银首饰通常采用玛瑙刀、钢压等进行压光,硬度较高的K金首饰则需要借助抛光布轮等进行抛光。对于银合金、白色K金等材质的贵金属首饰,在抛光后还要进行镀铑或镀金处理,进一步提升首饰表面亮度,达到焕然一新的装饰效果。

二、贵金属首饰扣件的疲劳

(一)常见的首饰扣件类型

在对开手链、项链、手镯、耳环等贵金属首饰结构中,扣合锁紧的配件是必不可少的部件,常见的扣件类型包括以下几种。

1. 用于手链或项链等链类的扣件

(1)龙虾扣。如图 7-17 所示,其基本结构包括扣身、开合按键和弹簧装置,扣身包括钩状体、与钩状体一体式结构的连接部和与连接部一体式结构的吊孔,开合按键上设有用于安装弹簧装置的安装槽,安装槽上设有与开合按键一体式结构的连接销,弹簧装置套在连接销上。龙虾扣通过内置弹簧的压力,使扣臂保持紧闭状态,方便佩戴。

图 7-17　龙虾扣示意图①

(2)弹簧环扣。如图 7-18 所示,当扣环的臂向后拉时,弹簧环打开,松开时弹簧的压力会让扣臂保持紧闭状态。

(3)安全环扣。如图 7-19 所示,将挤压钩的钩针打开,然后把钩子转到一边,从锁上取出。这种结构有利于防止滑脱。

(4)弧形锁扣。如图 7-20 所示,按压弹簧插销,将链扣插入卡口,松开插销后将锁住链扣。

---

① 本节扣件示意图均引自:https://www.sohu.com/a/249897812-661162。

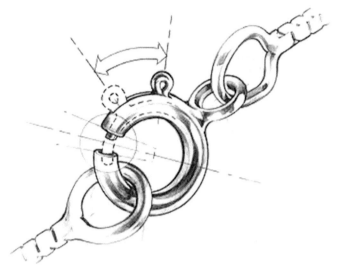

图 7-18 弹簧环扣示意图

图 7-19 安全环扣示意图

2. 耳环类扣件

(1) 蝴蝶耳迫。如图 7-21 所示,通过耳针上的凹痕和与耳迫后面蝴蝶夹的配合,防止耳环滑落。

(2) Omega 环扣。如图 7-22 所示,通过"Ω"形环扣,紧贴耳垂来扣住耳环,对耳垂的压力较小。

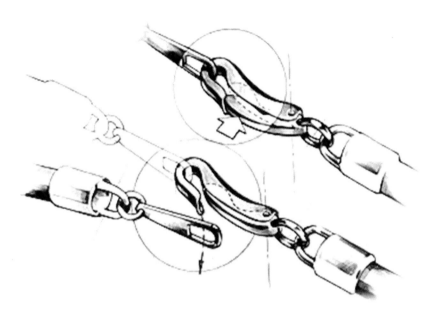

图 7-20 弧形锁扣示意图

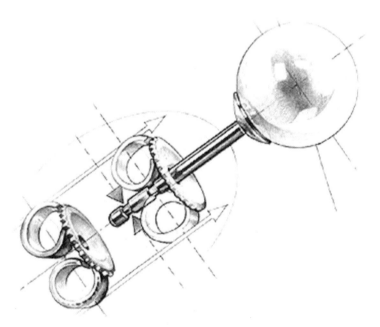

图 7-21 蝴蝶耳迫示意图

(3)铰链扣。如图 7-23 所示,关闭耳环并施加轻微的压力可将耳环锁定,和环扣的后部卡在一起,并用小凹口锁定。

(4)螺旋耳堵。如图 7-24 所示,通过螺钉柱的背面使耳环被固定,有利于保证镶嵌贵重宝石耳钉的安全。

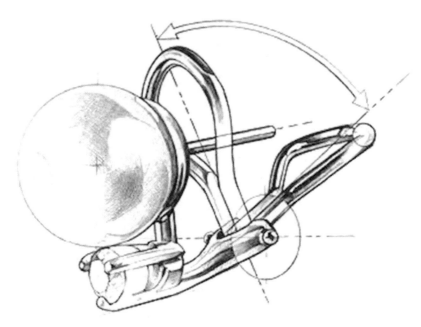

图 7-22 Omega 环扣示意图

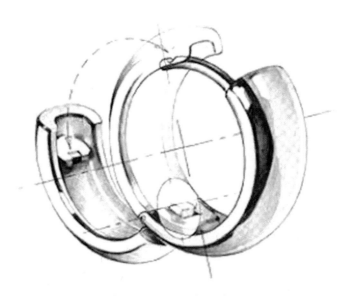

图 7-23 铰链扣示意图

(5)铰链耳迫。如图 7-25 所示,铰链使耳环能够打开和关闭,弹片耳迫与耳针上的环形切口配合能将耳环固定住。

3. 用于手镯的扣件

(1)隐扣。如图 7-26 所示,俗称"鸭利制",通过弹片制作的鸭利与制箱的配合进行扣接,有时还在侧壁设置"8"字制,增加扣接保险作用。使用时,按住鸭利将其插

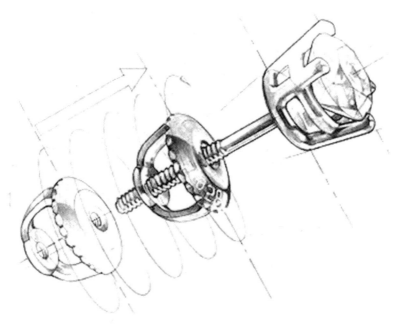

图 7-24　螺旋耳堵示意图

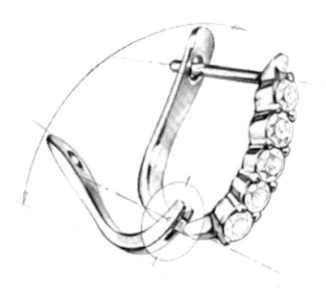

图 7-25　铰链耳迫示意图

入制箱内,松开后弹片被制箱挡住,再将保险扣扣紧。

(2)箱扣。如图 7-27 所示,向下按下按钮,从锁紧位置释放卡环,然后将卡扣从盒中滑动以取出。

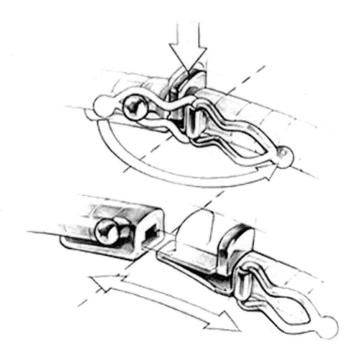

图 7-26 隐扣示意图

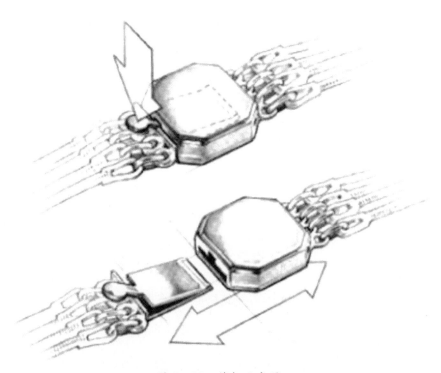

图 7-27 箱扣示意图

(二)扣件的疲劳失效

首饰扣件利用按压和回弹原理来实现锁紧与开启,随着反复开合使用次数的增加,它们的弹性逐渐变差,甚至完全丧失而失效。出现这种现象的原因是金属配件产生了疲劳,所谓疲劳是指首饰部件在循环载荷作用下出现失效的现象。即使材料受到的应力远低于材料的静态强度,也可能会发生这种类型的结构损伤。

扣件的使用寿命除与材质和制作工艺有关外,也与使用方法有关。过度用力按压或掰扯扣件易造成损坏;对扣件反复多次按压掰扯,弹簧的疲劳寿命降低,容易造成过早失效。因此,在佩戴使用时用力应小心轻柔,平时注意对首饰进行检查,发现有扣件弹性不足、扣合不严的情况,应及时送至专业维修点进行维修,不适合修理的可考虑以旧换新。

第三节 贵金属首饰的变色与保养

贵金属首饰在佩戴使用过程中,经常出现变脏、变色的现象,影响装饰效果。因此,有必要探讨首饰脏污变色的原因、保养和清洗的方法。

一、贵金属首饰表面脏污与变色

(一)贵金属首饰表面脏污

新购的贵金属首饰没有污垢的积累,光泽度很强。在佩戴的过程中,空气中的灰尘可沉淀到首饰表面,皮肤所分泌出来的油脂也会附着在首饰表面和缝隙处,特别是镂雕纹饰图案的首饰更容易积淀灰尘。这样长时间地让灰尘和油脂附着,不仅会让首饰失去光泽,而且容易滋生细菌,尤其是夏季气温高,皮肤上的汗液增多,首饰表面更容易附着灰尘,成为细菌的滋生地,如图 7-28 所示。

图 7-28 首饰缝隙处黏附的脏污

(二) 贵金属首饰表面的变色现象

1. 黄金首饰表面变色

(1) 黄金首饰表面变白。黄金化学性质稳定,佩戴和使用黄金首饰,表面一般不会出现变化,但在某些特殊环境下,黄金首饰表面会出现泛白的现象,如图7-29所示。

金的化学性质是很稳定的,表面出现明显非黄金本身的颜色很容易被误认为黄金成色有问题,但采用 XRF 检测,未变色部位的成色是合格的,而在变色部位时可以检测到明显的 Hg。究其原因,是由于黄金首饰接触到了 Hg(俗称水银),使 Au 与 Hg 发生化学反应,生成白色金汞化合物(汞齐)。黄金首饰变白与环境的 Hg 浓度密切相关,可作为环境质量的某种指示。此外,生活中常用的温度计、气压表、蒸气灯,均含有汞,多数女士使用的化妆品(含具增白作用的汞)、药物、杀菌剂等

图 7-29 黄金首饰表面变白

也会含 Hg。稍不注意当擦有化妆品的肌肤与黄金首饰接触,金首饰吸收了其中微量的 Hg,时间一久,就会形成金汞齐,从而使黄金首饰表面颜色变白,变脆。检测时,可用能谱仪探测到 Hg。

由于黄金的硬度很低,黄金首饰表面变白还有一个原因,就是当黄金首饰与铂金、K 白金或银等白色首饰一起佩戴时,由于首饰之间的摩擦,可能将白色首饰的金属抹在黄金首饰上,这种颜色变化只是在能摩擦的部位才出现,而且只是在表层,呈擦痕状。

(2) 黄金首饰表面出现红锈斑。尽管黄金具有非常稳定的化学性质,在大气中一般不会产生氧化变色,但是有时在一些产品中会出现棕红色的"锈斑"问题,如图 7-30 所示的电铸千足金摆件。依据国家标准《首饰 贵金属纯度的规定及命

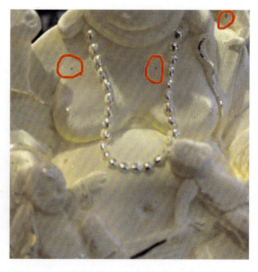

图 7-30 电铸千足金摆件表面出现的锈斑

名方法》(GB 11887—2012)，千足黄金首饰的最低金含量为999‰。如果首饰的成色达不到标准，其所含杂质元素越多，首饰在佩戴、保管过程中就越容易受环境影响，导致首饰出现红锈斑。

但是，对市场上出现红锈斑的黄金首饰进行成色检测，一般情况下其整体含金量都满足标准要求。导致"锈斑"问题的主要原因一般是生产过程控制不严格，例如，在电铸生产过程中，工艺参数设置不合理，电铸件局部存在针孔；在冲压生产中环境脏乱、灰尘多，或者采用同一台设备压制黄金与其他材质时，由于纯金特别软，外来杂质容易被压入纯金表面；在铸造千足金首饰时，存在缩孔、砂眼等铸造缺陷。这些孔洞缺陷及杂质点在浸酸、清洗过程中处理不彻底，使得首饰或摆件在佩戴、陈设过程中受环境的影响发生腐蚀，就会产生腐蚀斑点。

(3)黄金首饰表面变黑。黄金首饰长时间使用会出现颜色变暗，这是一种常见的现象。主要是黄金首饰长时间与人体接触后，黄金首饰中微量的Ag和Cu等元素，在汗液等物质的促进下，发生了氧化反应，导致表面的颜色变暗。但是也有一部分首饰销售后短时间内就发生明显的发黑现象，且发黑现象常发生在首饰各部分的连接处，这种发黑现象有时在销售后几周内就发生，且比较明显，很容易使消费者对首饰的成色产生怀疑。

根据对首饰变黑处进行微区成分分析研究，可以发现，连接处的成分明显低于首饰的主体贵金属纯度，特别是Ag的含量明显偏高，而Ag会与O或者S等物质反应，生成黑色的Ag_2O或Ag_2S。因此，首饰连接处发黑主要是银含量偏高造成的。项链、手链等首饰由于工艺的需要，有时候要用到焊药，焊药的作用是将首饰的各个部分连接在一起。由于国家标准只对首饰的整体贵金属纯度有明确的规定，而对焊药没有相应要求。不同厂家由于各种因素考虑，所用的焊药成分各不相同，部分商家为了降低成本和减少工艺难度，使用明显低于主体贵金属纯度的焊药，高银含量的焊药就会导致首饰连接处发黑。

2. K金首饰表面变色现象

K金首饰，长久佩戴后，部分首饰表面会失去光泽，出现诸如黑点、红点、白雾或颜色深浅不一等变色现象。造成K金首饰表面变色的原因主要有以下方面：

(1)与外界物质发生化学反应作用导致首饰腐蚀变色。K金是金与其他合金元素化合形成的金合金材料，最常使用的合金元素为Cu、Ag、Zn，白色K金还经常含有漂白元素Ni，这些合金元素的化学稳定性比黄金差，首饰容易与化学物质产生反应，如汗液、化妆品(香水、防晒霜等)、化学药品等，长期使用中，也很容易与空气中的微量酸、碱、硫化物、卤化物起反应，从而使K金首饰变黄或变黑，引起首饰变色。其中，以Cu为主要合金元素的玫瑰金首饰，其表面更是因为Cu含量高，容易发生氧化腐蚀而变黯淡，如图7-31所示。

人体汗液是引起首饰腐蚀变色的主要环境因素，汗液中含有一些氯化物、乳酸、尿素等成分，它们能与Cu、Ag等合金元素产生反应，产生深黑色的化学物质，从而使

图 7-31　18K 玫瑰金首饰表面变黯淡

首饰发黑,还会掉落在皮肤上留下很明显的污渍。不同的人,体质不同,汗液的腐蚀性也有一定差别。因此在佩戴同样的首饰时,出现变色的时间和程度往往会有些不同。某些廉价的化妆品和染发剂中常含有 Pb,当金首饰遇到带有这样的化学物质就容易发黑。对于医护工作者和化学研究室工作人员,如果在日常工作的环境中佩戴 K 金首饰,容易因为周围环境的化学物质而发生变色。

K 金首饰制作过程中,常需借助钎焊来组装部件、修补缺陷,为便于走焊到位,需要配制熔点低于基材、润湿性好、流平性好的焊料,其 Ag 含量通常要高一些。焊料与基材的成分差异,使得两者的化学、电化学性能不一致,焊接区将优先腐蚀导致变色,如图 7-32 所示。

(2)镀层磨损引起表面颜色反差。K 金首饰表面经常进行电镀处理,特别是市场上常见的白色 K 金首饰,是黄金与银、锌、镍等金属按一定比例熔炼后所得到的合金,其颜色虽然近似于白色,但或多或少都会带有一些黄色调。因此,在首饰制作过程中,通常都会在其表面镀上一层铑等金属。如果佩戴时间长了,且不注意保养,就会使镀层局部磨损显出其本身的颜色,导致首饰表面颜色出现反差。

3. 银首饰表面变色现象

(1)银首饰表面变黑。由于银的化学稳定性比黄金和铂差,因此白银与许多化学

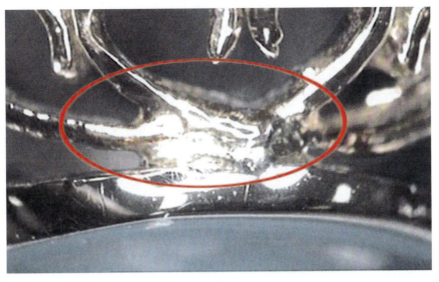

图 7-32　焊接区将成为优先腐蚀区

物质都会起反应而使表面变黑,包括硫化物(包括硫化物和亚硫酸盐)和卤化物(碘化物、溴化物、氯化物)等,尤其是对硫化物敏感。生活中这些物质常出现在我们周围,如空气中、厨房中的 H_2S,食品中的皮蛋、腐乳、腌酸菜的亚硫酸盐,化妆品中的硫化物添加剂,硫磺香皂等洗涤用品、温泉和香水,它们与银首饰接触后,都会使银首饰表面生成黑色的硫化物。

此外,银首饰还易与臭氧发生化学反应,臭氧与银直接作用能生成灰黑色的氧化银。因此,一些空气负离子发生器、消毒柜(臭氧灭菌)周围均不宜放置银首饰。

(2)银首饰先变白,再变黑。人体排出的汗液含有氯化物,自来水净化常用的漂白粉(主要成分为次氯酸)和氯气,洗衣粉中含有漂白剂(主要成分含氯)。在一定条件下,Cl 与 Ag 可以发生反应生成白色的 AgCl,在空气中氯化银又容易氧化变黑,使首饰表面变色并被腐蚀。

4. 铂金首饰表面变色现象

铂的化学性质非常稳定,一般情况下,不易变色。国家标准《首饰　贵金属纯度的规定及命名方法》(GB 11887—2012)除了对不同成色铂合金的最低含铂量,以及对人体健康有害的元素做了明确要求外,其他的金属元素没有做要求。

除了首饰生产制作过程中的质量问题外,铂金首饰表面变色的原因,可能存在以下几种情况:

(1)铂金首饰掺杂的其他元素,这些杂质的存在可能会使它们的主体上出现红色、白色、紫色、黑色斑点状色区,这种颜色变化的面积会很小。

(2)铂金首饰与黄金首饰一起佩戴,或在日常生活中与其他金属制品磕碰时,从而使铂金首饰表面,出现变黄的现象。由于两种首饰的材料不同,因此其首饰的硬度是有差异的,两者在使用过程中的摩擦,将黄金首饰摩擦到铂金首饰的表面。仔细观察首饰表面,这种颜色变化只出现在摩擦的部位,而且只是在表层呈擦痕状,重新擦拭抛光后即可复原。

(3)铂金本身不会出现"汞齐"现象,但是如果铂金首饰中,掺杂有其他元素,却可以出现"汞齐"现象。汞可以与除铁以外的所有比它低序号的金属形成汞齐。若不注意与铂金首饰接触,就会形成汞齐出现灰白色斑块。

(4)铂金首饰中含有其他元素。在含 S 的环境下长时间放置,S 可能与其内部杂质元素发生反应而出现变色斑块。

(三)贵金属首饰的佩戴与保养

1. 贵金属首饰佩戴的注意事项

人们喜欢佩戴贵金属首饰。但由于在佩戴使用过程中,不了解或不注意首饰的佩戴要求,而使首饰表面出现变色、划痕、断裂等问题,严重影响首饰的美观和使用。因此,在佩戴贵金属首饰时,应注意妥善使用和保养。

(1)佩戴黄金首饰时,应注意不要与其他较硬的物体碰撞或摩擦。因为黄金首饰硬度较低,易磨损,如果与硬物接触,不但可使造型精美的首饰变形,而且还可使首饰表面损伤,产生擦痕,减弱了首饰表面对光的反射强度,降低了黄金首饰的金属光泽。这样,不仅使黄金首饰失去了美感,还大大地降低了黄金首饰的使用价值。在北方地区风沙较大的季节里,佩戴黄金首饰时,容易使首饰表面与空气中弥漫的尘埃(主要是由 SiO_2 组成的微粒)摩擦而失去光泽。

(2)黄金戒指与铂金戒指不要戴在一起,两者彼此摩擦时会使黄金戒指外表局部蹭上铂金而发白。

(3)尽量少在有化学污染的地方戴首饰;注意不要让首饰长时间暴露在潮湿的环境中,或者是阳光直射的地方,这样易使首饰表面氧化变色,尤其是佩戴白银首饰,应该让首饰处于干燥阴凉的环境中。首饰要尽量少与香水、发胶、花露水等化妆品接触,应先化妆完再去戴首饰,减少与此类液体接触。

(4)不要穿戴首饰去泡温泉、海边游泳,特别是银首饰和低成色 K 金首饰,碰到海水、温泉水后,表面可发生不同程度的化学反应;在家沐浴时也应将首饰摘下,自来水中的漂白剂对首饰材料有侵蚀作用,时间一久依旧可引起首饰表面变色。

2. 贵金属首饰的日常保养

人们在购买首饰时非常谨慎细心,但在佩戴中却常常忽视了保养这个环节。其实,保养不善,一件精美优质的首饰,不仅达不到装饰的效果,而且还会损坏其真正的价值,从而影响装饰和保值的目的。因此,贵金属首饰的使用者,应了解贵金属材料和珠宝玉石的一般特性,使用中注意对首饰的日常保养首饰,主要有以下方面:

(1)经常除尘。首饰在使用过程中,由于空气中的尘埃和人体分泌的油脂,常嵌入首饰的缝隙之中。因此,首饰需经常除尘,以保持首饰表面的清洁度和应有的光泽。

除尘方法可用软毛刷轻刷、软布轻擦、胶皮气囊吹刷等。

（2）经常清洗。由于化妆品、肥皂、洗涤用品、医药用品，大气与环境中含有的微量酸、碱、硫及其他化学污染物质，易引起贵金属首饰表面腐蚀，出现斑点而变色，因此，首饰最好能经常清洗。

清洗方法：先在温水中倒入少量洗涤剂，将贵金属首饰放入后，用软刷轻刷，再用清水反复冲洗干净；随后用软布吸干擦净。如果还有潮湿感觉，可置于台灯下烘干，即可恢复光亮。

（3）经常上油。贵金属首饰的弹簧装置或小开关装置处，要保持润滑和减少日常磨损，通常可在清洗后加一两滴缝纫机油。缝纫机油易于挥发，便于清洗，不会构成油污。但需注意每次上油后，应用软布将粘在贵金属首饰上多余的油擦去，以避免粘灰。

（4）经常检查。经常检查贵金属首饰是否有异样，以便及时发现，及时处理。

（5）注意保存环境。贵金属首饰如果不使用，就要将它保藏起来。在保藏之前首先要清除首饰各个部位的污垢，保持首饰的清洁。清除污垢后，一定要注意晾干、擦净。另外，要备一只密封性较好的盒子（最好是首饰专用盒）存放首饰，盒子的内衬用布或塑料均可，但大小要合适，一般是略大于首饰的容积，盒内铺些棉花或海绵，再准备一小包干燥剂，用纱布包好，把干净的首饰放入盒内，附上干燥剂，密封好盒盖，将盒子远离樟脑丸之类的物质，且尽量存放在干燥环境周围。保管不同材质的首饰时，用绒布包好再放进首饰盒，避免互相碰撞摩擦。

保藏过程中要注意观察盒内的干燥剂是否返潮，如有返潮，应将干燥剂取出放在阳光下晒干后再使用。与此同时，可把存放的首饰擦一擦，并且观察一下光泽是否有变化，如有变化，及时进行处理。而对一些体积相对较大的、做工精细的、带有艺术性的首饰，如果没有适当的盒具，可用透明的有机玻璃盒作为保藏工具。这样既保护了首饰，又能观赏到首饰，但是要注意避免阳光直射，放置安全，以防撞击。

第四节 贵金属首饰的清洗与翻新

一、贵金属首饰的清洗

贵金属首饰在佩戴使用过程中，因腐蚀变色、黏附脏污等，导致光泽度下降，不同程度地影响首饰的美感和外观，因此，首饰的清洗已成了首饰行业的一个重要课题。清洗是指借助化学方法对珠宝首饰表面进行清理，除去表面和缝隙中的污垢，使之更加清洁并呈现首饰表面真实状态的过程。

从清洗翻新是否造成贵金属损耗区分，可分为有损清洗和无损清洗两大类。

所谓有损清洗，即利用化学反应除去首饰上的外来杂质。这种方式会使首饰损失一定的质量。有损清洗最常使用的试剂(清洗剂)是王水,它是强氧化酸性物质(由1∶3的硝酸和盐酸组成),不但能与灰尘、油污等有机污垢反应,而且几乎能与贵金属首饰中的所有金属元素及其化合物进行反应,使金、银、铂等贵金属部分溶解而进入溶液,造成首饰质量损失。这就是常说的"洗金"现象。一般来说,清洗时间越长,首饰质量的损失也就越大。当然,除了王水以外,对于发生变色现象的某些首饰还可以用其他酸溶液处理。如K红金表面的Cu_2O就可以H_2SO_4清洗,它可以使暗淡变色的表面重新变亮,但有时会带进新的杂质而造成二次变色。

无损清洗主要处理灰尘、油污等有机物对贵金属首饰的污染。根据相似相溶原理,可使用有机试剂溶解清除首饰表面的有机污垢使其还原本色。可用的清洁剂有丙酮、乙醚、乙醇、异丙醇、乙酸丁酯等。清洗方法也十分简单,只需把首饰放入溶液中搅拌片刻即可,溶液浓度要根据实际情况决定。对于佩戴时间长、污垢严重的首饰,为了加快清洗速度,可先在沸水里煮10min左右。若条件允许,也可直接在酒精喷灯上灼烧。最常用的清洗剂是乙醇溶液。

1. 黄金首饰的清洗

(1)黄金首饰表面沾上污垢后,可用冲洗照片的显影粉,兑30~40℃的温水冲成显影液,再加1倍清水稀释,将黄金首饰放入浸泡几分钟后,再用软刷刷去污垢,然后用清水漂洗数次,即可使首饰恢复光泽。如在清洗后用一块细软绒布蘸透明无色的指甲油薄薄地涂擦,也可使首饰变得金光灿灿。

此外,也可用有机溶剂溶解清除首饰表面的污垢,溶液浓度可根据实际情况决定。

(2)黄金首饰表面褪色或轻微变黑时,可涂些牙膏,用软布反复擦拭,即可恢复颜色。

(3)如果黄金首饰表面严重变色,可用超声波清洗机或专用药水处理。超声波清洗机多利用超声波清洗液,在超声波的作用下不断振动,使黄金首饰表面的污垢和变色去除掉。超声波洗涤液的标准配方如下:40℃温水1000mL、铬酐100g和硫酸30mL。专用药水则是专门配制的稀硫酸溶液,用"硫酸去斑法"对黄金首饰表面进行清洗。

2. 白银首饰的清洗

(1)对于银白色有轻微变化的白银首饰,可用牙膏进行抛光;或用小苏打($NaHCO_3$)溶液浸泡后,再用质地柔软的刷子刷洗干净;也可用50%以下浓度的草酸液浸泡。上述3种方法,均可去除白银首饰表面轻微变化的色泽,使它变得光亮如新。

(2)对于受潮后发生斑迹的白银首饰,可用温热的食用醋,用软布蘸取擦去,再用清水漂洗干净即可。当然,也可用牙膏进行抛光。

(3)对于严重发黑的白银首饰,可用以下方法进行清洗。①用小苏打($NaHCO_3$)溶液浸泡,再在白银首饰下加几块碎铝片,一起加热,即可去除黑斑,恢复原色。其原

理是铝与 $NaHCO_3$ 反应放出氢气,而氢气可很快使硫化黑斑还原为银,并放出硫。②用1%的热肥皂水溶液洗,再用硫化硫酸钠溶液润湿表面,然后用布擦,可使白银首饰表面洁净。③用超声波方法或家庭清洗方法在磷酸清洗液中进行清洗,这是一种行之有效的方法。磷酸清洗液配方如下:50℃温开水1000mL、磷酸200mL和浓缩洗衣粉30g。这一配方的工作原理是,洗衣粉作催化剂,可加强液体浸润能力;磷酸作为反应剂,可与硫化银(Ag_2S)反应生成黄色的磷酸银沉淀;温开水作为稀释剂,可以加大除垢效果。④用氨水溶液作为清洗液,这种方法在传统首饰行业中应用较广,但效果不如磷酸清洗液。⑤在饱和硫代硫酸钠溶液中,在室温下浸泡并不断摆动工件,直至白银首饰表面的变色产物除净。⑥在含有硫脲8%、浓盐酸5.1%、水溶性香料0.3%、湿润剂0.5%、水86.1%的溶液中,在室温下浸泡,直至白银首饰表面变色产物除净。

以上的方法,不仅可清洗掉白银首饰表面的黑斑、灰尘和油污,还能在一定程度上恢复白银首饰原有的光泽。

二、贵金属首饰的翻新

首饰佩戴使用过程中难免发生磕碰、摩擦,表面出现凹坑、划痕,导致光泽度下降,需要进行翻新,才能恢复其装饰效果。翻新涉及比较专业的工具设备和操作手法,一般宜送到专业的珠宝维修保养点进行处理。

1. 黄金变白的翻新

(1)纯金首饰遇汞会发生化学变化,呈现白色斑驳,用火枪烧烤至红热,Hg在高温下挥发后,即可恢复原色。再利用玛瑙刀、钢压等对首饰表面进行压亮。

(2)黄金首饰表面蹭上铂金而变白,不能过火处理,因为铂金的熔点比黄金还高,需要用玛瑙刀轻轻压光这层金,黄金就可以恢复以往的光亮。

2. 首饰表面变色层的抛除

对于引起首饰表面变色的氧化物、硫化物等化学膜层,一般会借助化学浸泡的方法去除,难以浸泡掉或容易产生二次变色的,会借助机械抛光等方法将之除去。

3. 首饰表面光亮度的恢复

首饰表面磕碰、摩擦造成的凹坑、划痕,需要通过打砂纸、研磨抛光、布轮抛光等方式加以去除,使首饰表面变得顺滑光亮。对于银合金、白色K金等材质的贵金属首饰,在抛光后还要进行镀铑或镀金处理,进一步提升首饰表面亮度,达到焕然一新的装饰效果。

4. 首饰表面肌理的恢复

贵金属首饰佩戴过程中,表面有肌理效果的首饰,如喷砂面、拉砂面、车花面等,会逐渐被磨损而失去肌理效果。需要运用喷砂、拉砂、车花等设备或工具重新对首饰表面进行处理,恢复所需的肌理效果。

参 考 文 献

邓小琼,买潇,方诗彬,2011.贵金属饰品表面变色现象分析[J].中国宝玉石(5):120-121.

刘江斌,1999.黄金首饰的变色和清洗[J].黄金,20(1):54.

陆太进,张健,兰延,等,2013.千足金饰品表面"斑点"[C]//中国珠宝玉石首饰行业协会.2013中国珠宝首饰学术交流会论文集.北京:地质出版社:247-250.

全国首饰标准化技术委员会,2011.贵金属首饰工艺质量评价规范:QB/T 4189—2011[S].北京:中国轻工业出版社.

全国首饰标准化技术委员会,2011.千足金镶嵌首饰 镶嵌牢度:QB/T 4114—2010[S].北京:中国轻工业出版社.

全国首饰标准化技术委员会,2013.首饰 贵金属纯度的规定及命名方法:GB 11887—2012[S].北京:中国标准出版社.

沈绍钦,2012.铂金首饰变色现象的探讨[J].科技创新与应用(10):331.

吴嵩,许雅,李晨光,2012.常见黄金表面的变色现象[J].上海计量测试(4):13-15.

袁军平,黄云光,王昶,2013.冲压千足金首饰的"生锈"问题[J].黄金,34(9):8-10.

袁军平,王昶,2017.Au999纯金条"锈斑"问题探讨[J].特种铸造及有色合金,37(7):704-707.

BREPOHL E,2001. The theory and practice of goldsmithing [M]. LEWTON-BRAIN C(TRN),MCCREIGHT T(EDT). Siena,Italy:Brynmorgen Press.

NEUMEYER B,HENSLER J,O'MULLANE A P,et al.,2009. A facile chemical screening method for the detection of stress corrosion cracking in 9 carat gold alloys[J]. Gold Bulletin,42(3):209-214.